La douleur des femmes et des hommes âgés

CHEZ LE MÊME ÉDITEUR

Dans la même collection :

Nutrition de la personne âgée, par M. Ferry, E. Alix et coll., 2002, 348 pages.

ÂGES, SANTÉ, SOCIÉTÉ

La douleur des femmes et des hommes âgés

R. SEBAG-LANOË, B. WARY

D. MISCHLICH

Préface de B. Kouchner

MASSON

ISBN : 2-294-00796-4

MASSON S.A. - 120, bd Saint-Germain, 75280 Paris Cedex 06

Présentation de la collection
Âges, santé, société

Une collection destinée aux acteurs du système de santé et à ses usagers pour mieux savoir, comprendre, agir.

Pour chaque ouvrage, une même trame associant :

- le souci de se référer aux données scientifiques, épidémiologiques et biomédicales les plus récentes, en respectant les exigences de la médecine fondée sur les preuves;
- l'apport des sciences humaines à l'analyse des liens entre santé, soins, société et culture;
- une approche multidisciplinaire, le partage des expériences, la confrontation des points de vue.

Une collection qui souhaite proposer aux lecteurs :

- une sensibilisation à des pratiques professionnelles novatrices;
- un cadre de réflexion s'appuyant sur les impératifs de santé publique tout en gardant à l'esprit le concept fondamental de la relation soignant-soigné.

Docteur Danièle Mischlich.
Directrice de la collection.

Les auteurs

Brigitte Barrois. Médecin. Chef de service. Service de médecine physique et de réadaptation. Centre hospitalier de Gonesse.

Alain Baulon. Médecin. Chef de service. Service de gériatrie. Groupe hospitalier Sainte-Périne. Paris.

Odile Blanchard-Vignon. Médecin inspecteur chef. Service médical de l'Assurance-Maladie de la région Alsace-Moselle. Schiltigheim.

François Boureau. Médecin. Responsable du Centre du traitement et d'évaluation de la douleur. Hôpital Saint-Antoine. Paris.

Bruno Brochet. Professeur. Unité de traitement des douleurs chroniques. Fédération des neurosciences cliniques du Centre hospitalier universitaire de Bordeaux. Hôpital Pellegrin. Bordeaux.

Claude Chabal. Ergothérapeute. Service de soins palliatifs. Hôpital gériatrique du Val d'Azergues. Lozanne.

Anne de Blauwe. Directeur. Union régionale des médecins libéraux d'Alsace. Schiltigheim.

Martine Desi. Médecin. Service de neurologie. Centre hospitalier universitaire de Bicêtre. Le Kremlin-Bicêtre.

Mario Di Palma. Médecin oncologue. Centre de diagnostic et de traitement de la douleur de l'adulte et de l'enfant. Institut Gustave-Roussy. Villejuif.

Jean-François Doubrère. Médecin. Chef de service. Service de neurologie. Centre hospitalier de Montereau.

Marilène Filbet. Médecin. Chef de service. Service de soins palliatifs. Hôpital gériatrique du Val d'Azergues. Lozanne.

Ariane Floriot. Médecin. Service de gériatrie. Groupe hospitalier Sainte-Périne. Paris.

Géraldine Forest. Psychomotricienne. Service de soins palliatifs. Hôpital gériatrique du Val d'Azergues. Lozanne.

Jean-Marie Gomas. Médecin. Responsable de l'Unité de soins palliatifs. Service de gériatrie. Groupe hospitalier Sainte-Périne. Paris.

Marie-Pierre Hervy. Médecin. Chef de service. Service de gérontologie. Hôpital de Bicêtre. Le Kremlin-Bicêtre.

Emmanuel Hirsch. Professeur d'éthique médicale. Faculté de Médecine Paris-Sud. Université de Paris XI. Directeur de l'Espace éthique de l'Assistance publique-Hôpitaux de Paris.
Alain Jean. Médecin. Service de gérontologie. Hôpital de la Rochefoucauld. Paris.
Geneviève Laroque. Présidente. Fondation nationale de gérontologie. Paris.
Bernard Laurent. Professeur. Service de neurologie. Hôpital Bellevue. Saint-Étienne.
David Le Breton. Professeur de sociologie. Université Marc-Bloch. Strasbourg.
Sylvie Lefebvre-Chapiro. Médecin. Service de gérontologie et soins palliatifs. Hôpital Paul-Brousse. Villejuif.
Evelyne Malaquin-Pavan. Infirmière spécialiste clinique. Hôpital Corentin-Celton. Issy-les-Moulineaux.
J.-D. Nasio. Psychiatre. Psychanalyste. Paris.
Marie-Louise Navez. Médecin. Centre de la douleur. Hôpital Bellevue. Paris.
Chantal Neves. Cadre supérieur infirmier. Infirmière spécialiste clinique. Crécy-Couvé.
Jérôme Pellerin. Médecin. Chef de service. Service de géronto-psychiatrie. Hôpital Charles-Foix. Ivry-sur-Seine.
Serge Perrot. Médecin. Service de rhumatologie A et Centre d'évaluation et de traitement de la douleur. Hôpital Cochin. Paris.
Bernard Peter. Médecin. Chef de service. Service de gérontologie clinique. Centre hospitalier de Mulhouse.
Patricia Ribinik. Médecin. Service de médecine physique et de réadaptation. Centre hospitalier de Gonesse.
Annick Sachet. Médecin. Équipe mobile de soins palliatifs. Hôpital Charles-Foix-Jean-Rostand. Ivry-sur-Seine.
Renée Sebag-Lanoë. Médecin. Chef de service. Service de gérontologie et de soins palliatifs. Hôpital Paul-Brousse. Villejuif.
Alain Serrie. Médecin. Consultation de la douleur. Hôpital Lariboisière. Paris.
Corinne Sisoix. Psychologue. Service de soins palliatifs. Hôpital gériatrique du Val d'Azergues. Lozanne.
Christophe Trivalle. Médecin. Service de gérontologie et de soins palliatifs. Hôpital Paul-Brousse. Villejuif.
Pascale Vassal. Médecin. Unité mobile de soins palliatifs. Centre hospitalier universitaire de Saint-Étienne.
Nathalie Vidal. Cadre infirmier. Service de soins palliatifs. Hôpital gériatrique du Val d'Azergues. Lozanne.
Jean-François Villard. Médecin. Service de soins palliatifs. Centre hospitalier régional de Metz-Thionville.
Bernard Wary. Médecin. Chef de service. Service régional de soins palliatifs. Centre hospitalier régional de Metz-Thionville.
Renée Zougab. Aide-soignante. Service de soins palliatifs. Hôpital gériatrique du Val d'Azergues. Lozanne.

Préface

« La douleur est deux fois douloureuse parce qu'elle est en même temps un mystère tourmentant. »

F. J. J. Buytendijk
De la douleur, Paris, PUF, 1951.

« Fulgurante, lancinante, térébrante, celle que Spinoza jugeait *"la plus médiocre des passions"* est pour le physiologiste un signal neurologique, pour le psychologue une expérience sensorielle, affective et cognitive, et pour celui qui souffre un vécu pénible.

La douleur fait mal et fait peur. Cri du corps, elle signe une irritation, une inflammation, un dysfonctionnement.

Après avoir côtoyé, trente années durant, la douleur, sous toutes ses formes, René Leriche (1879 – 1955) qui fut chirurgien de guerre et, le premier, réalisa des sympathectomies occupe la chaire de Claude Bernard au Collège de France. Il consacre son cours à ce sujet inhabituel. Il ne cultive pas le dolorisme et ne voit dans ce mal, contrairement à nombre de ses collègues, aucun *"bienfait de l'ordre moral"*. »[1]

Il faudra attendre de nombreuses années, voire des décennies, pour que cette conception d'avant-garde soit partagée par le plus grand nombre, notamment aux âges extrêmes de la vie.

C'est seulement dans les années 1980 que sont dénoncées « *les souffrances de ces enfants trop calmes* » et en 1986 que la circulaire Laroque pose les bases des « *soins palliatifs incluant au premier chef le soulagement des douleurs inutiles en fin de vie.* »

La dynamique est lancée. Les années 1990 sont jalonnées par une succession de textes qui vont notamment affirmer que « *les établissements de santé mettent en œuvre les moyens propres à prendre en charge la douleur des patients qu'ils accueillent. Les moyens sont définis par le projet d'établissement.* »[2]

---

1. N. WITKOWSKI, sous la direction de, *Dictionnaire culturel des sciences*, Éditions du Regard, Paris, Seuil, 2001.
2. Article L.710-3-1 du Code de la santé publique (actuels articles L. 1111-4 et L. 1112-4).

Le rôle du médecin, est ici essentiel. Le Conseil national de l'Ordre des Médecins déclare d'ailleurs que : « devant le malade douloureux, l'incurable et le mourant, le médecin obéit à un double impératif : assurer le contrôle de la douleur et la prise en charge psychologique ».

Dès lors, rédiger des textes fondateurs est devenu une nécessité incontournable, les faire vivre et surtout changer le regard sur la douleur, tant en direction des professionnels de la santé que des usagers et patients, constitue un nouveau défi à relever !

Porteurs d'un enjeu majeur, deux plans de lutte contre la douleur ont été engagés; le premier couvre la période 1998-2000 et le second porte sur les années 2002-2005.

La philosophie du premier plan pourrait se résumer ainsi : « *La douleur n'est pas une fatalité, elle doit être au centre des préoccupations de tout professionnel de la santé* ». Ce plan a permis, comme le montre l'évaluation réalisée par la Société française de Santé publique en 2001, de faciliter le développement d'une culture de la lutte contre la douleur induisant des changements notamment dans la prise en charge thérapeutique des patients et de légitimer localement des initiatives portées, le plus souvent, par des soignants très motivés.

Bien sûr, des progrès importants restent encore à réaliser. Le second programme de lutte contre la douleur qui s'engage, est centré sur « *la douleur provoquée par les soins et la chirurgie, la douleur de l'enfant et la prise en charge de la migraine* ». Il vise aussi à poursuivre, l'amélioration de la prise en charge de la douleur clinique rebelle et de la souffrance en fin de vie.

L'ouvrage ***La douleur des femmes et des hommes âgés*** a ceci de remarquable qu'il pointe par ses regards croisés, ses approches multidisciplinaires, les mêmes dysfonctionnements que ceux identifiés par la Société française de Santé publique en 2001, dont la persistance de nombreux freins à la prescription d'antalgiques de niveau 3, et le faible recours chez les personnes âgées aux outils d'auto-évaluation de la douleur et aux outils d'hétéro-évaluation plus adaptés aux malades non communicants. Mais, il fait aussi écho au plan de lutte contre la douleur en proposant une formation pratique des professionnels, tout en soulignant l'importance de la prise en compte de la dimension psychosociale de la douleur et des moyens et méthodes non pharmacologiques qui constituent souvent des réponses complémentaires.

En une série d'articles, rigoureux, incisifs, excellemment documentés, qui doivent être appréciés individuellement, mais aussi dans leur rencontre, leur enchaînement, les auteurs laissent

entendre leurs voix humanistes ; de ces voix qui, comme le dit si bien E. Hirsch, « *combattent l'indifférence à l'égard de ceux qui nous livrent leur douleur pour qu'elle soit traitée et rappellent nos obligations au regard de la douleur humaine en termes de justice, de contestation de l'inacceptable, de l'intolérable, de tout ce qui disqualifie l'homme et le révoque en tant que tel* ».
C'est à ces femmes et ces hommes, porteurs de valeurs, fidèles à leur engagement, passionnés par leur métier, reconnus par leurs pairs et qui ont balisé leur propre parcours d'initiatives et d'actes légitimés par la communauté médicale et celle des chercheurs, qu'il convient dorénavant de donner la parole.
Je souhaite que cet ouvrage, le premier qui aborde de façon globale et transversale cette problématique, occupe une place essentielle dans le paysage de la formation des professionnels de santé sur l'évolution de leurs pratiques et les progrès des connaissances biologiques, épidémiologiques, psychologiques, sociologiques, cliniques et thérapeutiques dans une démarche toujours plus humaniste et éthique.
J'adresse enfin tous mes voeux de succès à cette jeune collection «*Âges, santé, société*» novatrice, indépendante, stimulante pour l'esprit, et à laquelle ont déjà collaboré de nombreux chercheurs, cliniciens, et autres professionnels de la santé, dans une approche multidisciplinaire et de qualité.

Bernard Kouchner
Ministre délégué à la santé.

Table des matières

1 Introduction

R. Sebag-Lanoë*

D'ici 2050, le nombre de personnes de 65 à 84 ans dans le monde passera de 400 millions à 1,3 milliards d'après l'Organisation des Nations-Unies. Les 85 ans et plus, quant à eux, seront alors 175 millions, soit sept fois plus nombreux qu'aujourd'hui. En France, lors du recensement de 1990, il y avait 14 % de plus de 65 ans, c'est-à-dire 8 millions de personnes, 7 % de plus de 75 ans, soit 4 millions et 1,7 % de plus de 85 ans, soit 1,2 millions de personnes. D'après les premières données du recensement de 1999, il y a 9 751 902 personnes de 65 ans et plus, soit 16,8 %, 4 504 911 soit 7,7 % de personnes de 75 ans et plus (avec 2 893 011 femmes et 1 611 900 hommes) et 1 423 544 soit 2,5 % de personnes de 85 ans et plus. Il faut ajouter qu'il y a d'ores et déjà 11 593 centenaires dont 10 117 femmes et 1 476 hommes. Les projections de population à l'horizon 2050 confirment l'inéluctabilité du vieillissement de la population française puisque, à cette date, la France métropolitaine devrait compter trois fois plus de personnes âgées de plus de 75 ans et quatre fois plus de personnes de plus de 85 ans. Et il devrait y avoir alors 150 000 centenaires... Force est d'admettre que les hommes et les femmes âgés et très âgés sont désormais parmi nous, de plus en plus nombreux, et pour longtemps.

La maladie et la douleur ont été de tous temps associées au vieillissement. La sagesse populaire contenue dans ces quelques

* Auteur de plusieurs ouvrages parus aux éditions Desclée de Brouwer : *Mourir accompagné*, 7e édition 2001 ; *Soigner le grand âge*, 1992 ; *Vieillir en bonne santé*, 1997-ouvrage collectif- et *Vivre, vieillir et le dire : des hommes et des femmes âgés parlent*, 2001.

proverbes le prouve suffisamment : « La vieillesse rend tout le monde malade », « La vieillesse est un hôpital où toutes les maladies sont rassemblées », « Plus on est vieux, plus on est souffrant ». Mais les statistiques modernes confirment le simple bon sens ancestral puisque les données sur la situation sanitaire et sociale en France, en 1999, publiées par le ministère de la Santé montrent que les personnes de 65 ans et plus déclarent en moyenne 4,8 maladies et celles de plus de 80 ans, 5,4... Et l'on sait depuis maintenant plus de 15 ans – sans réel démenti ultérieur – que la prévalence de la douleur persistante augmente avec l'âge puisque le pourcentage de personnes qui disent avoir éprouvé une douleur au cours des deux dernières semaines atteint 25 % chez celles de plus de 60 ans, 29 % chez celles dont l'âge est compris entre 71 et 80 ans et 40 % chez celles de plus de 80 ans.

Les occasions de souffrir sont effectivement nombreuses aux âges élevés. Un certain nombre d'affections réputées douloureuses comme le zona, l'artérite temporale, la pseudo-polyarthrite rhizomélique, la chondrocalcinose et l'artérite des membres inférieurs sont plus spécifiquement gériatriques, on le sait. Mais, les cancers, au cours desquels la douleur représente un symptôme majeur, notamment en phase avancée, voient, pour la plupart des localisations, leur incidence augmenter avec l'âge, notamment après 40 ans, faisant du cancer une maladie qui atteint surtout des hommes et des femmes âgés. En effet, 68 % des décès par cancer chez les hommes et 75 % chez les femmes surviennent après l'âge de 65 ans. Ainsi, en 1995, l'incidence du cancer de la prostate dans la tranche d'âge 80-84 ans a été plus de dix fois supérieure à celle de la tranche 55-59 ans. De même, l'incidence du cancer du poumon a été huit fois plus élevée dans la tranche d'âge 70-74 ans que dans celle de 40-44 ans, et l'incidence du cancer colo-rectal, dix-neuf fois plus importante dans la tranche d'âge 80-84 ans que dans celle de 40-44 ans. Toutes localisations confondues, en 1995, le rapport des incidences entre les tranches d'âges 80-84 ans et 40-44 ans a été de 14,5 chez les hommes et 4,5 chez les femmes. On sait encore que les maladies ostéo-articulaires constituent le deuxième grand groupe de maladies déclarées par les personnes âgées, juste après les maladies cardiovasculaires, et que l'arthrose, qui atteint 80 % des hommes et des femmes de plus de 65 ans, provoquera des douleurs significatives chez la majorité d'entre eux. Enfin, qu'elles soient ou non liées au cancer, les situations de fin de vie sont pratiquement toujours génératrices de douleur. Or, plus de 60 % des décès concernent maintenant des personnes de 75 ans et plus et 36 % des personnes de 85 ans et plus. Qu'on le veuille ou non, âge, maladies, fins de vie et douleur sont donc indissolublement liés. Et pourtant!

Et pourtant, force est de constater cet étonnant paradoxe : la douleur chez les personnes âgées n'occupe absolument pas la place qui, d'évidence, devrait lui revenir en médecine. Loin s'en faut! Méconnue, oubliée, passée sous silence pendant de longues années, comme le prouvait encore l'analyse de la littérature il y a peu, qu'elle soit aiguë, chronique, nociceptive, neurogène ou mixte, la douleur des personnes âgées reste toujours un champ négligé, mal connu, voire méprisé. Trop souvent, en effet, la douleur n'est même pas identifiée en tant que telle. Trop souvent également elle n'est pas appréciée à sa juste intensité. Trop souvent enfin, elle n'est pas traitée ou alors traitée de façon insuffisante ou encore inadaptée. Les causes de cette méconnaissance grave sont multiples, il est vrai :

- les hommes et les femmes âgés ont souvent un comportement plus stoïque ou plus fataliste vis-à-vis de la douleur, qu'ils considèrent comme une conséquence normale du vieillissement, de la maladie et de la fin de la vie;
- ils peuvent éviter de parler de leur douleur par crainte de déranger, par peur du diagnostic, des investigations ou des thérapeutiques, et notamment de la morphine, ou encore parce que la douleur traduit l'aggravation de leur maladie et leur mort prochaine...
- la plainte douloureuse peut se trouver aussi noyée dans toute une série de plaintes chroniques diverses;
- les troubles du langage, la confusion et les troubles des fonctions intellectuelles peuvent empêcher les personnes âgées d'exprimer verbalement leur douleur...;
- les troubles sensoriels très fréquents et les troubles de la mémoire gênent souvent l'évaluation;
- surtout, la douleur peut se manifester chez les hommes et les femmes âgés par des comportements atypiques, notamment des réactions d'agitation ou de confusion, ou au contraire d'anorexie, de repli et de mutisme, qu'il faut savoir rattacher à la douleur...;
- il faut ajouter qu'en milieu gériatrique (services hospitaliers et maisons de retraite), dans la majorité des cas, un trop petit nombre de soignants doit prendre en charge un grand

nombre de malades et que la peur des effets secondaires des médicaments, et notamment des opiacés, freine souvent leur prescription par les médecins.

Mais, il faut certainement avoir la lucidité de reconnaître aussi le peu de considération que nous avons encore pour les hommes et les femmes âgés et très âgés, au sein de notre système de santé et de notre société en général, *a fortiori* s'ils sont très malades, dépendants, déments et en institution.

Cette situation parfaitement inacceptable au plan éthique ne saurait perdurer davantage aujourd'hui. Ce livre collectif se voudrait donc un outil de travail pour progresser, un moyen mis à la disposition des professionnels de santé, médecins, infirmières et aides-soignants, pour remettre à sa juste place la douleur des hommes et des femmes âgés au sein de la pratique médicale. Appréhender la douleur et la souffrance au grand âge dans toute sa dimension existentielle, mieux connaître la physiologie et la perception de la douleur au cours du vieillissement ainsi que l'épidémiologie de la douleur en gériatrie, identifier toutes les nombreuses situations médicales potentiellement douloureuses que peuvent vivre des hommes et des femmes âgés, analyser les obstacles multiples à la reconnaissance de la douleur, apprendre à l'évaluer de façon appropriée en milieu gériatrique en utilisant au besoin des outils spécifiques, bien mesurer toutes les conséquences que peuvent avoir les douleurs non soulagées sur ceux et celles qui les éprouvent, mais aussi sur leur entourage familial ou soignant, apprendre enfin à traiter correctement la douleur des hommes et des femmes âgés en tenant compte des modifications pharmacocinétiques et pharmaco-dynamiques liées au vieillissement, mais aussi en profitant davantage de tout l'apport des techniques non médicamenteuses de traitement et de prévention de la douleur dont on dispose aujourd'hui, voilà autant de moyens d'avancer vers une prise en compte de la douleur gériatrique plus efficace et plus généralisée qu'elle ne l'est malheureusement à présent, et ce, aussi bien au domicile, qu'à l'hôpital et dans les institutions. Les enjeux sont en fait énormes en termes de qualité de vie et d'autonomie au cours de l'avancée en âge ainsi qu'en termes de confort de fin de vie aux âges élevés. L'âge ne doit plus constituer un facteur de risque de vivre et de mourir dans la douleur! Nous devons nous en convaincre tous, que nous soyons gériatres, spécialistes de la douleur, médecins généralistes ou spécialistes, infirmières, aides-soignants, kinésithérapeutes ou autres professionnels de la santé. Mais, pour être pleinement efficaces, nous devrons convaincre aussi les personnes âgées elles-mêmes et leur entourage à travers une sensibilisation sociale et une véritable éducation de longue haleine à la santé. Tel est le sens profond de cet ouvrage et l'esprit qui a animé tous ceux et celles qui ont bien voulu y collaborer.

Pour en savoir plus...

BRUTEL C. Projections de population à l'horizon 2050. Un vieillissement inéluctable. *INSEE Première* 2001 ; **762**.

CARTWRIGHT A. Dying when you're old. *Age Ageing* 1993 ; **22** : 425-30.

Courrier international 1999 ; **43431**.

CROOK J., RIDEOUT E., BROWNE G. The prevalence of pain in a general population. *Pain* 1984 ; **18** : 299-314.

DAVIS M.A. Epidemiology of osteoarthritis. *Clinic Geriatr Med* 1988 ; **4** (2) : 241-55.

DREESS. *Études et statistiques*. 2000 : 101-2.

FERREL B.A. *Overview of aging and pain. Pain in the elderly.* Seattle : IASP Press, 1996 : 1-10.

FERREL B.A., FERREL B.R., OSTERWEIL D. Pain in the nursing home. *J Am Geriatr Soc* 1990 ; **38** : 409-14.

FOLEY K.M. Pain management in the elderly. In : W.R. Hazzard, E. Bierman, J.P. Blass, W.H. Ettinger, J.B. Halter, ed. *Principles of geriatric Medicine and Gerontology.* New York : Mc Graw Hill, 1994, **28** : 317-31.

LOUX F., RICHARD P.H. *Sagesses du corps. La santé et la maladie dans les proverbes français.* Paris : Maisonneuve et Laroze, 1978.

MENEGOZ F., CHERIE-CHALLINE L. *Le cancer en France – incidence, mortalité – situation en 1995. Évolution entre 1975 et 1995.* Ministère de l'Emploi et de la Solidarité, Secrétariat d'État à la Santé. Réseau Francim. Paris : La Documentation française, 1999.

MOSS M.S., LAWTON M.P., GLICKSMAN A. The role of pain in the last year of life of older persons. *J Gerontol* 1991 ; **46** : 51-7.

PEGUIGNOT F., SOUGLA E., LE TOULLEE A., BOUET M. Données épidémiologiques sur les causes de décès en France. In : Mourir en Société. *Prévenir* 2000 ; **38** : 25-33.

RAPIN C.H. The mechanism of pain memory in the elderly patient. *J Palliat Care* 1991 ; **7** (4) : 48-50.

SEBAG-LANOË R. *Vivre, vieillir et le dire.* Paris : Desclée de Brouwer, 2001 : 324.

I

Douleurs et sciences humaines

2 Douleur et vieillesse : approche anthropologique

D. Le Breton*

Il n'y a pas de douleur sans souffrance.

La douleur est une déchirure de soi qui brise l'évidence de la relation au monde. Le corps devient étranger à soi-même. Elle épingle l'homme à son corps sans lui laisser le choix. Elle imprègne l'existence sur le mode de la violation. Elle dépersonnalise. L'homme souffre dans toute l'épaisseur de son être, de son histoire. On distingue traditionnellement la douleur, atteinte de la chair, et la souffrance, atteinte de la psyché. Cette distinction commode est simultanément ambiguë en ce qu'elle oppose sans ciller le corps et l'homme comme deux réalités distinctes, faisant ainsi de l'individu le produit d'un collage surréaliste entre une âme et un corps. La douleur n'écrase pas le corps, elle écrase l'individu, elle brise l'écoulement de la vie quotidienne et altère la relation aux autres. Elle est donc simultanément souffrance. Elle transforme l'homme en témoin indifférent aux événements qui l'entourent. Elle « ne donne plus goût à rien ». Elle arrache l'homme à ses anciens usages et contraint à vivre à côté de soi sans pouvoir se rejoindre, dans une sorte de deuil de soi. La douleur n'est pas un fait physiologique, mais d'abord un fait d'existence. Elle n'est pas du corps mais du sujet. Le mal de dent n'est pas dans la dent, il est dans la vie, il altère toutes les activités de l'homme, même celles qu'il affectionne. Quand l'individu est percuté par la douleur, c'est la

* Auteur notamment de *Anthropologie de la douleur* (Métailié), *Anthropologie du corps et modernité* (PUF), *L'adieu au corps* (Métailié), *Éloge de la marche* (Métailié).

chair de sa relation au monde qui en pâtit. Mais, si la souffrance est inhérente à la douleur, elle est plus ou moins intense selon les circonstances. Un jeu de variations existe de l'une à l'autre. La souffrance est une fonction du sens que revêt la douleur, elle est en proportion de la somme de violence subie. Elle peut être infime ou tragique; elle n'est jamais mathématiquement liée à une lésion.

D'une condition sociale et culturelle à une autre, et selon leur histoire personnelle, les hommes ne réagissent pas de la même manière à une blessure ou à une affection identique. Leur expressivité n'est pas la même, ni leur seuil de sensibilité. Toutes les sociétés définissent implicitement une légitimité de la douleur qui anticipe sur des circonstances réputées physiquement pénibles. Une expérience cumulée du groupe amène d'emblée à une attente de la souffrance coutumière imputable à l'événement. Une intervention chirurgicale ou dentaire, un accouchement, le développement d'une maladie, une blessure suscitent les commentaires avertis de ceux qui sont déjà passés par là ou connaissent « quelqu'un qui... ». Chaque expérience, chaque maladie, chaque lésion est associée à une marge diffuse de souffrance. L'expression individuelle de la souffrance se coule au sein de formes ritualisées. Quand une souffrance affichée paraît hors de proportion avec la cause et déborde le cadre traditionnel, on soupçonne la complaisance ou la duplicité. Là où il est de rigueur d'endurer sa peine en silence, l'homme submergé qui donne libre cours à la plainte encourt la réprobation. Cette entorse à la discrétion habituelle suscite des attitudes opposées à celles souhaitées par le malade : la compassion cède le pas à la gêne. À l'inverse, là où la ritualisation de la douleur appelle la dramatisation, on comprend mal celui qui intériorise sa peine et ne souffle mot à personne. La plainte, en même temps qu'elle traduit la souffrance, a aussi valeur de langage qui confirme l'entourage dans le bien-fondé de sa présence. La capacité du malade à affronter seul son épreuve, sans montrer sa peine, tranche avec les pleurs ou l'anxiété habituellement de rigueur. L'entourage est frustré dans son souci de prodiguer consolation et soutien. La douleur a ses rites d'expression que l'on ne transgresse pas sans le risque d'indisposer les bonnes volontés[1].

1. Pour une approche plus large autour de la douleur dans l'approche des sciences humaines, nous renvoyons à D. Le Breton. *Anthropologie de la douleur*, 2ᵉ édition. Paris : Métailié, 1999.

Les conditions d'existence modèlent les comportements jusqu'à un certain point mais il ne faut pas les transformer en stéréotypes venant occulter la singularité du malade. On ne peut verser la douleur et ses manifestations au seul crédit de la culture ou de la condition sociale. Celles-ci n'existent qu'à travers les hommes qui les vivent et les significations qu'ils donnent à leur expérience. La culture ne s'impose pas comme une structure massive à des acteurs conditionnés. D'autres influences introduisent des ruptures et des continuités : cultures régionales et locales, rurales et urbaines, différences de générations, de sexe, etc. Chaque homme s'approprie les données de sa culture ambiante selon son histoire personnelle et les rejoue selon son style. La relation intime à la douleur ne met pas face à face une culture et une lésion mais immerge dans une situation douloureuse particulière un homme dont l'histoire est unique, même si la connaissance de son milieu, de son appartenance culturelle, de sa confession, donnent des indications précieuses sur le style de ses réactions. Dans la pratique soignante, l'indifférence aux origines sociales et culturelles du malade n'est pas une erreur moindre que celle de le réduire à un stéréotype de sa culture ou de sa classe, manière commode et brutale d'élaguer la complexité des choses en une poignée de recettes, en un répertoire de prêt à penser et à agir. La manière dont le sujet intériorise sa culture, les valeurs qui sont les siennes, le style de son rapport au monde, les circonstances particulières où il est plongé, composent un filtre spécifique. Face à la douleur, les différences rencontrées au sein d'une même culture sont parfois plus marquées que celles qui distinguent les cultures entre elles sous ce même rapport.

La tâche des soignants consiste idéalement à répondre à la plainte sans présumer de son intensité, sans projeter leurs valeurs et leurs comportements propres pour juger de l'attitude de leurs patients. De nombreux travaux pointent à cet égard une fréquente sous-évaluation de la douleur chez les soignants. L'homme en bonne santé et actif est mal placé pour juger de la souffrance de l'autre. Il risque la projection de sa psychologie propre au détriment du patient. Il convient de soigner l'homme en tant qu'homme, dans sa singularité. La qualité des soins ne saurait être diminuée sous prétexte que certaines catégories sociales seraient plus endurantes que les autres. Tous les usagers doivent bénéficier du recours antalgique approprié, selon l'intensité et la nature de leurs maux. Le stéréotype culturel empêche parfois d'entendre et de soulager la douleur. La tendance des soignants à sous-évaluer la douleur de leurs patients et à minorer les traitements antalgiques s'appuie parfois sur ces préjugés (le « syndrome méditerranéen », par exemple).

Or, ce ne sont pas seulement les malades qui intègrent leur douleur dans leur vision du monde, mais également les médecins ou les infirmières qui projettent leurs valeurs, et souvent leurs préjugés, sur ce que vivent les patients dont ils ont la charge. Une expérience classique à ce propos : 554 infirmières de même spécialité, homogènes en expérience, en âge, des États-Unis, du Japon, de Taiwan, de Thaïlande, de Corée et de Puerto-Rico, évaluent la somme de douleur et de détresse psychologique associée à une même série de symptômes ou de lésions connues. Les moyennes obtenues par les groupes respectifs varient considérablement. Chacun, convaincu pourtant de se référer à un savoir objectif, a réagi à son insu selon ses traditions culturelles. Les infirmières japonaises et coréennes voient une forte souffrance là où, à l'inverse, pour les mêmes maux, les infirmières américaines sont bien moins sensibles. L'évaluation des symptômes, la compassion et les soins prodigués s'enracinent dans des visions du monde distinctes les unes des autres.

La prise en charge des personnes âgées soulève des questions spécifiques. Leur douleur est souvent associée à une souffrance plus grande que pour les populations plus jeunes, moins à cause de leur symptôme que de leur âge. La lenteur du vieillissement en dissipe l'inéluctabilité. À nos yeux, rien ne change de notre visage, de notre corps ou de la tonalité de notre relation au monde. Le temps s'écoule en nous sans aspérité, sans contraste. Nous allons vers la mort avec le sentiment que la jeunesse s'est prolongée en nous et que les vieillards sont d'une autre planète. « La vieillesse, disait S. de Beauvoir, est particulièrement difficile à assumer parce que nous l'avions toujours considérée comme une espèce étrangère : moi, je suis devenue une autre, alors que je demeure moi-même »[2]. Le vieillissement est une abstraction. Longtemps, dans l'existence, les personnes âgées ce sont les autres. Le corps expose au travail de la durée et de la mort mais l'image de son corps que l'individu se

2. S. de Beauvoir. *La Vieillesse.* Paris : Gallimard, 1970 : 301.

forge se modèle au rythme de son avancée dans la vie, selon les circonstances qu'il traverse. Celle-ci se modifie doucement au fil du temps et remplit sa fonction anthropologique de balancier de l'identité personnelle. L'image du corps est une donnée imaginaire, une valeur qui résulte essentiellement de l'influence de l'environnement social et de l'histoire personnelle. C'est du regard de l'autre que naît la conscience de vieillir ou d'être devenue une personne âgée. Le sentiment de la vieillesse est le mélange indiscernable d'une appréciation sociale et culturelle et d'une conscience de soi. La modernité tend à faire de la vieillesse un stigmate; elle érige en principe le refoulement de la précarité et de la mort; elle repose sur un imaginaire de toute-puissance et de vitalité.

L'allongement de la durée de vie dû à l'amélioration des conditions d'existence prodigue d'innombrables pathologies qui n'existaient pas autrefois ou, du moins, pas avec autant de force statistique. Il ne suffit pas d'ajouter des années à la vie, seul importe d'ajouter de la vie aux années. Sans doute une majorité de personnes âgées vivent-elles aujourd'hui une vieillesse heureuse. Mais, pour un nombre croissant, la rançon paradoxale d'une existence plus longue se traduit par une confrontation personnelle à la douleur, à la maladie, au handicap, à la solitude, à la souffrance.

La vieillesse est le temps où le corps s'impose comme une dualité souvent pénible, un autre soi-même récalcitrant et parfois même en rupture de ban. Sa conscience se fait plus aiguë car il fait entendre soudain sa voix sur un mode plus pénible, exigeant. Peu à peu une série de deuils minuscules s'effectuent dans le rapport au monde à cause d'un corps dont les capacités s'amenuisent lentement sur le plan des mouvements, de la résistance, du désir, de la mémoire, de la vision, de l'audition. Une fréquentation plus assidue du médecin se fait jour. Les maladies, les douleurs deviennent parfois chroniques et il faut s'ajuster à des circonstances qui limitent la liberté de mouvement et émoussent le goût de vivre. D'une atteinte narcissique à une autre, l'existence finit parfois par peser. Les pathologies multiples rendent les soins difficiles en arrachant parfois au chez-soi, le seul lieu où l'on se sente protégé[3].

3. *Cf.* par exemple les ouvrages de R. Sebag-Lanoë : *Mourir accompagné.* Paris : Desclée de Brouwer, 1986. *Soigner le grand âge.* Paris : Desclée de Brouwer, 1992.

D'autres, en revanche, trouvent dans les structures de long ou de moyen séjours une seconde famille ou, du moins, une sociabilité qui leur manquait.

« La culture, disait Malraux, c'est l'ensemble des réponses que peut se donner un homme quand, dans son miroir, il aperçoit son visage de mort ». La déstructuration des systèmes symboliques laisse aujourd'hui l'homme devant la nudité d'un visage qui l'effraie. Devant le vieillissement ou la mort, il ne sait que répondre, et son silence est hanté par la peur. Autrefois, l'homme vieillissait et mourait parce que ces événements étaient dans l'ordre des choses; l'homme contemporain ne *veut* plus ni vieillir ni mourir. Alors, comme le baron de Münchhausen, il se tire par les cheveux pour sortir de son enlisement. Dans nos sociétés où l'apparence jouit de la plus grande profondeur, le vieillissement est vécu à la manière d'un enlaidissement et d'une dépossession. Il ressemble dans ses conséquences à une forme à peine atténuée de défiguration. *Si tout homme porte en lui un visage de référence, le visage de la jeunesse et de la reconnaissance de soi par les autres, celui qui a connu et donné l'amour dans la jubilation, alors la vieillesse est le temps de la désagrégation de ce visage*[4]. « On meurt avec un masque », s'écrie le prince Salina, dans *Le Guépard* de Lampedusa. La vieillesse serait cette maladie lente et vénéneuse qui ronge le visage de référence indissolublement lié au sentiment d'identité de l'individu.

Dans certaines institutions accueillant les retraités ou les personnes en long séjour, la démission de l'identité propre se traduit par la négligence apportée à la toilette, à la présentation de soi. L'indifférence à son visage, à sa coiffure, est une étape symboliquement décisive de renoncement à soi et aux autres. L'absence de toute reconnaissance sociale conduit à l'occultation du signe de son appartenance au groupe. Le visage se donne en creux, comme un lapsus. En miroir, il retourne son indifférence au monde par son degré zéro de séduction et d'expressivité. Mais, le soignant qui s'arrête devant ce visage et le reconnaît dans sa pleine humanité et son appartenance au lien social restaure la dimension symbolique. D'où l'importance des ateliers d'esthétique qui permettent aux personnes âgées d'entretenir leur visage,

---

4. D. Le Breton. *Des visages. Essai d'anthropologie*. Paris : Métailié, 1992.

leur coiffure, leur apparence, ou l'importance plus décisive encore de ces mêmes gestes accomplis par une soignante, ou un membre de la famille, quand la personne est devenue trop dépendante. En agissant positivement sur le sentiment du visage, on favorise chez la personne âgée le retour à un narcissisme élémentaire dont elle s'était peu à peu détachée. Et c'est un peu de la souffrance qui se retire, une volonté accrue de faire front à la maladie ou à la douleur, le goût de vivre qui renaît et que seule suscite la reconnaissance de soi.

Chez les personnes âgées, la souffrance accompagne plus volontiers la douleur en lui donnant une dimension supplémentaire; elle est d'autant plus vive que le goût de vivre diminue lentement et que la douleur est un ajout intolérable à la déroute personnelle. La douleur est supportable (au sens où la souffrance ne l'envenime pas) dans la certitude de retrouver une vie heureuse ou une santé durable. Quand cette perspective manque, la souffrance étouffe la douleur et la situation est terrible. Seuls une présence chaleureuse, un accompagnement respectueux et attentif de l'autre, sont alors en mesure de la désamorcer et de ramener la personne âgée à l'intérieur du lien social comme partenaire à part entière de l'échange. Pour échapper à cette souffrance, il faut cette sorte de grâce d'un visage, il faut la reconnaissance d'un autre qui investit à nouveau l'existence comme un bien et non plus comme un enfer. Les antalgiques ne suffisent pas s'ils ne sont pas accompagnés d'une qualité de présence. Pour déplier un visage amer et renfermé, muet, un autre visage suffit. Une douleur mal prise en charge par un personnel médical pressé ou indifférent, mal relayée par une équipe soignante débordée, ajoute au sentiment d'abandon et alimente une souffrance grandissante. Celle de ne pas être traité en sujet mais en « objet » de soins. La position de sujet se mue alors en sujétion. Dans nombre de lieux de soins où l'on ne « prend pas soin » du malade, les antalgiques sont insuffisants ou bien, même à « bonne » dose, ils ne procurent pas le soulagement. On le sait, les enfants et les personnes âgées, c'est-à-dire les usagers les plus vulnérables, ceux qui n'osent guère faire entendre leur voix ou sont dans l'impuissance à le faire, souffrent davantage que les autres malades. Ce scandale est régulièrement dénoncé.

Parfois, dans les cas de grande solitude, d'abandon, la douleur est l'ultime manière d'exister, de susciter un minimum de reconnaissance de soi. Elle devient une monnaie d'échange à fonds perdus. J'existe, on s'occupe de moi puisque j'ai mal. Mais, le mal est dans l'existence avant de tenailler le corps. La personne âgée n'a plus rien d'autre à prodiguer pour provoquer l'échange, pour attirer un regard sur soi. Et encore celui-ci est-il parfois bien limité. La douleur éprouvée est une parade alors à la souffrance massive qui touche le goût de vivre; elle exprime cette quête désespérée de reconnaissance, ce minimum social de contact qui permet de maintenir la tête hors de l'eau. Ultime parole du corps pour échapper à l'indifférence ou au mépris.

Les demandes d'euthanasie viennent dans leur majorité de douleurs mal soulagées, d'un manque de reconnaissance de soi, du sentiment d'insignifiance que renvoient des soignants indifférents ou exprimant trop ostensiblement leur dégoût. Elles naissent d'une fin de vie sans signification, du sentiment d'abandon. Lorsque le malade se sent reconnu dans les yeux et les gestes des soignants, il n'y a pas de demande d'euthanasie. L'expérience des soins palliatifs ou de l'accompagnement des mourants atteste que là où le malade trouve compassion, écoute, soulagement de sa douleur, la souffrance s'efface et la demande de mort disparaît. En revanche, des formes courantes d'euthanasie exécutées avec les cocktails lytiques dans certains services témoignent souvent de cette destitution du sujet, matière de soins plus ou moins pénibles, devenu encombrant et dont l'on se débarrasse comme on jette ailleurs des objets périmés. *Cette manière d'éliminer l'autre sans son consentement, même si elle est rare, est bien entendu un acte d'accusation sans appel de services dont le fonctionnement en amont est du même style.*

Bien entendu, la liste serait longue des sociétés hospitalières à la vieillesse, faisant de l'âge le signe d'une dignité et d'une valeur symbolique grandissante dans la destinée du groupe. L'homme qui vieillit, chacun de nous le sait un jour, est l'enfant qu'il fut : le même visage, le même étonnement devant le monde. De l'enfant au vieil homme, il y a une continuité troublante, une ressemblance jamais démentie. C'est pourquoi, très vieux, nous mourrons avec le visage de notre enfance. Mais nous vivons parfois le drame de l'abandon et de la douleur qui génère la plus haute souffrance.

Pour en savoir plus…

BEAUVOIR S. (de). *La Vieillesse.* Paris : Gallimard, 1970.

Le continent gris. *Communications* 1983; **37**.

ÉLIAS N. *La Solitude des mourants.* Paris : Christian Bourgois, 1987.

HERFRAY C. *Le vieillissement.* Paris : Desclée de Brouwer, 1990.

JANKÉLÉVITCH V. *La Mort,* Flammarion, 1977.

LE BRETON D. *Anthropologie du corps et modernité.* Paris : PUF, 2000.

LE BRETON D. *Des visages. Essai d'anthropologie.* Paris : Métailié, 1992.

LE BRETON D. *Anthropologie de la douleur.* Paris : Métailié, 1999.

SEBAG-LANOË R. *Mourir accompagné.* Paris : Desclée de Brouwer, 1986.

SEBAG-LANOË R. *Soigner le grand âge.* Paris : Desclée de Brouwer, 1992.

3 Douleur et souffrance : une approche dans le soin

E. Hirsch

CONTESTER L'INACCEPTABLE

C'est bien souvent aux limites et aux extrêmes de la vie que s'imposent les exigences démocratiques du soin. Précisément, lorsque nous sommes démunis et que nos responsabilités se découvrent dans la capacité d'un investissement personnel qui excède les seules mesures politiques.

Témoigner une présence inconditionnelle à la personne et refuser les attitudes d'indifférence et d'abandon incarnent cette résistance de l'humain face à ce qui menace de compromettre le sens d'une vie.

Nous retrouvons aujourd'hui les traditions et les principes d'une attitude de respect et de compassion qui confèrent à l'acte soignant une responsabilité et une fonction insoupçonnées.

L'homme, avec ses fragilités, ses détresses et ses peurs, sollicite notre accompagnement. Dès lors, nos obligations à son égard prennent une intense signification.

Aux côtés de la personne dans sa vieillesse, notre communauté engage ses valeurs et affirme sa dignité.

Au sein de nos institutions, la personne âgée ne nous concerne-t-elle que dans ses limitations et dépendances fonctionnelles ou comme ce membre à part entière de notre société, dont il faut préserver coûte que coûte les conditions d'existence et l'appartenance sociale ?

Ne sommes-nous pas affectés, les uns et les autres, par la peur anticipée d'un abandon ? La société projette une image peu faite pour restaurer notre confiance et notre volonté d'assumer le grand âge, trop souvent perçu comme temps de l'isolement et de la perdition. Il ne tient qu'à nous de restituer sa haute signification humaine à cette part de l'existence riche d'enseignements.

Le droit de ne pas souffrir renvoie à l'exigence, désormais exprimée en des termes politiques, de soins d'une réelle qualité. Hier assimilée à l'expérience valorisée d'une souffrance rédemptrice, la douleur s'est en quelque sorte laïcisée et médicalisée. La personne malade veut qu'on lui épargne l'insupportable.

Il est important de comprendre cette revendication comme une véritable conquête. Elle procède de ces mutations profondes qui touchent la sensibilité même de l'acte soignant, sa qualité et son humanité.

Travailler contre la douleur, c'est affirmer notre attachement aux valeurs qui inspirent et légitiment notre présence auprès de la personne malade en demande de sollicitude, d'attention, de respect, mais aussi de soutien quand elle se sent proche de l'impossibilité à faire face.

C'est aussi défendre d'autres valeurs. Celles qui combattent l'indifférence à l'égard de ceux qui nous livrent leur douleur pour qu'elle soit traitée[1].

Concevons nos obligations au regard de la douleur humaine en termes de justice, de contestation de l'inacceptable, de l'intolérable, de tout ce qui disqualifie l'homme et le révoque en tant que tel.

Ce qui nous légitime à intervenir pour limiter au mieux la douleur de l'homme dans sa chair et la souffrance plus globale qu'elle induit à tous les niveaux de sa personnalité, c'est notre conception de l'idée d'humanité.

Rien ne peut faire admettre que respecter l'autre dans sa douleur revient à l'abandonner au désespoir et à la solitude.

Au nom de quoi soutenir aujourd'hui que l'endurance à la douleur consacrerait une vertu, un courage, nous imposant donc de laisser la personne souffrante accéder à quelque mérite ainsi

1. Lettre de Bernard Kouchner, secrétaire d'État à la Santé et à l'Action sociale, jointe à la lettre circulaire HH-EO 4 n° 052777 du 3 décembre 1998 relative au plan de lutte contre la douleur : « Pendant longtemps, la douleur a été vécue comme une fatalité. L'évolution des connaissances nous donne aujourd'hui des moyens importants permettant de réduire, dans des proportions considérables, la douleur des patients. »

promis ? En l'occurrence, ne devons-nous pas plutôt situer notre exigence morale au niveau le plus élevé d'une solidarité proprement humaine ?

De quelles compromissions sommes-nous responsables lorsque, sans y prêter l'attention qui convient, nos compassions se satisfont de la passion sans issue à laquelle l'autre est livré sans recevoir le moindre signe d'une véritable empathie ? Qu'est-ce qui nous retient de résister avec lui en menant un combat volontaire, à son rythme, opposé pied à pied aux assauts de la douleur, afin de le préserver de ce qui deviendrait insupportable, insurmontable ?

L'INDIVISIBLE DOULEUR

« La douleur dispense sa force de question, là où celle-ci est la moins soupçonnée »[2]. Cette observation de Martin Heidegger me semble éclairer la complexité de nos rapports à la douleur et donc la difficulté d'une approche dialectique de questions tellement délicates à identifier et à cerner.

À quel type d'argumentation recourir? Peut-on même se permettre un questionnement quand on a conscience du caractère parfois inacceptable, souvent rédhibitoire, de certaines considérations relatives à la douleur? Nous touchons au plus profond d'une expérience individuelle intime, quasi mystérieuse. Bien souvent, dans ce domaine, l'essentiel nous échappe, ce qui limite considérablement nos facultés de réponse.

« Au bord du gouffre »[3], menacé d'être précipité dans d'obscures profondeurs, conscient subitement de cette solitude radicale qui révoque la moindre possibilité d'échange ou de compassion, l'homme souffrant éprouve cette dimension de la condition humaine qui apparaît incompatible avec toute possibilité de la vivre.

La douleur altère l'existence dans ce qui la rendait soutenable – digne d'être assumée – en préservant ses valeurs. En cela même, la douleur d'autrui devrait stimuler nos facultés d'y mettre un

2. M. Heiddeger. Questions III. In : *L'expérience de la pensée*. Paris : Gallimard, 1966.
3. L. Tolstoï. *La Mort d'Ivan Ilitch*. Paris : Stock, 1927.

terme et de prodiguer une consolation autre qu'intentionnelle ou religieuse.

Lutter contre la douleur qui accapare un individu et l'assujettit à une condition d'existence inhumaine, c'est concevoir les modalités d'un engagement avec lui, pour lui, à son service, au nom de sa cause.

Ce pacte ainsi scellé relève des principes mêmes de la Déclaration universelle des droits de l'homme, qui pose dans son article 5 : « Nul ne sera soumis à la torture ni a des peines ou traitements cruels, inhumains ou dégradants. »

Une telle affirmation universelle, dans un contexte laïc, fonde une intention éthique résolument hostile à toute tentative de soumission aux logiques et aux règles qui déshonorent certaines positions à prétention religieuse.

Cette référence aux droits de l'homme éclaire de surcroît les distinctions parfois établies entre les personnes malades qui souffrent – selon leur âge, le stade d'évolution de la maladie, le cadre de la prise en charge, les compétences ou la disponibilité des équipes, les moyens, etc.

La douleur est une et indivisible, même si elle est éprouvée plus ou moins intensément dans un contexte donné. Notre implication dans la lutte contre la douleur doit relever, elle aussi, de l'unicité et de la cohérence des impératifs du soin.

Elle provoque nos consciences par la réalité bouleversante des personnes recluses dans leurs douleurs, prostrées dans des attitudes qui les enferment, les recroquevillent, les séparent de notre monde et semblent stigmatiser nos impuissances.

Il est une douleur sans voix et sans issue lorsque la personne ne trouve même plus les ressources pour exprimer, appeler, témoigner. Comment rejoindre celui qui ne peut plus demander et signifier quoi que ce soit? Comment partager ce qu'il éprouve et comment le secourir? Comment faire face lorsque se nouent tant de violence et d'énigme?

LA GRAVITÉ DU SOUCI TÉMOIGNÉ À L'AUTRE

La prise en compte de la douleur est résolument éthique. Il s'agit de respecter la personne dans la dignité de sa vie et d'être en mesure d'accueillir une demande forte incitant nécessairement à l'évolution de nos comportements individuels comme de nos démarches professionnelles.

L'indifférence à la personne qui souffre caractérise un état d'esprit qui paraît désormais incompatible avec de bonnes pratiques[4]. La prise en charge des douleurs entre dans une conception plus actuelle du soin, qui tient compte de l'exigence, justifiée, des personnes accompagnées dans un suivi médical.

Au nom de quoi se refuser à cette délicate confrontation avec la douleur de l'autre ? Comment concevoir notre intervention, si ce n'est en assumant cette responsabilité complexe de l'accueil, à l'écoute de l'appel qui nous est adressé ?

Paul Ricœur distingue douleur et souffrance. Selon lui, le terme « douleur » s'applique à « des affects ressentis comme localisés dans des organes particuliers du corps ou dans le corps tout entier » et le terme « souffrance » à « des affects ouverts sur la réflexivité, le langage, le rapport à soi, le rapport à autrui, le rapport au sens, au questionnement »[5].

Évoquant cette souffrance, Emmanuel Levinas nous éclaire sur la mission dévolue aux soignants.

« Je pense que la souffrance c'est l'enfermement même, la condamnation à soi-même. Et pourtant, dans la souffrance il y a un cri et un soupir, une plainte. C'est la première prière. C'est l'origine de la prière : la première parole adressée à l'absent.

Le médecin est celui qui entend ces plaintes. Par conséquent, dans ce secours à l'autre, à ce premier appel à l'autre, la première réponse est peut-être une réponse de médecin. Je ne dis pas que tout le monde est médecin par rapport à tout autre mais, très

---

4. Lettre Circulaire HH-EO 4 n° 052777 du 3 décembre 1998, relative au plan de lutte contre la douleur : « (...) Par ailleurs, la prise en charge de la douleur constituera une des clauses relatives à la qualité des contrats d'objectifs et de moyens conclus entre les établissements de santé et les Agences régionales d'hospitalisation. D'une manière plus générale, la qualité de la prise en charge des patients est un objectif essentiel pour tout établissement de santé conformément à l'article L. 710-1-1 du Code de la santé publique; elle sera prise en compte dans la procédure d'accréditation conduite par l'Agence nationale d'accréditation et d'évaluation de la santé (ANAES). »

5. P. Ricœur. La souffrance n'est pas la douleur. *Psychiatr Franç* 1992; **92** (numéro spécial).

certainement, cette attente médicale de l'autre constitue une des racines très profondes de la relation inter-humaine. »[6]

Il convient dès lors d'éviter de réduire notre approche de la douleur aux seules procédures techniquement satisfaisantes. La médicalisation, lorsqu'elle excède son champ d'application, trouve elle aussi ses limites, au point d'en perdre toute justification.

Les circonstances dépassent, voire outrepassent, dans bien des cas nos facultés strictement professionnelles. Conscients de nos limites, nous sommes requis au-delà de nos compétences, dans la grandeur et la gravité du souci témoigné à l'autre mais aussi dans l'ampleur des responsabilités qui nous sont confiées.

Le « secours de l'autre », ainsi compris dans notre faculté de prendre en considération ce qu'il ressent, peut constituer un acte de libération, de délivrance, qui lui permet de reconstituer son autonomie dans une certaine qualité de vie. Cela s'inscrit dans un processus de relation extrêmement subtil et fragile, tant la douleur nous dépossède de tout pouvoir.

Exprimer sa douleur, c'est aussi témoigner une confiance à la hauteur de laquelle ne sont pas toujours les pratiques soignantes, dès lors que prévalent la technicité et la précipitation. Admettre, sans la contester, la parole qui dit sa douleur, trouver les mots justes et adaptés, plus encore les prononcer et les assumer au risque de se montrer humble et démuni, cela peut sembler une audace à laquelle ne sont pas toujours prêts les différents intervenants.

De telle sorte qu'au-delà des évolutions dans les mentalités, des efforts spécifiques sont à consacrer à la formation, à la sensibilisation des professionnels, de manière à rendre plus évidente et tangible cette nécessaire dimension de l'acte soignant.

AU RISQUE DE SE CONFRONTER À L'AUTRE

Ces différentes notions déterminantes – la valeur, le respect, la confrontation, la négociation, la responsabilité, la compétence, la grandeur et la gravité – ne peuvent, à elles seules, répondre aux réalités de la douleur perçues plus ou moins intensément dans les pratiques du soin.

6. E. Levinas. In : E. Hirsch, ed. *Médecine et éthique. Le devoir d'humanité.* Paris : Cerf, 1990.

La douleur ou, plus précisément, la dimension humaine de cette expérience personnelle, interpelle, interroge et affecte la vocation du soin. La douleur est violente, accablante, souvent démesurée. Rien ne permet véritablement de l'accepter, de la comprendre, de s'en satisfaire. Elle entame l'intégrité de la personne[7].

Soigner l'autre, c'est aspirer à s'investir au plus près de lui pour l'accompagner et le soutenir lorsque sa fragilité l'engage à s'en remettre à autrui. Alors nous pouvons évoquer la dignité et la solidarité de notre implication à son service.

Dans la réciprocité de cette relation souvent intime, parfois ultime, comment concevoir un soin toujours respectueux de la personne, c'est-à-dire constamment préoccupé du sens qui le justifie et des limites à définir, afin de se prémunir contre toute confusion ?

Comment préserver la personne dans ses choix comme dans ses droits, alors que la douleur la force trop souvent à la passivité, à la dépendance ? Rendue plus que jamais vulnérable dans l'exposition de son intimité aux investigations et aux regards parfois excessivement intrusifs, la protéger devient essentiel.

Une médicalisation abusive ou excessive de la douleur se refuse parfois aux conditions d'une approche résolument humaine.

Le *droit de ne pas souffrir* ne peut se satisfaire de positions incantatoires, aussi généreuses soient-elles. Il nous oblige au devoir de ne pas laisser souffrir mais aussi de ne pas faire souffrir. Nous nous devons de comprendre notre action comme profondément attachée au bien de l'autre. Non pas un bien moral mais un bien concret, un bien-être qui relève d'un « bien faire », d'un bon vouloir non soumis aux tentations de l'arbitraire, du renoncement ou de l'indifférence.

En provoquant sa neutralité ou des attitudes par trop routinières, sinon restrictivement « protocolées », la douleur interpelle le soignant et remet en cause sa vocation.

---

7. P. Handke. *Le Malheur indifférent*. Paris : Gallimard, 1984 : « Elle perdait toute sensation de son corps, se cognait aux rebords, manquait les marches. Rire lui faisait mal, elle grimaçait seulement quelquefois. Le médecin disait qu'un nerf était probablement coincé. Elle ne parlait qu'à voix basse, était si mal en point qu'elle ne pouvait plus gémir. Elle inclinait la tête sur son épaule mais la douleur l'y poursuivait : "Je n'ai plus rien d'un être humain." »

La revendication d'être soigné sans souffrir est une révolte contre certaines logiques et mentalités des pratiques soignantes. Une volonté politique affirmée convie désormais chacun d'entre nous à cette prise de conscience.

On pourrait même espérer que le soin soit également promu et valorisé dans son aptitude à protéger le patient de ce qui pourrait le faire souffrir. Il s'agirait en quelque sorte d'un gain perceptible, crédible, qui contribuerait à restaurer une confiance et une considération indispensables, unanimement demandées.

La lutte contre la douleur ne se réduit pas à des intentions pieuses, ni à la seule acquisition de savoir-faire aussi justifiés soient-ils. Elle nous expose personnellement et intimement au risque de nous confronter à l'autre, qui attend souvent davantage qu'on ne peut lui apporter.

Voilà peut-être posé le dilemme éthique auquel nous soumet la personne qui souffre. « Bien que la douleur ne soit que partiellement responsable de la souffrance du patient, les effets qu'elle peut avoir sur la vie de ce dernier peuvent aller du malaise supportable au sentiment d'épuisement et de défaite écrasante. »[8]

JUSQU'AU BOUT DU SOIN

Comment définir alors le mode d'approche et les conditions de relations qui n'excèdent pas notre conception du soin? Selon quels concepts, en recourant à quelles médiations, se maintenir et se préserver comme soignant lorsque le soin est parfois mis en échec? Que faire pour bien faire, quand « bien » et « faire » échappent aux évidences et aux habitudes? Comment intégrer et comprendre, dans la pratique quotidienne, cette résolution exposée dans la Déclaration sur la promotion des droits des patients en Europe[9] : « Les patients ont le droit d'être soulagés de la douleur, dans la mesure où le permettent les connaissances actuelles. »

8. Déclaration de principe sur la prestation de soins aux patients souffrant de douleurs chroniques violentes en phase terminale de maladie. Association médicale mondiale (AMM), 1983.
9. Organisation mondiale de la santé (OMS), 1994.

Les « connaissances actuelles » ont, elles aussi, leurs limites. D'autre part, une réflexion très spécifique devrait être consacrée aux douleurs qui peuvent constituer un élément déterminant dans une expérience existentielle.

Penser la douleur, c'est nécessairement réfléchir à ses paroxysmes face auxquels, démunis, certains envisagent des comportements bouleversant les règles et désavouant les valeurs de dignité. Il s'agit là de retrouver le sens du soin, la vérité et l'humilité d'un acte humain propre à servir l'autre sans outrepasser notre légitimité.

Dans tant de cas, dans la nuit qui lui fait perdre tout repère, l'homme ne dispose pour toute liberté de parole que d'exprimer son dernier cri...

Combattre la douleur, c'est accepter d'aller jusqu'au bout du soin, au point ultime où la rencontre et l'accompagnement parviennent au terme du possible et du permis. C'est dire, à ma façon, la considération que j'éprouve à l'égard de ceux qui assument une fonction exemplaire au niveau le plus élevé de la responsabilité.

Alors que son contrôle peut encore échapper aux stratégies thérapeutiques, elle n'en constitue pas moins l'expression d'une vulnérabilité et d'une sensibilité qui requièrent l'humanité d'une sollicitude.

Qu'on le veuille ou non, la douleur demeure au cœur du soin puisqu'il a précisément pour vocation de l'apaiser et parfois de la vaincre.

Ce devoir de lutte contre la douleur est à ce point enraciné dans les valeurs du soin qu'on accepte d'autant plus mal ce qui a contribué à le pervertir.

Le droit de ne pas souffrir peut ainsi se comprendre comme l'exigence d'un soin de qualité, qui ne déconsidère pas sa fonction première en lui préférant d'autres finalités comme celles de la seule performance technique.

4 Une théorie psychanalytique de la douleur corporelle*

J.-D. Nasio

Avant de commencer, je voudrais poser quelques préalables et vous dire que la douleur – physique ou psychique, peu importe – est toujours un phénomène de limite. Elle émerge toujours au niveau d'une limite, que ce soit la limite imprécise entre le corps et la psyché, entre le moi et l'autre ou encore entre le fonctionnement réglé du psychisme et son dérèglement.

Une autre remarque initiale a trait au vocabulaire que j'utilise pour distinguer douleur corporelle et douleur psychique. Cette distinction, bien que nécessaire pour la clarté de mon propos, n'est pas fondée rigoureusement. Du point de vue psychanalytique, il n'y a pas de différence entre douleur physique et douleur psychique ou, plus exactement, entre l'émotion douloureuse[1] de la douleur physique et la douleur psychique. La raison en est, nous venons de l'avancer, que la douleur est un phénomène mixte surgissant à la limite entre corps et psyché. Quand nous étudions la douleur corporelle, par exemple, nous constatons que, mis à part ses stricts mécanismes neurobiologiques, l'émotion douloureuse s'explique essentiellement par une perturbation du psychisme.

PROCESSUS DE FORMATION DE LA DOULEUR

Il nous faut maintenant identifier les différentes étapes de la formation d'une douleur quelle qu'elle soit.

---

* Les pages de ce chapitre sont extraites du livre de J.-D. Nasio, *Le Livre de la douleur et de l'amour*, publié aux éditions Payot.

1. Précisons tout de suite que l'émotion douloureuse ne survient qu'à partir d'une certaine intensité et d'un minimum de durée de l'excitation.

Qu'il s'agisse d'une douleur corporelle provoquée par une lésion des tissus ou d'une douleur psychique provoquée par un choc psychologique, la douleur se forme en l'espace d'un instant. Cependant, nous verrons que son engendrement, bien qu'instantané, suit un processus complexe. Ce processus peut être décomposé en trois temps : il commence avec une *rupture*, se poursuit avec la *commotion* psychique que la rupture déclenche et culmine avec une *réaction* défensive du moi pour parer à la commotion. À chacune de ces étapes domine un aspect particulier de la douleur.

Ainsi apparaissent successivement : une douleur propre à la rupture, puis une douleur inhérente à l'état de commotion, enfin une douleur suscitée par la défense réflexe du moi en réponse au bouleversement. Bien entendu, ces trois douleurs ne sont en réalité que les différents aspects d'une seule et même douleur, formée instantanément.

Dans notre cheminement, nous respecterons ces trois temps : temps de la *rupture*, temps de la *commotion* et temps de la *réaction défensive du moi.*

DOULEUR CORPORELLE

Si nous voulons savoir pourquoi souffrent nos patients et pourquoi nous-mêmes souffrons, il nous faut prendre en main la loupe de la métapsychologie et descendre au cœur du moi pour y découvrir la psychogenèse de la douleur. Nous voulons cerner au plus près les fluctuations des tensions psychiques et comprendre ainsi l'incidence du psychisme dans la naissance de la douleur corporelle. La pratique de la psychanalyse nous apprend qu'une douleur corporelle intense implique toujours un bouleversement du moi, fût-il momentané, et qu'une fois ancrée dans l'inconscient, elle peut réapparaître transfigurée en événements pénibles et inexpliqués de la vie quotidienne.

Étudions alors la douleur physique suivant les trois temps de sa genèse : lésion – commotion – réaction.

La douleur de la lésion

Prenons l'exemple d'une brûlure sérieuse au bras. Après un bref instant d'effroi où il est anesthésié par le choc, le moi ressent la douleur locale d'une blessure au bras et éprouve aussitôt une émotion douloureuse indéfinie inhérente à un bouleversement intérieur. Le moi opère donc deux perceptions simultanées : il perçoit à la fois une douleur qu'il localise au niveau de la lésion externe et un état de commotion interne qui l'envahit. Ainsi, nous allons considérer successivement la douleur produite par la lésion et celle propre à la commotion. Nous aborderons ensuite le troisième temps de la genèse de la douleur, celui de la réaction. Pour se défendre contre la commotion, le moi réagit maladroitement et paradoxalement augmente sa douleur au lieu de la réduire.

Commençons par la *douleur de la lésion*. Elle est l'affect éprouvé par le moi quand il subit un endommagement des tissus qui se traduit, du point de vue énergétique, par une excitation brutale perçue imaginairement à la périphérie. Qu'il s'agisse d'une atteinte des enveloppes externes du corps ou des organes internes, *toute lésion sera imaginairement ressentie par le moi qui souffre comme une atteinte périphérique*. En effet, le corps est vécu par le moi comme sa périphérie vivante et sensible au-delà de laquelle s'étendrait le monde extérieur. Il y a moi qui sent et mon corps qui est senti. Ainsi, toute lésion corporelle, que ce soit une blessure cutanée superficielle ou une profonde nécrose du myocarde, restera, aux yeux du moi souffrant, une effraction frontalière, plus exactement comme une lésion invariablement périphérique. Précisons cependant qu'en cas d'accident très grave, le moi n'est plus alors dissocié du corps et ne perçoit plus celui-ci comme une enveloppe périphérique protectrice. À de tels moments, où nous *sommes* notre corps bouleversé, il n'y a plus de lésion corporelle car c'est tout l'être qui se brise.

L'image mentale de la blessure

La perception d'une excitation douloureuse située imaginairement à la périphérie – notre brûlure par exemple – imprime immédiatement dans le moi l'image de l'endroit lésé du corps. La sensation douloureuse est ainsi ravivée par la formation de la représentation mentale de la plaie. Le sujet ressent alors une cuisante douleur et, simultanément, il visualise mentalement une image floue de la chair de son bras mise à vif.

Or, *cette image mentale de la blessure, née de la perception de la lésion, localise et fixe la douleur vécue*. En ayant mal, la personne brûlée croit que sa douleur est toute ramassée dans la plaie et n'émane que de là, de la béance des tissus. Comme si la source de la souffrance se réduisait à la seule étendue de la brûlure. Le ressenti douloureux semble si localisé et resserré dans la plaie que la région endolorie paraît s'autonomiser et se dresser comme une excroissance tyrannique détachée du corps qui mine et affaiblit le moi. La perception sensorielle de la lésion a formé l'image mentale de la blessure accompagnée non seulement du sentiment que le siège de la douleur est dans la plaie et que la plaie est périphérique, mais encore de l'impression que l'endroit douloureux, détaché du corps, s'est érigé en un rejeton hostile. Certes, sans lésion il n'y aurait pas eu douleur mais la douleur n'est pas dans la lésion, elle est dans le moi.

Pour résumer, disons que le moi est un capteur sensible des changements tissulaires mais un mauvais cartographe. Non seulement il se trompe quand il identifie toute lésion corporelle à une lésion périphérique, mais il se trompe encore quand il croit que la source de la douleur est dans la lésion. Mais alors, où se situe la douleur? *La douleur n'est pas dans la lésion, elle est dans le cerveau pour la sensation douloureuse, et dans les soubassements du Moi – dans le Ça – pour l'émotion douloureuse.*

La douleur de la commotion

Venons-en maintenant à la douleur de la commotion et précisons tout de suite qu'elle ne se produit pas si l'excitation sensorielle est de faible intensité. Il faut une stimulation suffisamment forte qui, au-delà du dommage tissulaire, déclenche un trauma interne.

Nous avons dit que la douleur résultait d'une double perception, l'une tournée vers le dehors (perception externe) pour capter la lésion et la sensation douloureuse, et l'autre tournée vers le dedans (perception interne) pour capter le bouleversement psychique qui s'ensuit. La première perception est nommée « somato-sensorielle » et la seconde, nous l'appelons « somato-pulsionnelle ». Si nous reprenons l'exemple de la brûlure, le sujet perçoit à la fois la douleur émanant de son bras meurtri et la souffrance intérieure qui l'ébranle. La douleur de la lésion le taraude à la frontière de son corps, tandis que celle de la commotion le consume de l'intérieur. Tout se passe comme s'il y avait d'abord la lancinante sensation de brûlure du bras, localisée sur un point de la périphérie : « J'ai mal » signifie que la douleur, je la circonscris et, à la limite, je l'affronte. Mais, très vite, s'élève du tréfonds de l'être, une autre douleur, bien différente, essentielle et profonde. Cette douleur, je ne la possède pas, c'est elle qui me possède : « Je suis douleur. »

Justement, quelle est cette autre souffrance qui s'empare du moi et le marque jusqu'au fond du sceau du malheur? Pour répondre, en gardant l'exemple de la brûlure, nous dirons que la chaleur de la flamme attaquant la peau s'est immédiatement transformée en courant d'énergie interne, dévastateur et non maîtrisé, qui plonge le moi dans un état de choc traumatique. Par la brèche ouverte dans la barrière de protection fait irruption, au sein du moi, un afflux soudain et massif d'énergie qui submerge non le corps mais le psychisme en son noyau même («neurones du souvenir»). L'homéostasie du système psychique est par là rompue et son principe régulateur – le principe de plaisir – se trouve momentanément aboli. C'est alors que le moi, bien que bouleversé, parvient à autopercevoir son propre bouleversement, c'est-à-dire l'affolement de ses tensions pulsionnelles. Cette singulière autoperception par le moi de son état de commotion interne – perception somato-pulsionnelle – crée *l'émotion douloureuse.*

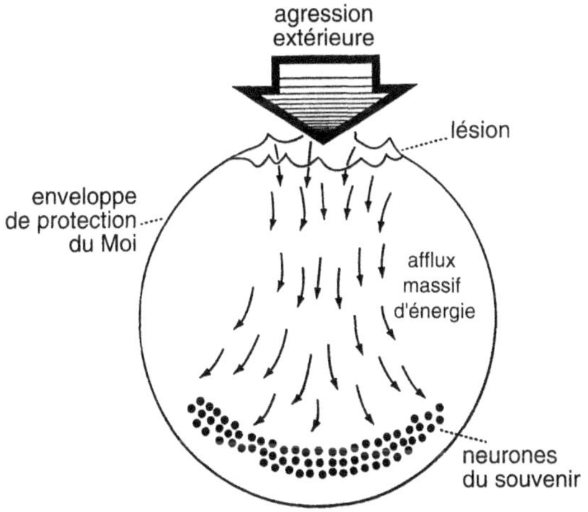

Figure 4.1 La douleur résulte d'une lésion de l'enveloppe de protection du Moi et d'un afflux massif d'énergie qui atteint les neurones du souvenir. Le Moi est ici représenté sous la forme simplifiée d'une vésicule vivante.

LA MÉMOIRE INCONSCIENTE DE LA DOULEUR

> « *La douleur est le dernier fruit, lui immortel, de la jeunesse.* »
> (René Char)

Tout comme l'impact de l'excitation externe et locale forme dans le moi l'image de la zone lésée et endolorie, la violence de la commotion laisse aussi ses traces. Là encore il s'agit de la formation d'une image. La secousse interne est si bouleversante et douloureuse que son impact reste non seulement imprimé dans la mémoire ordinaire qui nous restitue le passé comme souvenir conscient, mais aussi gravé dans le sol de l'inconscient qui est également mémoire, une tout autre mémoire. En effet, l'inconscient recèle le passé mais ne le réfléchit pas à la surface de la conscience. Aussi la douleur de la commotion reste-t-elle marquée dans l'inconscient mais ses retours dans le présent prendront d'autres figures que le seul souvenir d'un épisode malheureux. Assurément, la personne qui a souffert un traumatisme peut se rappeler les circonstances de l'accident, retrouver les sensations insupportables qu'elle a éprouvées et vivre dans la crainte d'une nouvelle agression, mais il est d'autres formes de retour du traumatisme qu'elle ignore. La douleur passée resurgira de manière inattendue, ailleurs que dans le souvenir conscient. Peut-être dans la chair, convertie en une autre douleur; ou incarnée en une lésion psychosomatique; ou encore dans la conscience, transfigurée en un autre affect, aussi oppressant que la culpabilité par exemple; et même transformée en un acte impulsif. Toutes éventualités par lesquelles la douleur de jadis revient au présent sans que nous identifions ces retours comme les résurgences d'une souffrance oubliée. Voilà pourquoi *nous qualifions « d'inconsciente » une ancienne douleur corporelle revenue dans le présent, transfigurée*. Enregistrée dans l'inconscient, elle réapparaît sous divers aspects qui s'imposent à nous, à notre insu.

C'est ainsi que nous distinguons nettement une première expérience douloureuse de sa reproduction ultérieure. Une chose est l'expérience passée d'une douleur violente provoquée par un incident réel, telle la brûlure, une autre est sa réapparition transfigurée en une nouvelle sensation, une lésion psychosomatique, un affect ou une action pénible. Alors que la douleur du passé avait été provoquée par un agent externe, les troubles d'aujourd'hui peuvent être suscités par une stimulation externe ou interne souvent anodine et imperceptible.

Formulons-le plus nettement. À partir du moment où une première expérience douloureuse s'enregistre dans le psychisme et réapparaît méconnaissable, elle prend le statut de douleur inconsciente.

LA DOULEUR DE RÉAGIR

> *La douleur corporelle trouve son explication dans la concentration de l'investissement sur le représentant psychique de l'endroit du corps douloureux. C'est sur ce point que l'on peut[...] transférer la sensation de douleur au domaine psychique. »* (Freud)

Nous avons reconnu la douleur comme étant provoquée par une lésion (brûlure du bras) et par la commotion interne qui a suivi. Ensuite, nous avons vu la douleur de la commotion s'inscrire dans l'inconscient et y devenir la source d'ultérieures souffrances. Abordons à présent le troisième temps de la formation de la douleur. Pour cela, revenons à l'accident de la brûlure, au moment où le moi, submergé par l'afflux soudain d'une implacable énergie, voit son homéostasie rompue et le principe de plaisir neutralisé. Maintenant, nous ne sommes plus en face d'un moi débordé et subissant l'agression mais d'un moi réagissant à l'agression. Or, par ce sursaut défensif, loin de supprimer sa douleur, il va souffrir autrement. Plutôt que souffrir d'une douleur de soumission au mal, le moi souffre d'une douleur de protestation contre le mal. La douleur corporelle n'est plus seulement due à une lésion et au bouleversement qui l'accompagne, mais encore à l'immense effort du moi pour parer à ce bouleversement. Aussi la douleur physique devient-elle l'expression d'un effort de défense, plutôt que la simple manifestation d'une atteinte des tissus.

Mais, quelle est cette défense qui fait souffrir? Lorsque le moi est en état de choc, que fait-il donc pour se défendre? Comment réagit-il ? Il accomplit un geste qui le fera souffrir davantage : il tente désespérément de se guérir tout seul en opérant une sorte d'autopansement. Cet autopansement ne s'applique pas sur les tissus abîmés de la plaie mais sur la représentation psychique de cette plaie.

Chaque fois que notre corps subit une violence, une réaction psychique se déclenche : le moi contre-investit la représentation mentale de l'endroit lésé. Une conséquence étonnante en découle : la douleur provoquée par l'agression ne s'atténue pas avec ce pansement symbolique; bien au contraire, elle s'intensifie.

Mais, qu'il s'agisse de la douleur corporelle due à l'investissement excessif de la représentation de l'endroit lésé ou d'une douleur psychique due à l'investissement excessif de la représentation de l'objet aimé et perdu, nous sommes dans les deux cas face au même phénomène. *La douleur est engendrée par la trop forte valorisation affective de la représentation en nous de la chose à laquelle nous étions liés et dont nous sommes maintenant privés; qu'elle soit une partie de notre corps ou l'être que nous aimons.*

> *Chez les hommes tu trouves parfois un morceau de douleur originelle taillée... Oui, cela vient de là-bas. Jadis, nous fûmes riches.* » (Rainer Maria Rilke)

Notre première douleur

Une question se pose. Si nous admettons qu'une douleur dans le corps puisse être le retour d'une souffrance ancienne devenue inconsciente, comment ne pas généraliser et penser que toutes nos souffrances physiques et psychiques résultent d'une douleur originelle ? Et s'il en est ainsi, quel serait ce mal inaugural ? Jusqu'où faut-il remonter dans le temps pour saisir la plus primitive expérience douloureuse ? Nous ne le savons pas. S'agit-il d'une souffrance extrême éprouvée jadis, une première fois, à l'aube de la vie, avant même de pouvoir crier ? Alors peut-être avons-nous été bouleversés, et ce trauma perdure-t-il, actif, en une curieuse mémoire. Le situerons-nous au moment de la naissance ou, plus précocement, lors des frémissements de la vie fœtale ? Ou l'imaginerons-nous, avec Freud, comme la douleur d'une archaïque séparation survenue avant même le stade embryonnaire, à une phase préindividuelle et codée dans la mémoire de l'espèce ?

Assurément, nous ne savons pas de quelle souffrance immémoriale nous sommes issus mais nous pouvons être sûrs qu'elle resurgit à l'occasion de toutes les douleurs physiques et psychiques, et transmet à chacune sa qualité spécifique d'affect pénible. Cette douleur primordiale et intemporelle revient sans cesse dans le présent pour communiquer à toutes les autres la marque du déplaisir intolérable que nous éprouvons lorsque nous sommes malades ou affligés.

Mais, c'est aussi l'expérience douloureuse passée qui nous fait vivre chacune de nos douleurs de manière unique et individuelle. Le vécu d'une douleur est toujours le vécu de ma douleur. Chacun souffre à sa façon, quel que soit le motif de sa souffrance. Toutes les fois qu'une douleur nous afflige, qu'elle vienne du corps ou de l'esprit, elle se mêle inextricablement à la plus ancienne douleur qui revit en nous. C'est justement cette résurgence vivante du passé douloureux qui fait mienne la douleur de cet instant. La douleur que je ressens est bien ma douleur, parce qu'elle porte le sceau du plus intime de mon passé.

II

Regards sur la douleur

5 Les patients et leur famille

G. Laroque

« Sois sage, ô ma douleur et tiens toi plus tranquille,
Tu réclamais le soir, il descend, le voici... »
CHARLES BAUDELAIRE, *Les Fleurs du mal.*

ÊTRE UN PATIENT ÂGÉ

Le sujet à la fois âgé et douloureux accumule les situations de pertes répétées propres à l'âge, des détériorations de son état de santé qui le fragilisent et qui sont causes de la douleur ou des douleurs qu'il ressent.

Risque de perte d'autonomie et de changement de « statut »

Cette personne est donc en risque majeur de perte d'autonomie : perte d'autonomie car la douleur chronique peut oblitérer, plus ou moins, ses capacités de jugement et de décision. Elle est en risque majeur de dépendance car les conséquences physiques de ces douleurs peuvent réduire sa mobilité, ses gestes, sa capacité de « s'installer » au mieux. Outre sa douleur physique, il ou elle est donc le plus souvent en situation de souffrance morale.

En effet, la dépendance, la perte d'autonomie, quelles que soient les mesures de compensation qui peuvent être techniquement, socialement, financièrement prises au bénéfice de ces personnes, sont, aux yeux du sujet lui-même et davantage qu'à ceux d'autrui, le signe d'une dégradation, d'un changement dans leur personne même et, plus encore, de l'approche de la mort. De plus, dans ces situations de dépendance qui exigent, pour une survie même à peine décente, l'intervention répétée de tiers qui, souvent, conduisent le patient à être manipulé, transféré, déplacé, nourri, bref à ne plus conjuguer les verbes qu'à la voix passive, il se sent diminué dans sa dignité et plus encore lorsque la culture dont il est nourri valorise l'indépendance de chacun à l'égard des autres.

De même, ce vieillard douloureux en perte possible d'autonomie change de statut à l'égard de ses proches. Il se sent et peut être ressenti en perte de prestige; parfois, s'il en avait encore, en perte d'autorité ainsi qu'en perte réelle de capacité. Il souffre et sa douleur l'empêche de « faire ». Il souffre et sa douleur peut l'empêcher d'« être ». Il souffre et, souvent, est le premier à trouver cela « normal ». Il souffre et s'aperçoit que, trop souvent, sa douleur est niée, par lui parfois, par les autres le plus souvent. Il souffre et il est fréquemment si maladroit pour l'exprimer : trop, il n'est plus cru; pas assez, on ne cherche pas plus avant; mal, et on lui impute des confusions, voire de la confusion!

La vieillesse, temps de la douleur

« Il (elle) se plaint tout le temps. »; « Il (elle) ne se plaint jamais. »; « C'est normal, ce sont mes vieilles douleurs. »

Pour « tout le monde », le temps de la vieillesse est le temps de la douleur. C'est tellement le temps de la douleur qu'on n'y fait guère attention, sinon, parfois, pour plaindre *ce* vieillard atteint de douleur ou pour *se* plaindre de ce que cet autre vieillard se plaint de sa propre douleur. Dans son dernier ouvrage, Renée Sebag-Lanoë fait remarquer que, parmi les dizaines de personnes âgées avec qui elle s'entretient pour son enquête, une seule a connaissance des soulagements possibles de la douleur.

« C'est normal, ce sont mes vieilles douleurs! ». Depuis toujours, la vieillesse, entre autres inconvénients, a été perçue comme la période privilégiée de la douleur et, d'une certaine manière, le survivant qu'est le vieillard « paie » par sa douleur le prix de sa survie. Plus que rédemption (rachat de mes fautes), la douleur est rançon (rachat de ma vie même). Le vieillard prend l'habitude de souffrir, plus ou moins continûment, plus ou moins intensément, mais il souffre. Il a mal aux dents, s'il en reste, il a mal aux articulations, il peut avoir mal aux yeux, il a mal au ventre, il respire mal, il a mal « partout » et il le dit ou ne le dit pas.

La vieillesse est, depuis toujours, le temps de la douleur, le temps de l'infirmité. Pendant des siècles, peut-être des millénaires, les instruments du soulagement étaient rares et peu ou pas connus, et le paiement de la survie par la douleur était le fondement, conscient ou non, de la résignation, plaintive ou non, du vieillard. Malgré l'existence de moyens de soulagement, cette résignation demeure encore ancrée dans le comportement de très nombreuses populations et peut se traduire dans la plainte ou dans une attitude qui se veut stoïcienne.

La douleur et la plainte exprimée, réprimée, muselée

Certains se plaignent et cherchent à être soulagés, sans trop savoir comment. Prescriptions (adaptées?) et automédication (imprudente?), remèdes de bonne femme et conseils de pairs se superposent sans trop de résultats. Ils se plaignent et on les dit hypocondriaques; ils se plaignent et risquent la dépression (on ne va pas toujours tenter de traiter la dépression. Ne vaudrait-il pas mieux commencer par traiter la douleur initiale?). Ils se plaignent, deviennent difficiles à vivre et entrent dans la spirale descendante de l'isolement. On n'a pas très envie de fréquenter une vieille personne qui se plaint sans cesse. La spirale de l'isolement comprend, trop souvent, celle de la maltraitance.

Ils peuvent se plaindre, dire qu'ils voudraient tant qu'on les soulage mais certains trouvent (heureusement, malheureusement?) de tels bénéfices secondaires dans leur souffrance que, d'une certaine manière, ils se vautrent dans celle-ci : elle seule signe leur existence qu'ils perçoivent autrement comme vide, inutile, superflue. Avoir mal, c'est encore vivre! Avoir mal et le dire, c'est encore pouvoir attirer l'attention sur soi, alors qu'à tort ou à raison on se sent définitivement inintéressant, incapable de participer à une relation sociale, affective, autrement que par le signe de la douleur.

D'autres ne se plaignent pas ou ne se plaignent pas avec des mots. Parfois, ils sont considérés comme admirables; le plus souvent, on ne les voit même pas. « Souffre et meurs sans parler », une certaine forme de stoïcisme, même chez des gens qui n'ont jamais entendu parler des stoïciens, sert d'armure, d'armature de soutien de sa propre dignité. « Serrer les dents », ce refus, ce déni de la douleur serait dit-on, davantage le fait des hommes que celui des femmes, tant il est convenu que les pleurs siéent aux femmes et déshonorent les hommes. Leur plainte serait alors masquée par d'autres manifestations : plutôt que de se plaindre de sa douleur – ce qui serait la reconnaître – il serait préférable de se plaindre de son environnement, de son entourage, de quelque chose d'extérieur à soi-même. C'est plus digne, pense-t-on. Pourtant, cette douleur cachée, voire niée, use, épuise autant que la douleur exprimée, dite, clamée, et il faut la débusquer pour la combattre.

Et puis, il y a ceux qui ne savent plus parler, qui ne peuvent plus dire. Avant l'usage des méthodes d'observations des soignants professionnels, les proches profanes peuvent, eux aussi, percevoir ces situations de souffrance et s'en préoccuper, tout comme ils peuvent, plus ou moins volontairement, ne rien voir, ne rien entendre et détourner le cœur avec la tête. Parfois, cela devient une fuite, une protection pour le proche (les proches ?) de ne rien voir de la souffrance de celui qui a perdu la parole et la pensée car il ne peut plus percevoir ce dernier comme « proche »; et il supporte mal que celui qui ne peut plus ou ne peut plus bien parler et penser puisse cependant encore souffrir.

Entendre les sens donnés, prêtés à la douleur

L'intensité de la douleur n'est (presque) pas en cause. D'abord, on peut avoir « peu » mal de son propre aveu, et se trouver taraudé, laminé par cette douleur. On parle souvent de « douleur sourde », par opposition à une « douleur vive ». Celle-ci peut être aiguë et brève ou, malheureusement, prolongée, mais la douleur sourde est toujours prolongée. Il peut même falloir un certain temps pour la percevoir. Or, le vieillard peut être justement assourdi par cette douleur qui l'enveloppe, l'isole et peut lui faire perdre ses repères.

Avoir mal, c'est encore vivre, mais avoir trop mal fait demander la mort.

Quiconque s'est posé la question de la demande de mort, de la demande d'« euthanasie », s'est aperçu qu'elle correspond le plus souvent à une douleur devenue insupportable par sa durée et/ou son intensité. Ce vieillard a trop mal, trop longtemps et ne peut plus le supporter : plutôt mourir ! Bien souvent, trop souvent, il ne reçoit ni mort (!) ni soulagement et s'enfonce dans son désespoir. Il peut ne pas s'être plaint avant de souhaiter cette mort, et l'entourage des proches mais aussi des professionnels peut n'avoir pas décelé cette douleur.

De plus, à tout âge, la douleur déclenche la peur de la douleur, et la peur de la douleur déclenche ou aggrave la douleur. Le vieillard qui souffre, souffre donc encore davantage et peut même avoir peur des conditions du soulagement...

Où est la dignité du vieillard qui souffre ?

Jusqu'où la douleur fait-elle perdre l'estime de soi et ce que l'on suppose de l'estime des autres? La question a été posée à propos de la douleur provoquée, celle de la torture, appliquée à des coupables comme à des innocents, pour les faire parler ou pour les punir, mais appliquée afin que le « patient » sorte de lui-même pour être soumis à la loi du bourreau et perde ainsi la dignité de sa vie. La douleur torturante et mal reconnue, mal soignée, du vieillard peut tout aussi bien le soumettre à une loi proprement insensée.

LE PATIENT ÂGÉ ET SES PROCHES

Quels proches ?

Les proches, on le sait, sont multiples. Selon la composition de la famille, on rencontre des vieillards vivant encore en couple : le proche le plus proche est alors le conjoint. D'autres – minoritaires – vivent avec tel de leurs enfants, celui-ci étant plus proche que les autres descendants. Nombre de vieillards vivent seuls mais entretiennent des relations étroites avec des membres de leur famille qui vivent non loin. Certains vivent seuls mais sont isolés et ne bénéficient que peu de relations familiales ou amicales.

L'attitude des membres de la famille, des proches en général, dépend beaucoup de la relation de proximité, davantage même que de leur place dans la constellation familiale. C'est pourquoi le rythme et la durée, déjà évoqués, jouent un rôle très important dans la manière dont les proches réagissent devant la douleur, plus ou moins clairement exprimée par une vieille personne.

Il souffre et peut faire souffrir

Celui qui est vieux et qui souffre peut être difficile à vivre pour son (ses) plus proche(s) compagnon(s). On voit couramment telle vieille personne se plaindre des attitudes, des comportements de celui qui s'en occupe le plus, avec le plus de constance, le plus de dévouement, pour porter aux nues celui qui, pour mille raisons, ne peut (ne veut ?) être aussi proche, aussi permanent dans l'aide. L'aidant principal peut, lui, s'en trouver blessé, disqualifié dans le difficile accompagnement qu'il pratique, et les relations entre les membres de la famille, comme avec le vieillard fragilisé, peuvent en perdre de leur qualité, voire se dégrader gravement.

De manière plus banale, on peut voir le caractère, le mode de relations de cette vieille personne se dégrader sans autre motif apparent. Tel devient plus acariâtre, plus irritable; tel autre se replie sur lui-même et perd l'intérêt qu'il portait aux gens et aux choses; tel autre encore cherche un dérivatif dans une parole ou un geste plus ou moins répétitifs de protection, pas forcément près du site de la douleur.

Cette altération de son humeur est imputée à l'âge, sans plus : c'est commode, ce n'est pas vérifiable et cela permet de passer à autre chose. L'entourage peut se plaindre qu'on ne peut plus lui faire plaisir, que plus rien ne lui convient. Lui faire plaisir peut être très important pour l'entourage; cela valorise les efforts d'accompagnement : si je lui fais plaisir, je me fais plaisir et cela m'encourage à le bien traiter. D'autre part, comme on ne fait pas plaisir tout le temps, ces instants heureux, voire festifs, peuvent m'absoudre de quelques absences ou négligences...

Ne plus pouvoir lui faire plaisir semble loin de la maltraitance. Pourtant, cette maltraitance demeure toujours menaçante à l'égard du vieillard fragilisé par sa souffrance, fragilisé par les motifs de sa(ses) douleur(s), comme la maltraitance est toujours menaçante à l'égard du plus faible.

Risque de maltraitance

Cette maltraitance, en un mot, est évidemment d'abord liée à l'absence de soulagement ou de tentative de soulagement de la douleur. Les maltraitances de négligence sont les plus fréquentes; on peut presque dire les plus « innocentes ».

Il est très important de combattre cette fausse innocence, chez les proches comme chez les professionnels, par l'information des uns, la formation des autres, la réaffirmation que l'âge n'émousse pas les possibilités de douleur, que le vieillard « geignard » comme le vieillard stoïque peuvent véritablement souffrir et qu'ils sont les seuls à ressentir cette douleur. L'observateur extérieur ne peut qu'essayer de voir, d'entendre et tenter de répondre. Cette maltraitance de négligence peut se traduire par une surdité à l'égard des plaintes du vieillard ou une cécité devant les attitudes de celui-ci : ne pas voir, ne pas entendre évite de tenter de faire. Au-delà de ces négligences, bien des manières de traiter mal peuvent se multiplier de la part de l'entourage.

Les risques de maltraitance par impatience ou agacement devant les plaintes ou les raidissements de la vieille personne sont très importants. Il ne faut pas oublier non plus que face à ces attitudes cette vieille personne, déjà douloureuse, ressentira davantage encore les manquements à la « bien-traitance » et pourra avoir si peur de l'abandon qu'elle n'osera pas se plaindre de cela ou noiera ces plaintes-là dans l'ensemble de ses douleurs, malheurs et infortunes.

Ces proches peuvent aussi négliger la douleur de leur vieux parent, par méconnaissance ou par fatalisme, et aboutir ainsi à des quasi-maltraitances.

Les membres moins proches de l'entourage, ceux avec lesquels les relations sont fréquentes mais non aussi continues qu'avec des cohabitants, connaissent sans doute des risques d'usure ou d'impatience moins aigus que ces derniers mais sont également parfois en moins bonne position pour déceler des douleurs mal formulées ou repérer dans les plaintes celles qui correspondent à des douleurs mal ou pas prises en charge et celles qui expriment une souffrance morale trop difficile à dire sans métaphore physique.

Le « provocateur de maltraitance »

La maltraitance peut également provenir de ces difficultés accrues de relation avec le vieillard douloureux. Le vieillard qui a mal est plus difficile à vivre, à fréquenter; il devient, en quelque sorte, « provocateur de maltraitance ».

La fragilité, augmentée par la douleur, peut permettre des règlements de comptes familiaux qui attendaient depuis des années, des décennies parfois. Les proches peuvent maltraiter ou traiter mal par vengeance ou revanche à l'égard d'un vieillard qui, autrefois, les a brimés d'une façon ou d'une autre...

La compassion, ses risques, ses perversions

La compassion, ressentie ou manifestée, à l'égard de la douleur n'aura ni la même intensité, ni le même mode d'expression selon qu'elle est le fait d'un cohabitant, lui-même âgé, qui peut, lui aussi, ressentir ses propres « vieilles douleurs » ou d'un cohabitant plus jeune, souvent « enfant aidant principal », dont la juste distance à l'égard de la souffrance de son parent est très malaisée à établir. Ce cohabitant devrait pouvoir mieux percevoir la douleur de l'autre et, puisque compatissant, mieux rechercher les moyens de la compenser.

Si lui-même est plus ou moins douloureux, son attitude à l'égard de l'autre sera très marquée par sa propre relation à la douleur : on peut arriver à des « compétitions de plaintes », créant ainsi une atmosphère délétère où le « brouillage » dû à ces plaintes gêne, d'une certaine manière, les efforts des autres proches, voire des professionnels, pour en atténuer les causes. On peut, à l'inverse, voir des « compétitions de stoïcisme », soit par fierté, soit aussi pour éviter à l'autre, dont on sait qu'il souffre aussi, le poids d'une douleur supplémentaire. L'entourage de ces couples âgés, en risque commun de douleur, devrait être particulièrement attentif à celle-ci pour éviter la détérioration des relations avec l'extérieur (phénomènes de modification de l'humeur, de repli) et pour, si besoin, aider à l'intervention de professionnels compétents pour une prise en soin et un soulagement.

Les membres cohabitants plus jeunes rencontrent plusieurs risques contradictoires dans l'approche de leur parent âgé douloureux. Ils peuvent tenter de le « cajoler » en l'infantilisant. Certes, les manifestations de tendresse active sont un soutien et un réconfort moral importants mais, d'une part, il faut rappeler sans cesse que l'amour ne suffit jamais, même s'il est plus que nécessaire, et, d'autre part, que le vieillard demeure un adulte et qu'il peut – le disant ou ne le disant pas – souffrir de manifestations infantilisantes.

Certaines personnes âgées, dans leur relation avec leur entourage moins permanent, peuvent aussi chercher « à faire bonne figure » et masquer la douleur pour garder la qualité de la relation en tentant d'éviter compassion et pitié. La sauvegarde de ce que l'on estime soi-même être sa dignité – et qui n'est pas toujours où l'autre croit qu'elle est – constitue un élément essentiel de l'attitude de nombre de vieillards.

La tentation d'euthanasie ?

De même que le vieillard qui souffre peut en arriver à demander la mort, de même l'entourage de ce vieillard peut émettre – audiblement ou non – le même souhait. Les proches se disent (se murmurent ?) qu'il a déjà beaucoup vécu, qu'il a donc pu profiter de la vie, en exprimer tous les bienfaits, que cette survie dans la douleur qu'il traverse ne vaut pas la peine, ne vaut pas cette douleur, et qu'il serait beaucoup plus heureux (?) s'il ne vivait plus. Ce murmure peut être propre au proche – la vieille personne, quant à elle, ayant encore le goût de vivre, malgré ses épreuves – comme il peut être partagé avec cette vieille personne qui, elle aussi, aspire ou semble aspirer à la mort. Cette aspiration à la mort du vieux parent, cette pitié meurtrière, sont en fait assez répandues.

De fait, à un instant quelconque, celui qui est proche, très proche, d'un être fragile, vulnérable, difficile à supporter en raison de son état ou des attitudes induites par cet état (pleurs, cris, plaintes diverses), celui-là est, presque inévitablement, amené à en souhaiter la disparition. Il peut croire un instant à une bouffée de haine envers ce fragile (quelqu'un rappelait, à propos de la charge de l'accompagnant : « Il faut pouvoir aller le détester quelque part ! »).

Cet accompagnant, ce proche, risque alors de plonger dans un sentiment de culpabilité dont il est indispensable de prendre conscience, afin de l'aider à le transcender. Ce sentiment de culpabilité, sans doute un peu moins aigu, peut aussi saisir celui qui se met à souhaiter la mort du vieillard douloureux, sans ressentir de sentiment de haine, mais une compassion, une pitié devenant perverses.

Le soulagement par la mort de celui qui souffre trop, jeune ou vieux, était bien connu des anciens champs de bataille avec l'emploi du « poignard de miséricorde ». *A fortiori*, on peut se dire que le vieux qui a longtemps vécu, plus longtemps même que la plupart des autres, peut bénéficier d'une « mort miséricordieuse ». Encore une fois, pour éradiquer cette distorsion de la bienveillance il faut répéter, rappeler, enseigner, diffuser les connaissances sur la douleur du vieillard et sur les modes de soulagement, même seulement partiel.

La douleur peut être un révélateur des relations entre la personne âgée et ses proches, comme elle peut jouer un rôle comparable vis-à-vis des soignants ou aidants qui sont appelés à intervenir, ainsi qu'entre intervenants « naturels » et professionnels. Sa méconnaissance ou les maladresses de prise en charge non seulement rendent l'existence de celui qui souffre difficile et peuvent réduire gravement ses possibilités d'expression et d'action, mais aussi faussent son rapport aux gens et aux choses. La personne âgée et très âgée a trop besoin de pouvoir goûter les dernières saisons de sa vie (donner de la vie aux années) pour qu'on les laisse gâcher par des douleurs dont la plupart peuvent être soulagées.

Pour en savoir plus...

ALLARD N. Étude sur les liens entre la perception de la douleur et le niveau de transcendance de femmes âgées. *Le Gérontophile* 1997, **1** : 17-21.
La douleur est une expérience humaine à laquelle les personnes âgées sont souvent confrontées. Mais à quel niveau se situe le seuil de perception de la douleur ? Une étude a été effectuée auprès d'un échantillon de femmes âgées de 60 à 82 ans afin d'évaluer le niveau de transcendance de la douleur et sa perception.

CADORE B., BOUCAND M.H., DELL'ACCIO E., DURIEUX M., JOUBERT C., KEBERS C. et coll. La dignité en fin de vie : un mot dont le sens évolue. *JALMALV* (Bulletin de la fédération Jusqu'à la mort accompagner la vie) 2001 ; **65 :** 1-42.
Dossier sur la dignité en fin de vie structuré en trois parties : la dignité et la relation de soins, dignité et personne âgée, la souffrance peut-elle porter atteinte à la dignité ?

DELVAUX C. *Vivre jusqu'au bout : témoignages sur l'accompagnement de personnes âgées*. Beauchevin : Nauwelaerts, 1997, 292 p.
Dans cet ouvrage, des personnes ayant perdu un proche témoignent de l'accompagnement qu'ils ont vécu. Le traitement de la douleur et de la symptomatologie de la personne en fin de vie, la conception des soins continus, les différentes structures mises en place, les soins à domicile, le rôle primordial des bénévoles, la place centrale occupée par le médecin traitant, la prise en charge des familles et le travail du deuil, l'accompagnement spécifique des enfants, les difficultés rencontrées par le personnel soignant sont les sujets traités.

FAURE C. *Vivre auprès d'un proche très malade.* Paris : Albin Michel, 1998, 226 p.
La maladie vient non seulement bouleverser la vie d'une personne, mais aussi celle de ses proches. Confronté à cette situation grave qui suscite

la peur et le doute, il est parfois difficile de faire face seul. C'est aux proches que (cet ouvrage) s'adresse, en les aidant à : comprendre les sentiments de chacun, reconnaître l'impact de la maladie sur la relation et l'intimité, savoir communiquer avec les médecins, ne pas s'oublier soi-même, aider un enfant dont le parent est gravement menacé, se préparer à la fin lorsqu'elle est inévitable (tiré du texte de 4e de couverture).

LAROQUE G. Accompagnement et compagnon. *Gérontol Soc* 1991 ; **58 :** 107-9.
Article portant sur le compagnon (conjoint, parent ou enfant) accompagnant un malade très gravement atteint. L'auteur insiste sur le besoin de soutien psychologique chez ce compagnon qui, lui aussi, doit être accompagné.

SCHAERER R., DESFORGES E., PILOT J., FLORIET P., JOMAIN C. Les besoins des personnes en fin de vie. *JALMALV* (Bulletin de la fédération Jusqu'à la mort accompagner la vie) 1987 ; **11** : 15-23.
Ensemble de petits articles traitant des différents besoins de la personne en phase terminale et de ses conséquences (besoins physiques, naturels, liés à la dépendance psychologique, besoins de la famille qui accompagne, souffrance des soignants).

SEBAG-LANOË R. *Vivre, vieillir et le dire*. Paris : Desclée de Brouwer, 2001.

SERRA E., CAFFORT-DUPERRIER C., SORIOT V. Représentations sociales et psychologiques de la douleur chez le sujet âgé. *Rev Génér Gérontol* 2001 ; **76** : 257-61.
L'usager de la médecine n'admet plus aujourd'hui d'endurer en patience la douleur. S'appuyant sur une compréhension accrue du phénomène douloureux, les soignants disposent de procédures thérapeutiques qui réduisent au mieux l'expérience sensorielle et émotionnelle désagréable de la douleur. Les progrès ont-ils bénéficié également à tous les patients ? N'y a-t-il pas un moindre intérêt pour la douleur chez le sujet âgé ? Nous connaissons tous les images du vieillard plaintif ou au contraire insensible à son environnement, et nous admettons volontiers la multiplication des causes de douleur avec le vieillissement. Dans le domaine particulier de la lutte contre la douleur, la personne âgée pourra bénéficier du développement de la gérontologie et de ses questionnaires éthiques.

6 Le regard des médecins généralistes

Une enquête sur la pratique et les besoins des médecins généralistes alsaciens dans le cadre de la prise en charge de la douleur chronique du sujet âgé à domicile

O. Blanchard-Vignon, A. de Blauwe

La direction générale de la Santé met en œuvre une formation de formateurs à la prise en charge de la douleur chronique chez la personne âgée vivant à domicile. Ce projet associe les trois Unions régionales des médecins libéraux (URML) d'Alsace, du Limousin et des Pays-de-la-Loire.
Les formateurs seront chargés de décliner cette formation vers tous les professionnels de santé.
Dans ce cadre, l'Alsace a décidé d'établir un état des lieux des connaissances et des pratiques.

MATÉRIEL ET MÉTHODE DE L'ENQUÊTE

En septembre 1998, l'URML d'Alsace, en partenariat avec le service médical de l'Assurance maladie d'Alsace-Moselle, réalise un questionnaire à l'attention de médecins généralistes d'Alsace. Le questionnaire est simple, avec neuf questions fermées et une question ouverte, tenant sur une page recto-verso, et il est accompagné d'une enveloppe-réponse ainsi que d'un courrier à la double en-tête URML d'Alsace et service médical de l'Assurance maladie d'Alsace-Moselle.

L'objectif est d'obtenir au moins 100 réponses, soit 5 % de la population cible, constituée par les 1 920 médecins généralistes d'Alsace.

Une sélection par tirage aléatoire de 400 médecins est réalisée car un taux de réponses de 25 % à cette étude de type enquête d'opinion était attendu.

Les courriers sont adressés le 15 septembre 1998 et il est convenu d'exploiter toutes les réponses parvenues dans un délai de trois semaines, soit du 17 septembre au 9 octobre 1998.

RÉSULTATS

Le taux de réponses est de 38 % avec 152 questionnaires exploitables; un seul questionnaire ne l'était pas.

Quatre-vingt-un pour cent des médecins estiment qu'une formation pour la prise en charge de la douleur chez la personne âgée leur sera utile, 14 % l'estiment inutile et 3 % envisagent son utilité pour les paramédicaux (figure 6.1).

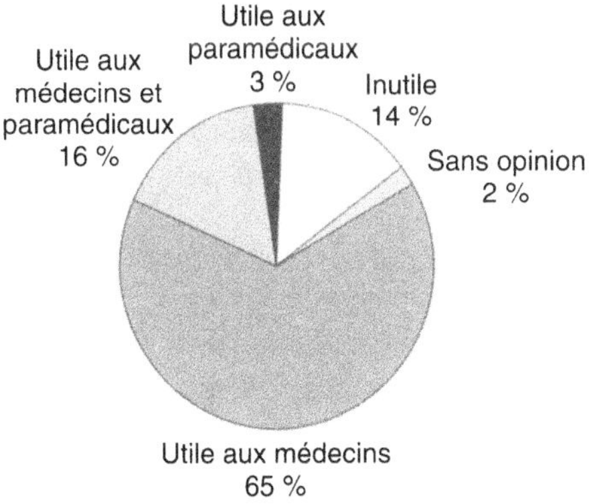

Figure 6.1 Répartition des 152 avis quant à l'utilité d'une formation à la prise en charge de la douleur.

Si cette formation existait, 115 médecins interrogés y participeraient, 16 n'y participeraient pas et 21 sont sans opinion.

Le contenu de la formation doit comprendre, pour une large majorité, une démarche générale et des protocoles validés (70 %

d'avis positifs, 9 % d'avis négatifs, 21 % sans avis). En revanche, les opinions sont partagées sur l'inclusion des recommandations de l'Organisation mondiale de la santé en matière de prescription des antalgiques (52 % d'avis positifs, 15 % d'avis négatifs, 33 % sans avis).

Une douzaine de médecins proposent d'autres éléments à inclure dans la formation : des cas cliniques concrets, l'expérience d'équipes spécialisées dans la douleur (neuf demandes), mais aussi un volet psychologique et des critères d'évaluation (trois demandes).

Plus de 80 % des médecins se basent sur l'interrogatoire du malade, du personnel soignant et de l'entourage, et sur des critères psychocomportementaux pour reconnaître la douleur.

Ils se déclarent confrontés le plus souvent à des douleurs surtout nociceptives (63 %), parfois psychogènes (16 %), rarement par désafférentation (2 %), mais 19 % ne se prononcent pas.

Les douleurs les plus fréquentes sont chroniques (71 % des interviewés), plus rarement aiguës (15 % des interviewés), mais là encore 14 % ne se prononcent pas.

L'évaluation de la douleur se fait généralement (129 cas) sans support spécifique (tableau 6.I).

Tableau 6.I Répartition des différents supports utilisés par les 152 médecins

Outil utilisé	Nombre de médecins	%
Auto-évaluation		
– Échelles de vocabulaire :		
• échelle verbale (interrogatoire par assimilation)	1	1
• questionnaire douleur Saint-Antoine	1	1
– Échelles numériques :		
• échelle numérique verbale	6	4
• échelle visuelle analogique EVA (réglette)	8	6
Hétéro-évaluation (ex. : DOLOPLUS)	1	1
Support spécifique non précisé	6	4
Pas de support spécifique	129	83
Total	152	100

Dans dix cas, un support spécifique est utilisé et cité en clair (échelle numérique verbale de 1 à 10 pour quatre cas, échelle visuelle analogique[EVA] avec réglette dans cinq cas) et, dans six cas, il est mentionné un usage de support spécifique mais ce support n'est pas identifié.

Enfin, dans sept cas, le médecin déclare préférer une autre méthode et cite les échelles d'auto-évaluation (échelle verbale simple pour un cas, échelle numérique verbale de 1 à 10 pour deux cas, EVA pour quatre cas), et un cite une échelle d'hétéro-évaluation.

Au total, 15 % des médecins déclarent utiliser un support spécifique.

Les médecins travaillent majoritairement en coordination avec les infirmières libérales (85 % des réponses) et les kinésithérapeutes (78 % des réponses).

Ils travaillent pour moitié en coordination avec une structure de maintien à domicile (54 % des réponses).

Ils ont quasiment tous (97 % des réponses) des contacts avec les familles et l'entourage.

Sur le plan thérapeutique

Les différentes classes thérapeutiques font l'objet de réserves de trois ordres : effets secondaires, accoutumance et interactions médicamenteuses (figure 6.2).

En thérapeutique, seuls les antalgiques banals sont utilisés majoritairement (86 % des cas) sans réserve.

Les anti-inflammatoires non stéroïdiens (AINS), les corticoïdes et les antidépresseurs sont utilisés tout en craignant essentiellement les effets secondaires (55 à 81 % cas) mais aussi les interactions médicamenteuses (28 à 44 % des cas).

Les morphiniques et les produits codéinés sont prescrits en redoutant les effets secondaires (49 et 65 % des cas) et, dans une moindre mesure, l'accoutumance (34 et 23 % des cas).

Cinquante-sept pour cent des médecins seulement prescrivent les anticonvulsivants comme antalgiques.

Enfin, les médecins ont fait des commentaires libres, en particulier sur l'intérêt de développer les outils d'évaluation et sur l'approche de la douleur, multidisciplinaire, associant la prise en charge chez l'adulte et chez la personne âgée.

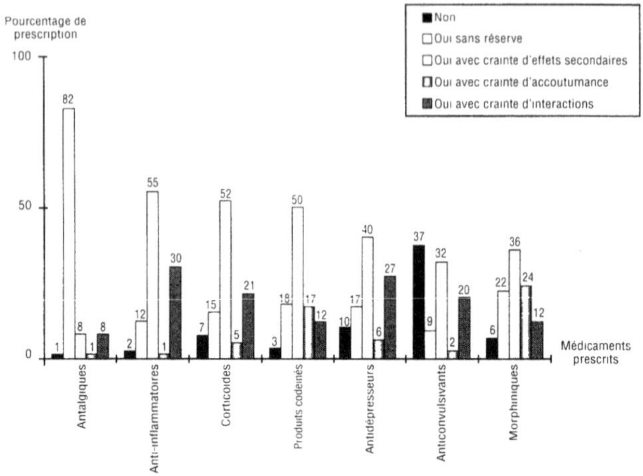

Figure 6.2 Répartition des avis des 152 médecins sur les modalités de prescriptions en fonction de la classe thérapeutique

DISCUSSION

Tout d'abord, cette enquête est la première, du moins en Alsace, à associer l'URML et le service médical de l'Assurance maladie. Le succès de l'étude (plus d'un tiers de réponses sur une enquête d'opinion sans relance; grand intérêt de la direction générale de la Santé pour cette enquête) encourage vivement les acteurs concernés à poursuivre leur partenariat.

Concernant la validité de l'enquête, l'échantillon de 400 médecins est représentatif de l'ensemble des médecins généralistes alsaciens. Cependant, il s'agit d'une enquête d'opinion avec un taux de non-réponse non négligeable. Délibérément, l'envoi a été totalement anonyme (pour ne pas subir de contrainte de la Commission nationale informatique et liberté), les non-répondants n'ont donc pas pu être étudiés (*cf.* annexe I).

Sur un échantillon aléatoire d'un cinquième des médecins généralistes d'Alsace, cette enquête d'opinion a recueilli l'avis de 152 médecins. Parmi eux, 115, soit 75,70 % des répondants et 28,75 % de l'échantillon (intervalle de confiance 25,50 à 31 %, p = 0,05), se déclarent prêts à participer à une formation sur la prise en charge de la douleur chez la personne âgée.

Nous pouvons donc calculer qu'au minimum 490 médecins généralistes alsaciens (25,50 % des 1 920) sont intéressés par cette formation et probablement nettement plus.

Le souhait d'inclure des cas cliniques concrets et l'expérience d'équipes spécialisées de la douleur est une notion à retenir d'emblée pour les organisateurs futurs de cette formation.

Une formation apparaît d'autant plus nécessaire que les outils d'évaluation semblent mal connus ou, du moins, ne sont pas évoqués d'emblée par les médecins « enquêtés ». En effet, l'évaluation de la douleur ne se fait avec un support spécifique que dans 15 % des cas.

De plus, seuls sont mentionnés des outils d'auto-évaluation, hormis un cas. Or, devant les difficultés de communication de certaines personnes âgées (démence, aphasie, coma, etc.), l'utilisation des échelles d'auto-évaluation n'est pas possible; il faudrait recourir à des échelles d'hétéro-évaluation, type DOLOPLUS, qui comportent des items psycho-comportementaux.

Les médecins souhaitent que soient délivrés dans la formation une démarche générale et des protocoles validés, sans obligatoirement avoir recours aux recommandations de l'Organisation mondiale de la santé en matière de prescription des antalgiques.

Ces recommandations paraissent-elles trop lourdes à manipuler? Ne sont-elles pas acceptées?

Seulement 20 % des médecins ne différencient pas les douleurs nociceptives, psychogènes et par désafférentation.

En matière de prise en charge de la personne âgée, les médecins sont le plus souvent confrontés aux douleurs de type chronique, ce qui justifie le projet de formation.

Dans le cadre de l'interdisciplinarité du maintien à domicile, les médecins travaillent en coordination, principalement avec les infirmières libérales et les kinésithérapeutes, et sont en contact avec les familles et l'entourage. Seulement 54 % des médecins déclarent travailler en partenariat avec des structures de maintien à domicile. Un développement de ces structures devrait permettre une meilleure prise en charge des personnes âgées.

Sur le plan thérapeutique, en dehors des anticonvulsivants, au moins 90 % des médecins prescrivent les différentes classes thérapeutiques citées. Les médecins utilisent donc toute la gamme thérapeutique disponible.

Ils émettent des réserves liées aux effets secondaires et aux interactions médicamenteuses qui prennent toute leur importance dès lors qu'il s'agit d'une prescription à une personne âgée, la iatrogénie étant la principale cause d'hospitalisation.

Un tiers des médecins craint une accoutumance aux morphiniques. Aussi faut-il dédramatiser cette crainte en les familiarisant avec ce type de prescription. Au total, les médecins attendent une approche globale de la prise en charge de la douleur chez la personne âgée, tant médicale que sociale.

Elle devrait inclure l'identification et l'évaluation de la douleur, les outils, l'importance de la parole et de la multidisciplinarité ainsi qu'une prise en charge médicamenteuse et non médicamenteuse.

Les médecins ont également affirmé leur souhait d'aborder la douleur chez la personne âgée parallèlement à celle de l'adulte.

Ainsi, la circulaire ministérielle du 24 septembre 1998, relative à la mise en œuvre du plan d'action triennal de lutte contre la douleur et qui comprend la formation des professionnels de santé sur l'évaluation et le traitement de la douleur, devrait s'appliquer aisément.

CONCLUSION

Cette enquête a permis tout d'abord de développer le partenariat entre l'URML d'Alsace et le service médical de l'Assurance maladie d'Alsace-Moselle.

Elle a ensuite mis en avant que, spontanément et sans relance, plus du tiers des médecins alsaciens sollicités ont participé à une enquête concernant leur pratique professionnelle.

Mais surtout, elle a permis d'observer qu'une réelle attente des médecins existe quant à la mise en place d'une formation à la prise en charge de la douleur chronique chez la personne âgée.

Pour en savoir plus...

ANDEM. Recommandations pour la pratique clinique. La prise en charge de la douleur du cancer chez l'adulte en médecine ambulatoire. Guide pour le praticien. *Concours Med* 1996; **118** (34), 32 p.

CORNU H.P., CHAH-WAKILIAN A., LAMBERT C. Émile Roux, un jour, la douleur, enquête de prévalence dans un hôpital gérontologique. *Rev Gériatr* 1997; **22** (3) : 155-62.

DE LAVIGERIE B., VILLARD J.F., VASSAL P., RICHARD A., LAURENT B., GAONTHIER R. Douleur chez les patients âgés déments : intérêt d'une échelle comportementale d'hétéro-évaluation. *Douleur Anal* 1997; **10** (4) : 169-72.

MICHEL M., MICHEI O., GAUQUELIN F. Les outils d'évaluation de la douleur chez la personne âgée. *INFOKARA* 1996; **41** : 7-15.

SEBAG-LANOË R. Traitement de la douleur chez les personnes âgées. In : A. Serrie, C. Thurel, ed. *La douleur en pratique quotidienne.* Paris : Arnette, 1994 : 521-34.

Soins palliatifs chez l'adulte, traiter la douleur. *Prescrire* 1997; **17** (174) : 431-9.

Traitement de la douleur et accompagnement jusqu'à la mort. In : Conseil Économique et Social. *Les droits de la personne malade. JO* 1996; **16** : 137-47.

WARY B. Plaidoyer pour l'évaluation de la douleur chez les personnes âgées. *Gerontol Soc* 1997; **78** : 83-94.

WARY B., VILLARD J.F. DOLOPLUS : une échelle d'évaluation de la douleur chez la personne âgée. *Génér et Gérontol* 1995; **14** : 26-33.

WORLD HEALTH ORGANISATION. *Cancer pain relief,* 2e édition. Genève, 1996, 63 p.

Annexe I

Questionnaire douleur

1. Une formation vous semble-t-elle utile pour la prise en charge de la douleur chez la personne âgée? ☐
   0 non
   1 oui pour les médecins
   2 oui pour les paramédicaux
   3 oui pour les médecins et les paramédicaux
   4 sans opinion

2. Si elle existait, y participeriez-vous? ☐
   (0-non 1-oui 2-sans opinion)

3. Devrait-elle comprendre, (0-non 1-oui 2-sans opinion)
   a) une démarche générale ☐
   b) des protocoles validés ☐
   c) des recommandations de l'OMS en matière de prescription des antalgiques ☐
   d) autres (en clair) ☐

4. Sur quoi vous basez-vous pour reconnaître une douleur?
   a) interrogation du malade ☐
   b) interrogation du personnel soignant ☐

c) interrogation de l'entourage ☐
d) critères psychocomportementaux (mimique, sommeil, vie sociale...) ☐
e) autres (en clair) ☐

5. À quel type de douleur êtes-vous le plus souvent confronté ?
   a) origine : ☐
      1 nociceptive
      2 par désafférentation
      3 psychogène
      4 sans opinion
   b) durée : ☐
      1 aiguë
      2 chronique
      3 sans opinion

6. Utilisez-vous un support pour évaluer la douleur ? ☐
   1 grille spécifique d'évaluation (laquelle ? en clair)
   2 dossier médical du patient
   3 autres (en clair)
   4 rien

7. Travaillez-vous en coordination avec : (0-non 1-oui)
   a) infirmière libérale ☐
   b) kinésithérapeute ☐
   c) structure de maintien à domicile ☐

8. Avez-vous des contacts avec les familles et entourages ? (0-non 1-oui) ☐

9. Dans votre démarche thérapeutique, qu'utilisez-vous ? (Cochez la ou les réponses pour chaque thérapeutique)

	Non	Oui sans réserve	Oui en redoutant*		
			Effets secondaires	Accoutumance	Interactions médicamenteuses
a) antalgiques banaux	☐	☐	☐	☐	☐
b) anti)inflammatoires non stéroïdiens	☐	☐	☐	☐	☐
c) corticoïdes	☐	☐	☐	☐	☐
d) produits codéinés	☐	☐	☐	☐	☐
e) antidépresseurs tricycliques	☐	☐	☐	☐	☐
f) anticonvulsivants	☐	☐	☐	☐	☐
g) morphiniiques					

* Plusieurs réponses sont possibles.

Commentaires et suggestions

....

....

....

7 Regard des soignants

M. Filbet, N. Vidal,
C. Sisoix, R. Zougab,
G. Forest, C. Chabal

La prise en charge de la douleur peut être une source de tension entre les soignants et les médecins. Ces derniers sont vécus comme réticents à entendre et reconnaître la douleur des patients et à prescrire des antalgiques, laissant le soignant seul avec le patient douloureux. La situation peut être d'autant plus difficile que les soignants, très demandeurs de formation sur la prise en charge de la douleur, ont souvent de meilleures connaissances sur le sujet que les médecins avec lesquels ils travaillent. Cet enseignement n'est devenu obligatoire pour les médecins que récemment et avec un nombre très limité d'heures d'enseignement.
Ainsi, actuellement, la situation peut être très disparate au sein parfois d'un même établissement en fonction de l'intérêt du médecin à la prise en charge de la douleur. Les circulaires ministérielles et les recommandations élaborées par les groupes d'experts de l'ANAES sont-elles connues et appliquées?
Pourtant, la prise en charge de la douleur est un travail d'équipe. En cas de dysfonctionnement, la personne douloureuse ne bénéficiera pas d'un soulagement optimal.
Ce travail d'équipe nécessite que chacun connaisse son rôle au sein de l'équipe et sache travailler ensemble, c'est-à-dire communiquer en respectant les domaines de compétences de chacun.

RÔLE DE CHACUN DES MEMBRES DE L'ÉQUIPE DANS LA PRISE EN CHARGE DE LA DOULEUR

L'infirmière (décret infirmier de 1993) a la mission d'évaluer la douleur et l'efficacité des traitements ainsi que de surveiller et prévenir les effets secondaires. Elle est habilitée depuis la circulaire de B. Kouchner à administrer les doses d'antalgiques nécessaires, qui ont été prescrits par les médecins à type de protocoles anticipés, en cas d'augmentation de la douleur ou de soins douloureux.

L'aide-soignante est celle qui passe le plus de temps avec le patient et s'occupe des soins du corps : toilette, habillage, soins de bouche, repas. Elle peut travailler avec une infirmière mais se retrouve souvent seule en raison des effectifs réduits en gériatrie. Ce contact prolongé avec le patient la met en situation privilégiée pour l'évaluation de la douleur. Elle doit avoir une formation à cette prise en charge pour reconnaître dans les attitudes corporelles de la personne âgée celles qui évoquent la douleur :

- toilette difficile : le patient refuse la toilette ou empêche sa réalisation complète;
- attitude prostrée, « résistance »;
- zones douloureuses à l'effleurement;
- difficultés à l'habillement;
- mobilisation difficile;
- refus alimentaire;
- refus de la vie sociale.

Les informations recueillies lors des soins doivent être transmises par écrit dans le dossier du patient et oralement lors des réunions d'équipe.

Les aides-soignantes, trop souvent peu habituées à s'exprimer dans le groupe des autres soignants, doivent être intégrées dans les réunions et encouragées à s'exprimer et à utiliser des outils communs.

Le masseur-kinésithérapeute a un rôle important tant pour l'évaluation des douleurs lors de la rééducation, qui peuvent gêner les séances, voire les interrompre, que dans le traitement.

Les massages ont une action antalgique et peuvent être potentialisés avec l'utilisation d'une source de chaleur et de produits eux-mêmes antalgiques (anti-inflammatoires locaux).

Certains utilisent la stimulation électrique transcutanée qui peut être très efficace dans certaines douleurs neurogènes mais qui nécessite une participation du patient parfois difficile à obtenir en cas de troubles cognitifs graves.

L'ergothérapeute peut prévenir ou améliorer par des installations adaptées des douleurs créées ou aggravées par une mauvaise position du corps. En collaboration avec les kinésithérapeutes, des orthèses peuvent être réalisées et, par l'immobilisation, peuvent avoir une efficacité antalgique importante.

Aider le patient à retrouver confiance en ses capacités, l'aider à donner un sens à sa mobilité par des activités (manuelles ou de vie quotidienne) lui permet de se reconnaître et de s'identifier en tant qu'existant hors d'un système où la plainte, quelle qu'elle soit, est un moyen d'obtenir l'écoute de l'autre.

Par son attitude contenante et un travail corporel adapté, le psychomotricien tente d'accompagner le sujet douloureux dans un apaisement et une réappropriation de son corps.

En effet, la douleur entraîne des défenses corporelles pouvant conduire à une rigidification du corps qui se « resserre » autour de la zone algique. Toute l'attention du sujet est concentrée sur le contrôle de cette douleur, pour éviter qu'elle ne se répande plus en lui, mais qui dans les faits occupe déjà presque tout le champ de sa conscience.

Aussi, par des techniques de détente, de toucher et son écoute du corps global, le psychomotricien guide-t-il le sujet douloureux pour :

- « re-sentir » son corps de façon paisible et agréable ;
- retrouver des repères et des limites corporelles réunifiées et sécurisantes ;
- ne pas céder à l'envahissement de tout son être par la douleur ;
- continuer à investir sa corporalité.

Un travail spécifique peut être accompli en collaboration avec les aides-soignantes pendant le bain, faisant de ce soin d'hygiène un moment privilégié de communication et de relaxation.

Les psychologues interviennent avec des techniques de relaxation ou une approche psychocomportementale, ce qui nécessite une bonne coopération du patient, parfois difficile en milieu gériatrique.

Il est vrai que chez la personne âgée les modes d'expression de la douleur se modifient : la confusion, le repli et le mutisme sont autant d'attitudes sur lesquelles il est important de s'interroger. Le sujet âgé fait quelquefois l'économie de la plainte, comme si être vieux et avoir mal allait forcément de soi (arthrose, ostéoporose, etc.).

D'autre fois, au contraire, les maux physiques sont dominants comme s'il était plus facile de dire « J'ai mal » plutôt que « Je suis mal ». Attitudes sans doute renforcées inconsciemment par les soignants qui se sentent moins démunis en ayant la possibilité d'apporter une réponse médicamenteuse à la douleur que dans l'écoute d'une dépression qui leur paraît sans issue.

Le rôle du psychologue est de tenter d'approcher du sens, de replacer le sujet dans son histoire, lui permettant ainsi de lier des événements traumatiques anciens à la souffrance morale du présent. Un travail d'élaboration interviendra alors favorisant la compréhension, augmentant la tolérance de l'entourage. La personne âgée ne sera plus alors identifiée seulement à partir de son symptôme (« Mme X, mais elle a toujours mal! ») mais replacée au centre de son histoire, une histoire unique.

Le travail en équipe est nécessaire tant au stade de l'évaluation de la douleur qu'à celui de la mise en route du traitement et de sa surveillance (efficacité et effets secondaires).

ÉVALUATION DE LA DOULEUR

L'évaluation de la douleur nécessite une observation du patient par tous les soignants des équipes de jour et de celles de nuit : les soins, les repas, les activités sociales, la qualité du sommeil. La difficulté est d'entendre, accepter et respecter la parole du malade. Savoir la transmettre sans interprétation ni interférer avec ses propres valeurs. Ne pas porter de jugement : « Il est douillet. »; « Il s'écoute. »; « Il a un comportement méditerranéen. »; « Il exagère ». La plainte doit être entendue et non pas interprétée à travers la propre subjectivité du soignant. C'est pourquoi l'utilisation d'outils d'évaluation les plus fiables possibles et validés reste un standard de soins auquel chacun doit essayer de se conformer. L'évaluation sans outils est systématiquement en défaveur du patient (le patient est sous-évalué de deux points en moyenne, et d'autant plus que sa douleur est intense).

Chez les patients âgés, le patient lui-même exprime un certain fatalisme : « C'est normal que j'aie mal puisque je suis vieux... ». Quand, de plus, il ne peut pas s'exprimer en raison de troubles déficitaires, il est très probable qu'il sera sous-traité parce que sous-évalué. Ceci constitue une violence silencieuse faite à la personne âgée.

MISE EN ROUTE DU TRAITEMENT

La mise en route du traitement nécessite que le médecin et le reste de l'équipe soignante travaillent en équipe, c'est-à-dire utilisent des outils communs d'évaluation. Un climat de confiance dans la qualité de l'évaluation devrait limiter la réticence des médecins à initier ou augmenter un traitement antalgique mais il ne doit pas les exonérer de l'examen soigneux du patient et d'établir un diagnostic, le meilleur possible. Il est cependant des situations extrêmes en gériatrie : le patient est ininterrogeable, l'examen clinique peu informatif et les explorations complémentaires ne sont pas envisageables. L'absence de diagnostic très précis ne doit pas faire obstacle à la mise en route d'un traitement d'épreuve. Le doute doit bénéficier au patient et la surveillance de l'équipe permettra d'évaluer la modification de comportement du patient permettant d'affirmer que ces troubles étaient bien en rapport avec la douleur.

SURVEILLANCE DU TRAITEMENT ET PROTOCOLES ANTICIPÉS

La mise en route du traitement doit s'accompagner des consignes d'évaluation de l'efficacité du traitement et de la surveillance des effets secondaires qui doivent être notés dans le dossier du patient.
Pendant la période de titration et en cas de douleurs induites par les soins ou la toilette, un protocole antalgique de doses de secours doit être mis en place pour permettre aux infirmières de calmer le patient. Ces protocoles doivent être personnalisés et prescrits par le médecin dans le dossier du patient.
L'évaluation de l'ensemble de l'équipe doit se poursuivre jusqu'à l'atténuation maximale de la douleur et être de nouveau réalisée en cas de modifications du comportement du patient.

CONCLUSION

Le regard des soignants sur la douleur de la personne âgée est lié à la fréquence de la douleur chez le vieillard, sous-estimée et sous-évaluée. Seul, un travail d'équipe va permettre une prise en charge optimale. Ce travail d'équipe nécessite une bonne connaissance du rôle de chacun mais aussi une compétence nécessitant une formation préalable. Seule une rigueur dans les soins avec une évaluation systématique des patients au moment de la prise en charge permet de dépister les sujets douloureux. La mise en route du traitement nécessite un climat de confiance dans chacun des intervenants et la prescription de protocoles anticipés.

Les traitements non médicamenteux, installation, massages, matériel adapté, très efficaces, ne doivent pas être oubliés.

Pour en savoir plus...

ANAES. Évaluation et prise en charge de la douleur chez les personnes âgées ayant des troubles de la communication verbale. Octobre 2000.

BRATTBERG G., PARKER M.G., THORLUND M. The prevalence of pain among the oldest old in sweden. *Pain* 1996; **67** : 29-34.

BROCHET B., MICHEL P., BARBERGER-GATEAU P., DARTIGUES J.F., HENRY P. Pain in elderly : an epidemiological study in south-western France. *Pain Clinic* 1991; **5** : 73-9.

Décret n° 93.221 du 16 février 1993 relatif aux règles professionnelles des infirmiers et infirmières.

Décret n° 93.345 du 15 mars 1993 relatif aux actes professionnels et à l'exercice de la profession d'infirmier.

FERRELL B.A., FERRELL B.R., OSTERWEIL D. Pain in the nursing home. *J Am Geriatr Soc* 1990; **38** : 409-14.

L'infirmière et la douleur. Institut UPSA de la douleur, 1997.

SEBAG-LANOË R., LEFEVRE-CHAPIRO S. La douleur chez les personnes âgées en fin de vie. *Rev Prat* 1999; **13** : 985-8.

WARY B. Les personnes âgées : ces oubliées du traitement de la douleur. *JALMALV* 1998; **55** : 13-9.

III

Connaissances biomédicales

8 Physiopathologie de la douleur et modifications liées à l'âge

P. Vassal, M.-L. Navez, B. Laurent

La douleur de la personne âgée, réalité quotidienne, reste complexe, et encore insuffisamment explorée. Elle s'intègre dans l'histoire d'une vie unique pour une personne arrivée au crépuscule de son existence.

Il existe probablement une spécificité du grand âge avec des modifications neurophysiologiques dans la transmission du message nociceptif proprement dit, en particulier en périphérie, mais également dans la dimension corticale du traitement de la douleur.

Le système nociceptif, à l'égal des autres systèmes sensoriels, comme la vision ou l'audition, vieillit mais la réalité clinique d'une « presbyalgésie », bien que pressentie, n'est encore qu'une formule peu argumentée. Cette méconnaissance tient à la fois à la difficulté des recherches cliniques gériatriques et à celle de l'analyse fine de ce qui est du registre de la nociception pure ou de la composante cognitive et émotionnelle qui se détériore avec l'âge. L'absence d'expression, voire de comportement vis-à-vis de la douleur ne signifie pas forcément perte sensitive, analgésie ou analgothymie (indifférence émotionnelle vis-à-vis d'une stimulation nocive) mais peut relever d'un problème de langage ou de comportement, cas fréquent chez les patients âgés présentant ou non des troubles cognitifs [8, 15].

Nous essaierons de répondre à un certain nombre de questions.

- Existe-t-il une modification avec l'âge des données sensorielles concernant la transmission nociceptive : seuil de perception, tolérance à la douleur, conduction des voies nociceptives analysée par électrophysiologie ?

- Les systèmes de contrôle neurophysiologique et neurochimique de la douleur subissent-ils des modifications lors du vieillissement ?
- Quels sont les rôles de la douleur-mémoire et de la plasticité neuronale cérébrale acquise au cours d'une vie d'expériences douloureuses ?
- Ces données sont-elles concordantes avec les expériences cliniques de gériatrie où la douleur aiguë, jouant un rôle d'alerte, paraît souvent atténuée, voire absente? Quels mécanismes peuvent expliquer cette réduction des capacités sensorielles et cette hypoesthésie douloureuse rendant parfois difficile les diagnostics d'urgence? La douleur chronique quotidienne souvent importante dépend-elle logiquement des pathologies intercurrentes plus fréquentes (en particulier locomotrices) ou du passé douloureux qui intervient dans le récit des douleurs, télescopant plusieurs époques et jouant sur la plasticité des systèmes d'intégration et de contrôle?
- Enfin, quel est le rôle des lésions corticales sur l'intégration douloureuse, en particulier celui des pathologies dégénératives comme dans la maladie d'Alzheimer? Le patient souffre-t-il moins, comme cela a été suggéré, ou l'évaluation ne reflète-t-elle pas la réalité, car elle prend insuffisamment en compte l'approche non linguistique purement comportementale de ces patients ?

Notre propos est d'analyser les résultats des études expérimentales et cliniques qui, bien que parcellaires et contradictoires, corroborent la spécificité de la perception douloureuse du patient âgé.

Cette analyse devrait aider au quotidien le praticien pour mieux appréhender, comprendre et prendre en charge la douleur du sujet âgé.

La douleur, de la nociception à la sensation douloureuse, est un phénomène complexe mettant en jeu des mécanismes électrophysiologiques et neurochimiques où trois étapes vont se succéder [21] :

- la nociception proprement dite avec l'élaboration de l'influx au niveau du nocicepteur et sa transmission dans la fibre nerveuse périphérique;
- le relais et la modulation au niveau de la corne dorsale de la moelle épinière (transmission de l'influx, blocage ou amplification, convergence des différents influx);

- l'intégration au niveau du cerveau qui transforme le message et le fait accéder à la conscience, celle d'une sensation douloureuse avec une composante sensori-discriminative (intensité, localisation, durée du stimuli nociceptif) et un retentissement émotionnel et affectif exprimés par le langage, seul utile pour transmettre cette subjectivité inhérente à la douleur.

À chaque étape, il existe des mécanismes d'amplification de l'influx (sensibilisation, hyperalgésie) mais également de frein physiologique dont les plus connus sont le contrôle de la « porte », les contrôles inhibiteurs diffus et l'intervention des systèmes endomorphiniques. L'effet de l'âge sur ces différentes étapes est complexe et encore mal connu, en partie parce que non étudié.

MODIFICATIONS DU SYSTÈME NOCICEPTIF PÉRIPHÉRIQUE LIÉES À L'ÂGE

Études chez l'animal

Les études expérimentales animales sur l'influence du vieillissement sur le système nociceptif ne sont pas toutes concordantes.
On note une réduction de la densité des nocicepteurs impliqués dans la genèse du signal nociceptif [6, 18].
Goettl et coll., en comparant deux populations de rats, rapportent que les plus âgés ont un temps de latence qui augmente lors d'une stimulation thermique radiante de haute intensité mais qui ne varie pas en basse intensité et qui présente une décroissance du seuil de perception à une stimulation mécanique [3].
Au total, chez l'animal, l'âge modifie les perceptions dans le sens d'une hypoalgésie.

Études chez l'homme

Chez l'homme, les données sont moins claires. Les études expérimentales chez le sujet âgé (douleur aiguë induite) donnent des résultats variables (liés souvent aux conditions de stimulations nociceptives, à l'âge du patient et à ses pathologies associées).
Les anomalies structurelles liées au vieillissement concernent peu le système nociceptif à la différence du système somesthésique. La myéline vieillit davantage que l'axone, et les fibres Aβ, α et Δ seront donc affectées plus que les fibres amyéliniques C : l'âge touche préférentiellement les fibres myéliniques AΔ

responsables de la douleur localisée précise, de la discrimination topographique et de l'évaluation qualitative fine de la douleur [23]. Beaucoup d'auteurs soulignent la fréquence des anomalies des grosses fibres avec l'âge. Le tact superficiel est modifié essentiellement dans les régions supérieures du corps [28]. La perception des vibrations est proportionnelle à l'âge, avec une baisse linéaire après 60 ans [20]. Thomson et coll. [26] testent toutes les modalités sensitives (réponses vibratoires, thermoalgiques et au tact fin) chez 200 sujets et soulignent la fréquence de la diminution de la sensation vibratoire très habituelle après 70 ans et, à l'inverse, la conservation des autres sensibilités.

Roy, reprenant les études de Harkins et Warner, a fait une bonne revue des différentes expérimentations sur la perception de la douleur chez l'homme âgé. Sur huit études comparant patients jeunes et patients âgés et évaluant la sensation subjective de douleur après stimulation nociceptive par chaleur radiante, quatre trouvent des seuils sensitifs plus élevés chez les patients âgés, et les quatre autres aucune modification [8]. Pour les patients testés avec la chaleur de contact, aucune différence n'est notée quel que soit l'âge [7, 13]. Des résultats similaires sont observés chez les patients testés avec les stimulations électriques dentaires [8]. Gibson et Helme ont étudié la douleur viscérale chez le patient âgé, ils ont montré que les douleurs étaient rapportées de façon moins intense [11].

Cette augmentation du seuil, plus nette au niveau des membres inférieurs, serait en faveur d'une fragilisation des fibres de la douleur les plus longues, phénomène très classique pour les grosses fibres myéliniques de la sensibilité profonde et qui explique une moindre sensation distale du diapason par exemple [9, 13, 16].

Les différences entre sujets jeunes et sujets âgés concernant les seuils et la tolérance à la douleur sont donc minimes. Le seuil douloureux plus élevé chez certains patients âgés, par atteinte des fibres AΔ et amyéliniques C, pourrait expliquer la réaction plus tardive aux stimuli douloureux et la difficulté qu'a une personne âgée de décrire une douleur aiguë tant dans sa topographie que dans ses caractéristiques qualitatives. Mais, les problèmes rencontrés lors de l'expérimentation chez le sujet âgé peuvent être liés à l'incapacité par certains patients de discriminer les différentes modalités des stimuli douloureux. Les raisons en sont multiples : l'altération de la mémoire épisodique en est une [7]. On peut donc attribuer par erreur à une altération du système nociceptif ce qui n'est qu'un problème d'intégration cognitive.

Les personnes âgées courent-elles le risque de masquer une affection aiguë par une présentation de symptômes douloureux atypiques ? Ceci arrive par exemple dans le cas des infarctus du myocarde silencieux, plus fréquents chez la personne âgée (30 %) que chez le patient plus jeune (23 %). La douleur d'un infarctus du myocarde se fait sentir lorsque l'on atteint des niveaux suffisants d'influx afférents et lorsqu'une activation adéquate des voies centrales ascendantes est provoquée. Chez les personnes âgées présentant un infarctus du myocarde silencieux, les niveaux de stimulation restent infraliminaux et insuffisants pour déclencher une sensation douloureuse. De telles différences dans la présentation de la douleur-symptôme sont retrouvées dans la littérature et sont en faveur d'une baisse avec l'âge de la sensibilité douloureuse.

Le raisonnement purement épidémiologique sur la fréquence des différentes douleurs selon l'âge donne donc des pistes de réflexion sur la physiologie de la douleur du sujet âgé mais l'interprétation en est complexe en raison du nombre de facteurs en cause. L'augmentation relative de l'incidence et de la prévalence de l'angor d'effort chez les sujets âgés laisse penser que, pour un grand nombre d'individus âgés, les processus physiologiques qui sous-tendent la douleur référée associée à l'ischémie du myocarde restent intacts [8, 15]. Il en est de même de certaines douleurs, comme la névralgie faciale, mais elles sont plus vraisemblablement le fait d'un conflit vasculonerveux qui n'apparaît qu'après 60 ans plutôt que d'une modification de l'intégration douloureuse trigéminale. La participation des grosses fibres dans la pathologie de la névralgie faciale a été proposée car celles-ci seraient démyélinisées au niveau du conflit et génératrices de l'hyperalgésie centrale du noyau trigéminal [8].

Mais, à l'inverse, certaines douleurs faciales diminuent avec l'âge, comme la migraine.

Tous les résultats ne vont donc pas dans le sens d'une « presbyalgie ». L'étude de Woodrive et coll. [30] montre que la tolérance à la douleur continue peut être moindre avec l'âge, un comportement hyperalgique faisant suite à l'hypoesthésie initiale. Cette hyperréponse pourrait caractériser certains types de stimuli douloureux ou de protocole expérimental. La sensation déclenchée par un stimulus mécanique est plus intense que celle provenant d'un stimulus d'autre modalité. On peut sans doute en rapprocher le fait que les douleurs induites par l'appareil locomoteur, presque toujours altéré, sont très importantes et déclenchées lors de la moindre mobilisation. Cette volée d'influx périphériques mécaniques, d'intensité accrue du fait des lésions articulaires, peut être responsable de mécanismes d'hyperalgésie centrale induite par ces stimulations nociceptives périphériques répétées.

MODIFICATIONS DES CONTRÔLES SEGMENTAIRES ET SUPRA-SEGMENTAIRES LIÉES À L'ÂGE

Mécanismes d'hyperalgésie périphérique

Les mécanismes d'hyperalgésie périphérique représentés par le *réflexe d'axone* sont étudiés à partir des réactions obtenues après application de capsaïcine. L'étude de sujets âgés souffrant de trois types de douleurs chroniques – lombalgies, douleurs post-herpétiques et douleurs de type anorganique du tronc avec dépression ou névrose – ne montrait des modifications du réflexe d'axone que dans les deux premiers groupes et uniquement dans la zone douloureuse [17]. Les mécanismes d'hyperalgésie étaient donc opérants dans cette population âgée et permettaient de différencier les douleurs organiques et anorganiques. Cependant, plusieurs études, *a contrario*, vont dans le sens d'une réduction de la réponse du réflexe d'axone à l'application topique de capsaïcine chez le sujet âgé, témoin de la moindre fonctionnalité des fibres nociceptives C [22]. En pratique thérapeutique, ces données peuvent rendre compte de l'efficacité souvent aléatoire de la capsaïcine dans la douleur neuropathique post-zostérienne chez le patient âgé, cette efficacité étant conditionnée par une répartition normale des terminaisons des fibres C.

Contrôle segmentaire inhibiteur

Le contrôle segmentaire inhibiteur, appelé contrôle de la « porte », rend compte de l'inhibition de la transmission des fibres nociceptives de petit calibre de la corne postérieure lors de l'activation des fibres sensitives cutanées de gros calibre (tact, proprioception, mouvement). Or, comme on l'a vu, le vieillissement s'accompagne d'une atteinte des grosses fibres : le déséquilibre au niveau segmentaire, lié à l'âge, entre un système de transmission nociceptive opérant et un contrôle de la « porte » défaillant peut expliquer en partie l'exacerbation des douleurs, en particulier locomotrices, où la raréfaction du mouvement chez le sujet âgé aggrave encore le phénomène.

Une même explication [26] peut être donnée pour les douleurs neuropathiques post-zostériennes plus durables et plus fréquentes avec le grand âge avec une moindre efficacité de la stimulation transcutanée, voire cordonale postérieure.

Contrôle neurochimique de la corne postérieure

Le contrôle neurochimique de la corne postérieure de la moelle et les phénomènes de plasticité, avec les multiples filtres chimiques peptidiques et monoaminergiques, ont été assez mal étudiés chez le patient âgé. La complexité chimique et l'intrication des contrôles et de la modulation sont telles qu'actuellement on ne peut définir une atteinte spécifique d'un système donné. L'analyse systématique des récepteurs NMDA, de nombreux peptides, des systèmes NO, PKc, etc. paraît déjà impossssible, d'autant que ces systèmes ne sont pas accessibles aux dosages en clinique : la complexité chimique et l'intrication des systèmes de douleur sont telles qu'aucun dosage, fut-ce dans le liquide céphalo-rachidien (LCR), ne permettra de définir une baisse spécifique d'un système, en particulier lié aux modifications de l'âge [8, 21].

Cruce et coll. [2] montrent qu'il n'existe aucune différence de la sensibilité tactile et thermique chez le jeune ou le vieux rat en l'absence de lésions nerveuses. Après lésion par bloc ischémique du sciatique, les rats âgés développent une hyperalgésie thermique et une allodynie tactile plus lentement que les jeunes rats. Le nombre de récepteurs NK1 au niveau de la corne postérieure, après lésion nerveuse, augmente plus lentement, bien que ces récepteurs NK1, en l'absence de lésions nerveuses, ne soient pas un marqueur particulier de la sensibilisation.

Dans le modèle classique de ligature sciatique, les phénomènes de désafférentation, en particulier l'allodynie, sont plus faibles chez les animaux âgés [1, 25].

Chez l'homme, l'augmentation des influx nociceptifs, multiples et répétés, venant de la périphérie (altération du système locomoteur, goutte, zona, angor d'effort) [10] peut suffire à expliquer une hyperalgésie centrale induite par les stimulations nociceptives sans faire intervenir une modification de l'intégration spinale.

Voies nociceptives au niveau central

Elles sont explorables par les potentiels évoqués nociceptifs laser analysant la conduction spinothalamique. Kakigi et Shibasaki [12] se sont intéressés à la conduction centrale en fonction de l'âge en étudiant les potentiels évoqués laser CO_2 (fibres de la douleur Aβ et faisceau spinothalamique). La vitesse du spinothalamique est réduite de seulement 10 % chez le sujet après 60 ans. Globalement, les modifications sont minimes en dehors des pathologies du système nerveux périphérique et central modifiant les voies nociceptives. Si des modifications existent, il est probable qu'elles concernent l'intégration de la douleur et non les premières réponses (150 à 250 millisecondes) analysées par les potentiels évoqués. Ces modifications sont sans doute insuffisantes pour expliquer la moindre perception de la douleur chez le sujet vieillissant.

Les *contrôles endorphinique* et *inhibiteur descendant* ont été étudiés chez l'animal. Certaines données montrent un effet complexe du vieillissement sur les doses de morphine utiles lors du test de la plaque chauffante : chez les rats âgés, l'effet analgésique de la morphine diminue à 30 min mais augmente à 180 min. Globalement, il existe une diminution d'effet imputable à une diminution des récepteurs plus qu'à une modification des seuils ou à des modifications pharmacologiques d'absorption [14]. De même, chez les animaux âgés, l'analgésie liée aux stress diminue [24].

Qu'en est-il chez l'homme âgé? Les études expérimentales humaines sont peu nombreuses. Lindy et coll. ont étudié chez l'homme les variations du contrôle inhibiteur diffus avec l'âge en utilisant au niveau du bras des stimulations électriques et thermiques, soit de 2 000 Hz stimulant préférentiellement les fibres Aβ, soit de 250 Hz activant les fibres AΔ ou enfin de 5 Hz pour les fibres C; les stimulations survenaient avant, au moment et après (+ 1 h) une immersion douloureuse dans l'eau froide. Ils constatent que le seuil de détection de la sensation douloureuse ne diffère pas entre les groupes de sujets normaux : donc, la fonctionnalité de la transmission de la douleur n'est pas modifiée avec l'âge. En revanche, lors de la mise en jeu des contrôles inhibiteurs par l'immersion en eau froide, l'effet analgésique apparaissait mais était très transitoire chez le sujet âgé, le système inhibiteur descendant étant donc moins opérant [19].

Si l'on considère que le contrôle inhibiteur diffus (CID) est généré dans le tronc cérébral (*sub nucleus reticularis dorsalis*) et implique l'intervention des neuromédiateurs, comme la noradrénaline venant du *locus cœruleus* et la sérotonine issue du noyau du raphé dorsalis, on peut penser que ces systèmes de neuromédiateurs sont moins opérants. Mais, le CID étant généré dans son arc afférent par les voies nociceptives, on peut aussi interpréter la baisse par une diminution de l'influx nociceptif d'entrée (*cold test*).

L'apparition du réflexe de retrait nociceptif, RIII, est étroitement corrélée à l'apparition de la sensation douloureuse subjective. Sandrini et coll. ont étudié le reflexe nociceptif RIII chez l'enfant puis l'adulte jeune : le seuil est plus bas chez l'enfant et s'élève au cours de l'âge, sans doute par une maturation des systèmes descendants inhibiteurs, mais on ne peut extrapoler ces résultats au vieillissement [24]. Chez le sujet âgé, le seuil de déclenchement du RIII ne varie pas, à moins qu'il n'existe une pathologie du nerf périphérique concernant les fibres AΔ et C ou une lésion de la moelle de type syndrome pyramidal qui peut augmenter l'amplitude de la réponse.

Quelles conséquences cliniques peut-on tirer? La quasi-permanence de la douleur aiguë ou chronique chez le patient âgé devrait intervenir sur le CID avec un phénomène de contre-irritation activé en permanence. Mais, beaucoup d'arguments montrent que le fonctionnement du CID est de type phasique et qu'il est modifié dans la douleur chronique. Cette différence d'efficacité des systèmes analgésiques endogènes explique-t-elle en partie la moindre adaptation des sujets âgés à une douleur sévère et continue? [30]

INTÉGRATION DE LA DOULEUR AU NIVEAU CÉRÉBRAL

Les modifications liées à l'âge sur *l'intégration au niveau central* de la douleur sont encore plus mal connues.

Une façon d'aborder la question sur un plan théorique est de s'intéresser aux zones qui contrôlent les systèmes inhibiteurs descendants à partir des données animales ou des données humaines de neurostimulation antalgique. Ces systèmes intègrent et modulent les phénomènes nociceptifs dans les deux sens (système *on-off* décrit par Field), et en aucun cas on ne peut s'en servir pour une démonstration unilatérale d'un vieillissement nociceptif [15].

Le cortex frontal, l'amygdale, l'hypothalamus, le thalamus sont cités comme point de départ possible des contrôles inhibiteurs descendants qui vont s'articuler sur le tronc cérébral, en particulier la SGPA (substance grise péri-aqueducale). Parmi ces zones, certaines sont particulièrement sensibles au vieillissement, comme le cortex frontocingulaire ou l'amygdale tout comme le locus cœruleus avec la noradrénaline ou les noyaux du raphé avec la sérotonine. Peu d'études se sont interessées aux récepteurs opiacés en PETscan avec le marquage par la diprénorphine ou le carfentanyl [31]. Ces études seront très utiles mais restent du domaine de peu de centres de recherche.

DOULEUR-MÉMOIRE ET VIEILLISSEMENT COGNITIF

Douleur-mémoire

La plupart des travaux prospectifs concernent des enfants ou des adultes jeunes qui ont été confrontés à des douleurs intenses. L'hypothèse serait soit qu'ils sont ensuite plus enclins aux douleurs chroniques par le biais d'une douleur-mémoire, c'est-à-dire d'une résurgence de ces douleur passées, soit au contraire que ces douleurs aiguës passées élèvent ensuite durablement le seuil à la douleur. Hapidou et De Catanzaro [5] ont analysé les réponses aux douleurs expérimentales de femmes en fonction de leur âge et de leur nombre d'accouchements douloureux : un effet net d'élévation des seuils douloureux au froid apparaît chez les femmes multipares de 35 ans par rapport à celles de 25 ans nullipares. Il est difficile de savoir si la référence douloureuse de l'accouchement modifie simplement la façon de coter l'échelle visuelle analogique ou si la perception douloureuse est différente du fait de cette expérience passée de douleur extrême.

Grunau et coll. [4] ont suivi de façon prospective 36 enfants après une réanimation néonatale intensive comparés à 36 enfants nés à terme normalement : à 4 ans 1/2, les anciens prématurés ont des scores de somatisation supérieurs, avec des plaintes récurrentes sans cause médicale.

On peut s'interroger sur le rôle de l'expérience douloureuse d'une vie dans la perception de la douleur présente du sujet âgé. Les sujets âgés seraient-ils plus enclins aux douleur chroniques par le biais d'une douleur-mémoire, véritable résurgence des douleurs passées? Tremblay et coll. [27] ont étudié le comportement nociceptif en fonction du passé douloureux de sujets de plus de 70 ans sans pouvoir mettre en évidence un effet des douleurs passées sur le comportement nociceptif actuel.

Douleur et vieillissement cognitif

Lorsqu'on aborde cette question, c'est en général pour souligner la difficulté de communication de la douleur aiguë ou chronique chez le sujet dément ou aphasique. En plus de cette incommunicabilité qui explique beaucoup de sous-traitement des douleurs chroniques du dément, il faut réfléchir sur le rôle des systèmes cognitifs dans l'intégration de la douleur. La mémoire sémantique touchée dans la maladie d'Alzheimer constitue le stock des connaissances générales. En matière de douleur, elle permet d'évoquer et d'anticiper une douleur liée à une action particulière, de savoir quel niveau de douleur est lié à telle ou telle maladie, de décrire les principales stratégies d'évitement ou de traitement. On pense que l'absence de ces concepts chez le jeune enfant explique sa fragilité à la douleur qui est forcément plus menaçante si elle est inconnue. La mémoire épisodique, rapidement détruite dans l'Alzheimer, permet d'évoquer toutes les circonstances biographiques antérieures identiques au contexte actuel : savoir comment a évolué ma première colique néphrétique aide évidemment à gérer la suivante... Cette double connaissance culturelle (sémantique) et biographique de douleur vécue (épisodique) constitue la base du traitement cognitif de la douleur dont chacun admet l'importance. Qu'en est-il dans l'Alzheimer où ces deux mémoires sont touchées ou même dans le simple vieillissement cognitif qui affecte la mémoire épisodique? Certains ont proposé que l'absence d'anticipation vis-à-vis d'une douleur limitait l'angoisse et diminuait la réaction douloureuse; que l'atteinte du système limbique diminuait la réaction émotionnelle... Il paraît tout aussi certain que le handicap de verbalisation et de mémoire gêne considérablement l'évaluation par le canal verbal et que le thérapeute doit être particulièrement attentif à une douleur qui ne s'exprime que par

la mimique, le retrait, les signes de défense comme ils sont analysés dans l'échelle DOLOPLUS [29].
Les zones corticales impliquées dans la douleur-souffrance (insula, lobe frontal et temporal interne) sont également celles qui sont les plus touchées lors du vieillissement pathologique (Alzheimer, démence de type frontotemporal, démence sous corticale, etc.). Elles sont aussi indispensables pour l'intégration de la douleur que pour sa régulation. Le lobe frontal (cortex cingulaire) intègre la douleur aiguë mais permet aussi l'anticipation et la réponse adaptée. Nul doute que les modifications du comportement douloureux des sujets âgés dépendent davantage des modifications de ces aires associatives élaborées plutôt que des systèmes impliqués dans la nociception et l'analyse élémentaire de la douleur, comme les aires pariétales primaires (SI et SII) qui, d'ailleurs, ne sont pas concernées par le vieillissement normal ou pathologique de l'Alzheimer.

CONCLUSION

Toutes ces données, parfois contradictoires, rendent difficile d'intégrer actuellement l'effet du « vieillissement nociceptif » dans l'analyse des douleurs des sujets âgés. À la différence d'autres systèmes sensoriels, le sujet a été peu abordé alors que des moyens nouveaux permettraient de le faire. Ce relatif dédain de la communauté des algologues mériterait sans doute interprétations et commentaires. Beaucoup de thèmes de recherche seraient possibles, en particulier l'étude des potentiels évoqués nociceptifs et du PETscan en fonction de l'âge.
Aucun argument expérimental n'autorise à penser que les sujets âgés auraient une plus grande résistance à la douleur par perte des capacités perceptives élémentaires. L'expérience clinique a plutôt tendance à montrer le contraire, à savoir une proportion plus grande de douleurs chroniques.
À partir des données actuelles, nous n'avons pas de preuve d'un vieillissement pathologique du système nociceptif périphérique. Les seules modifications électrophysiologiques portent essentiellement sur les fibres AΔ pouvant expliquer en partie les mauvaises discrimination et réponse du vieillard à la douleur précise ainsi que les modifications sur les grosses fibres sous-tendant l'altération des systèmes de contrôle segmentaire de la « porte ».

L'hyperalgésie centrale, si elle est suspectée devant ces tableaux de chronicisation douloureuse, a été peu étudiée chez le vieillard. On a en revanche un peu plus d'arguments sur la participation de la déficience des contrôles inhibiteurs descendants dans la pérennisation douloureuse.
L'histoire personnelle et le passé douloureux ne modifient pas nettement les réponses à une douleur aiguë expérimentale. Les douleurs chroniques, à l'inverse, ne peuvent se comprendre qu'en référence au passé qui intervient autant par les expériences affectives que nociceptives.
La prise en charge des sujets âgés demande des adaptations particulières ne serait ce que pour prendre en compte les modifications cognitives liées à l'âge, en particulier chez le dément où le développement d'outils comme l'échelle DOLOPLUS permettra de mesurer le rôle des facteurs cognitifs non seulement dans l'expression de la douleur, mais aussi dans son intégration.

Références bibliographiques

[1] CHUNG J.M., CHOI Y., YOON Y.W., NA H.S. Effects of age on behavioral signs of neuropathic pain in an experimental rat model. *Neurosci Lett* 1995; 183 (1-2) : 54-7.

[2] CRUCE W.L., LOVELL J.A., CRISP T., STUESSE S.L. Effect of aging on the substance P receptor, NK-1, in the spinal cord of rats with peripheral nerve injury. *Somatosens Mot Res* 2001; **18** (1) : 66-75.

[3] GOETTL V.M., LINDSEY A.E., NEFF N.H., HADJICONSTANTINOU M. GM1 ganglioside restores abnormal responses to acute thermal and mechanical stimuli in aged rats. *Brain Res* 2000; **858** (2) : 380-5.

[4] GRUNAU R.V., WHITFIELD M.F., PETRIE J.H., FRYER E.L. Early pain experience, child and family factors, as precursors of somatization : a prospective study of extremely premature and fullterm children. *Pain* 1994; **56** (3) : 353-9.

[5] HAPIDOU E.G., DE CATANZARO D. Responsiveness to laboratory pain in women as a function of age and childbirth pain experience. *Pain* 1992; **48** (2) : 177-81.

[6] HARKINS S.W., BUSH F.M., PRICE D.D. La douleur chronique et son évaluation. *Douleurs* 1997; **51** : 547-66.

[7] HARKINS S.W., CHAPMAN C.R. Memory loss and response bias in senescence. *J Gerontol* 1979; **34** : 66-72.

[8] HARKINS S.W., CHAPMAN C.R., EISDORFER C. Memory loss and response bias in senescence. *J Gerontol* 1977; **32** : 428-35.

[9] HARKINS S.W., DAVIS M.D., BUSH F.M., KASBERGER J. Suppression of first pain and slow temporal summation of second pain in relation to age. *J Gerontol A Biol Sci Med Sci* 1996; **51** (5) : M260-5.

[10] HARKINS S., PRICE D., BUSH F. Geriatric pain. In : Wall, Melzack, ed. *Textbook of Pain*. Churchill, 1994.

[11] HELME R.D., GIBSON S.J. Pain in the elderly. *IASP* 1997; **64** : 919-43.

[12] KAKIGI R., SHIBASAKI H. Estimation of conduction velocity of the spinothalamic tract in man. *Electroencephalogr Clin Neuro-physiol* 1991; **80** : 39-45.

[13] KENSHALO D.R. Somesthetic sensivity young and elderly humans. *J Gerontol* 1986; **41** (6) : 732-42.

[14] KRAMER E., BODNAR R.J. Age-related decrements in morphine analgesia : a parametric analysis. *Neurobiol Aging* 1986; **7** (3) : 185-91.

[15] LAURENT B. Vieillissement et douleur : des urgences nouvelles. Spécial dossier HMN. *Une décennie d'information sur la douleur* 1998; numéro spécial.

[16] LAUTENBACHER S., STRIAN F. Similaries in age differences in heat pain perception and thermal sensitivity. *Funct Neurol* 1991; **6** (2) : 129-35.

[17] LE VASSEUR S.A., GIBSON S.J., HELME R.D. The measurement of capsaicin-sensitive sensory nerve fiber function in elderly patient with pain. *Pain* 1990; **41** (1) : 19-25.

[18] LHUILLERY D., SARAUX A., GOUMAS J., LAUDET J. La douleur en gériatrie : intérêt de l'approche psychomotrice. *Douleurs* 2001; **2** (3) : 125-29.

[19] LINDY L.W., GIBSON S.J., HELME R.D. Age-related differences in the endogenous analgesic response to repeated cold water immersion in human volunteers. *Pain* 1989; **2000** : 89-96.

[20] MEH D., DENISLIC M. Infuence of age, temperature, sex, height and diazepam on vibration perception. *J Neurol Sci* 1995; **134** : 0136-42.

[21] NAVEZ M.L., LAURENT B., PEYRON P., QUENEAU P. Données physiopathologiques concernant les douleurs et les antalgiques. *In : Le médecin, le patient et sa douleur.* P. Queneau, G. Ostermann; Paris : Masson, 2000.

[22] PARKHOUZE N., LEQUESNE P.M. Quantitative objective assessement of peripheral nociceptive C fibre function. *J Neurol Neurosurg Psychiatry* 1988; **51** : 28-34.

[23] PICKERING G., JOURDON D., ESCHALLIER A., DUBRAY C. Influence de l'âge sur la perception et la pharmacologie des antalgiques. *Presse Méd* 2001; **15** : 754-8.

[24] SANDRINI G., ALFONSI E., RUIZ L., LIVIERI C. et coll. Age-related changes in excitability of nociceptive flexion reflex. An electraphysiological study in school-age children and young adults. *Funct Neurik* 1989; **4** (1) : 53-8.

[25] TANCK E.N., KROIN J.S., MCCARTHY R.J., PENN R.D. et coll. Effects of age and size on development of allodynia in a chronic pain model produced by sciatic nerve ligation in rats. *Pain* 1992; **51** (3) : 313-6.

[26] THOMSON F.J., MASSON E.A., BOULTON A.J. The clinical diagnosis of sensory neuropathy in elderly people. *Diabet Med* 1993; **10** (9) : 843-6.

[27] TREMBLAY N., ALLARD N., VEILLETTE Y. Effect of age on pain perception. Prelimary results. *IASP* 1993; Abstract.

[28] VERRILLO R.T. Age related changes in the sensitivities to vibration. *J Gerontol* 1980; **35** : 185-93.

[29] WARY B., VILLARD J.F. DOLOPLUS : une échelle d'évaluation de la douleur chez la personne âgée. *Génér & Gérontol* 1995; **1** : 26-33.

[30] WOODRIVE K.M., FRIEDMAN G.D., SIEGELAUB A., COLLEN M. F Pain tolerance : differences according to age sex and race. *Psychosom Med* 1972; **34** : 548-56.

[31] ZUBJETA J.K., SMITH Y.R., BUELLER A.J., XU Y. et coll. Regional mu opioid receptor regulation of sensory and affective dimensions of pain. *Science* 2001; vol. 293.

9 Épidémiologie de la douleur chez les sujets âgés

B. Brochet

Bien que la douleur ait de tout temps été associée à l'image de la vieillesse sous les traits du vieillard rhumatisant, il a été longtemps affirmé que les sujets âgés étaient moins sensibles à la douleur. Ce n'est que récemment que des études épidémiologiques ont évalué la fréquence des douleurs persistantes et chroniques dans cette tranche d'âge et ont révélé la sous-évaluation de ces symptômes et l'insuffisance de leur prise en charge.
Les chiffres disponibles émanent pour une part d'études épidémiologiques portant sur des adultes de tous âges, dont on peut extraire des données sur la catégorie des plus âgés, mais aussi d'études spécifiquement conçues pour étudier les populations âgées en dehors et au sein d'institutions.

ASPECTS MÉTHODOLOGIQUES

Les études rapportant la prévalence de douleurs dans une population adulte et dont une partie de l'échantillon étudié comprend des sujets de plus de 65 ans doivent être interprétées avec précaution. La taille de ces échantillons de sujets âgés est en effet souvent restreinte, à quelques exceptions près, ce qui limite la valeur des résultats rapportés. D'autre part, les méthodologies d'enquête peuvent être inadéquates pour des sujets âgés et peuvent favoriser ainsi une sous-estimation. Ces limites expliquent probablement pourquoi plusieurs de ces études ont rapporté une prévalence plus faible des problèmes douloureux dans cette classe d'âge par rapport aux sujets d'âge moyen et inférieure aux études menées spécifiquement chez des sujets âgés. La comparaison des différentes études disponibles est par ailleurs rendue difficile par des différences de méthode. La différence principale concerne la question posée : certaines études se limitent à la question « Avez-vous des douleurs ? », d'autres précisent « douleurs persistantes, douleurs sévères ou gênantes » ou d'autres encore mentionnent le type de douleur. Le type de question posée influence beaucoup le pourcentage de réponses positives [5]. Beaucoup d'études n'ont pas pris en compte ou n'ont pas détaillé l'ensemble des problèmes douloureux rencontrés par ces patients, se focalisant sur les plaintes les plus fréquentes, comme les douleurs ostéo-articulaires. C'est pourquoi la prévalence de pathologies plus rares mais bien connues pour êtres responsables de douleurs chroniques rebelles chez les sujets âgés est méconnue. C'est le cas des douleurs neurogènes telles que les douleurs post-zostériennes et les douleurs centrales, suites d'accidents vasculaires cérébraux.

ÉTUDES DE PRÉVALENCE DANS LA POPULATION GÉNÉRALE

Études chez les médecins

Récemment, les motifs de consultation auprès de 28 généralistes et 28 centres de santé en Finlande ont été étudiés [22]. Il a été observé une fréquence maximale de consultations liées à la douleur dans la tranche 50-59 ans (48 % des consultations liées à une douleur) et une diminution dans les tranches suivantes : 45 % entre 60 et 69 ans, 38 % entre 70 et 79 ans et 32 % après 80 ans. L'existence de problèmes pathologiques multiples chez les sujets âgés explique probablement cette baisse de fréquence relative du motif douleur comparativement aux autres motifs de consultation mais ne renseigne pas sur une éventuelle baisse de la prévalence de la douleur.

Études chez les adultes de tout âge

L'une des toutes premières études sur ce sujet a consisté à interroger par téléphone un échantillon de 500 ménages canadiens sur les listes d'un groupe de médecins de famille [10]. Le taux de réponse a été élevé (95 %). La question portait sur les plaintes douloureuses dans les deux semaines écoulées. L'échantillon comptait par ailleurs peu de sujets de plus de 80 ans. Cette étude a été la première à montrer des prévalences croissantes avec l'âge, allant de 25 % vers 65 ans à 40 % après 85 ans. Ces auteurs ont distingué les douleurs persistantes des douleurs temporaires, dont la fréquence semblait stable avec l'âge. Plusieurs autres études ont montré des résultats différents avec une baisse de la prévalence de la douleur après 65 ans. Les biais exposés plus haut expliquent probablement ces contradictions.

Par exemple, dans une enquête réalisée par courrier sur la prévalence de la douleur dans la population générale en Suède [5], un échantillon de 1 008 sujets dont 183 avaient plus de 65 ans a été étudié. Dans ce petit sous-échantillon, on a observé 36,1 % de douleur « évidente » (c'est-à-dire ayant un certain degré de sévérité aux échelles verbales) d'une durée minimale de six mois. La prévalence était plus élevée dans les groupes inférieurs à 65 ans. Des résultats comparables avaient été montré dans d'autres études [1, 28, 30].

Les études de grande taille échappant à ces biais de sélection donnent des résultats différents. Parmi les 3 605 sujets tirés au sort sur les listes des généralistes des Grampians en Écosse [13] et ayant répondu à un questionnaire postal, 942 avaient plus de 65 ans. La question portait sur une douleur ou un inconfort depuis au moins trois mois. Les prévalences augmentaient avec l'âge avec, respectivement, 57,1 %, 57,3 % et 62 % dans les tranches 55-64, 65-74 et > 74 ans. L'absence de distinction entre plus de 85 ans et 75-84 ne permet pas de répondre à la question d'une baisse de la fréquence chez les plus âgés.

Une étude récente réalisée sur les douleurs chroniques et les douleurs interférant avec la vie quotidienne a permis de préciser ces variations avec l'âge [3]. Cette étude des douleurs chroniques en Australie a été conduite par téléphone chez 17 534 sujets, ce qui permettait d'avoir des sous-groupes d'effectif suffisant. La douleur chronique était définie par plus de trois mois de douleurs dans les six derniers mois. Les tranches d'âge où la prévalence était la plus élevée étaient 65-69 ans pour les hommes (27 %) et 80-84 ans pour les femmes (31 %). Pour les femmes, la prévalence était plus élevée pour toutes les tranches après 50 ans par rapport aux tranches antérieures et toujours supérieure à 25 %. Pour les hommes, la prévalence après 70 ans était proche de 20 %, comme entre 40 et 55 ans. La limite d'une étude d'une telle ampleur est représentée par le nombre très restreint de questions posées et le recours au téléphone qui peut altérer la qualité des réponses des sujets très âgés.

Études de population de plus de 65 ans

Ces études ont confirmé pour la plupart la très forte prévalence entre 65 ans et 80-85 ans mais les données pour la tranche supérieure montrent une prévalence un peu plus faible. Dans une enquête téléphonique sur un petit échantillon de 205 sujets âgés de Winnipeg, au Canada, une prévalence de 69,8 % a été mesurée [27]. Il y avait une fréquence de 78 % entre 60 et 69 ans alors qu'après 80 ans elle diminuait à 64 %. Les limites évoquées plus haut pour les enquêtes téléphoniques chez les sujets très âgés doivent rendre prudente l'interprétation de ce dernier chiffre.

L'étude réalisée en Iowa [23] a été effectuée dans une population de 3 097 sujets de plus de 65 ans tirés au sort et comportait un questionnaire spécifiquement dédié à la douleur en marge d'une vaste étude sur la santé des sujets âgés. Dans cette étude, 86 % des sujets ont rapporté avoir eu une douleur (douleur des jambes la nuit ou douleur articulaire ou du dos) dans l'année écoulée et 59 % ont rapporté de multiples douleurs. La prévalence diminuait après 85 ans à 79 % contre 88 % chez les plus jeunes des sujets âgés. Cependant, cette étude ne distinguait pas les douleurs chroniques des douleurs transitoires.

La douleur des sujets très âgés a été étudiée sur un échantillon de 537 sujets de plus de 77 ans. La prévalence de la douleur modérée ou sévère, sans distinction temporelle [4], était chez les hommes respectivement de 66 %, 68 % et 64 % entre 77 et 79 ans, 80 et 84 ans et entre 85 et 88 ans, et chez les femmes de 82 %, 80 % et 70 % dans ces mêmes intervalles d'âge. Cette étude a donc confirmé l'existence d'une prévalence un peu plus faible après 85 ans mais on ne peut exclure un biais méthodologique. En effet, les enquêtes sont particulièrement difficiles à cet âge où la compréhension est plus aléatoire. Le recours à des tiers qui a été utilisé n'est pas comparable à un interrogatoire direct. Une étude rétrospective sur les douleurs dans la dernière année de vie [24] avait conclu à une augmentation de la fréquence de la douleur.

Étude Paquid

À la suite d'une première étude concernant la prévalence des lombalgies et des douleurs articulaires dans la population de l'étude Paquid [7], une étude de prévalence des douleurs, en étudiant spécifiquement leur sévérité, leur persistance et leur localisation, a été menée trois ans après dans ce même échantillon [8]. L'étude Paquid est une étude de cohorte d'une population de sujets âgés de plus de 65 ans vivant à leur domicile en Gironde et qui ont été tirés au sort sur les listes électorales [11]. Chaque année, à partir de 1987, les sujets recevaient la visite d'un psychologue-enquêteur spécialement formé. L'étude sur la douleur a été menée lors de la visite de la troisième année chez 741 sujets représentatifs de la population de cette tranche d'âge en Gironde et vivant pour la plupart à domicile (95,5 %). Le questionnaire avait été testé auparavant sur un petit groupe afin de l'adapter parfaitement à cette tranche d'âge. C'est ainsi que l'échelle visuelle analogique, qui n'était pas comprise par les plus âgés, a été remplacée par une échelle verbale simple.

Parmi les 741 sujets, 530 (71,5 %) ont rapporté avoir eu une douleur quelque part, au cours de l'année écoulée, soit un chiffre assez proche de l'étude canadienne [27]. Dans cet échantillon, 41 % des sujets rapportaient une douleur dans une seule localisation, 21 % dans deux localisations et plus de 9 % dans plus de deux localisations.

Pour 244 (32,9 %) la douleur était persistante, c'est-à-dire quotidienne depuis plus de six mois, et pour 241 (32,5 %) la douleur évoluait par crises ou épisodes (épisodique).

La fréquence des douleurs persistantes augmentait avec l'âge pour les deux sexes (tableau 9.I) contrairement à celle des douleurs par crises chez les femmes. En revanche, la prévalence des douleurs épisodiques était très élevée chez les hommes après 75 ans. La prévalence des douleurs chroniques était plus élevée pour les femmes que pour les hommes alors que l'inverse était observé pour les douleurs par crises.

Tableau 9.I Fréquence des douleurs épisodiques et chroniques chez les sujets de plus de 65 ans en Gironde

Tranche d'âge	68-74 ans (180 f, 132 h)	75-84 ans (180 f, 134 h)	> 84 ans (86 f, 29 h)	Total (446 f, 295 h)
Femmes, douleur épisodique	35,6 %	23,9 %	23,3 %	28,3 %
Hommes, douleur épisodique	41,7 % ns	35,1 %*	44,8 %*	39,0 %**
Femmes, douleur persistante	33,3 %	42,8 %	48,8 %	40,1 %
Hommes, douleur persistante	19,7 %**	25,4 %**	34,5 %	23,7 %***

chi^2 entre les femmes et les hommes d'une gamme particulière d'âge : *p < 0,03 ; **p < 0,01 ; ***p < 0,001.
f : femmes ; h : hommes ; ns : non significatif.

Conclusion

Les études les plus valides sur le plan méthodologique convergent pour souligner une fréquence élevée des douleurs et en particulier des douleurs chroniques chez les sujets âgés. Plusieurs études tendent à montrer que cette prévalence est supérieure à d'autres périodes de la vie même si elle diverge pour les sujets de plus de 85 ans. On peut retenir de ces études une prévalence de la douleur de 70 à 80 % et une prévalence des douleurs chroniques proche de 30 %.

ÉTUDES EN INSTITUTION

La population vivant en institution a bien entendu une morbidité bien supérieure à celle vivant à domicile mais les études n'ont pas clairement montré des taux de prévalence de la douleur plus élevés. La difficulté tient en particulier à la détection de la douleur chez les sujets âgés non communicants. Des taux variant selon les études entre 49 et 83 % de sujets douloureux [14, 15, 26] ont été rapportés dans les institutions. En milieu hospitalier, la douleur est un symptôme de premier plan. Dans une étude récente type « un jour donné » réalisée au CHU de Bordeaux, une prévalence de 35 % de la douleur a été mesurée pour les sujets âgés de plus de 65 ans hospitalisés en court séjour de médecine non gériatrique. Chez les sujets non communicants de plus de 65 ans, la douleur a été recherchée en utilisant l'échelle DOLOPLUS. Une fréquence de 64 % a été mesurée en médecine non gériatrique et 21 % en gériatrie (Rainfray et coll., communication personnelle).

La douleur chez les sujets très âgés (> 80 ans) hospitalisés a été étudiée dans quatre hôpitaux californiens [12]. Un échantillon de 1 266 patients a été interrogé dont 806 ont répondu au questionnaire. Parmi ceux-ci, 46 % des sujets se sont plaint d'une douleur pendant l'hospitalisation et 13 % n'étaient pas satisfaits de la prise en charge.

La fréquence de la douleur pendant l'agonie chez les sujets mourrant à l'hôpital a été récemment étudiée [29]. Dans cette étude sur 103 patients, une douleur modérée à sévère a été rapportée dans 54 % des cas par leur entourage.

PRÉVALENCES SELON LES LOCALISATIONS (DOULEURS ARTICULAIRES, LOMBALGIES, CÉPHALÉES, ETC.)

Les études générales ont peu observé les localisations. L'étude écossaise [13] a noté une augmentation continue des douleurs et inconforts articulaires avec l'âge, passant de 12 % entre 45 et 54 ans à 20 % entre 55 et 65 ans et 28 % après 75 ans.

Dans l'étude en Iowa [23], 66 % des sujets rapportaient une douleur articulaire, 56 % des douleurs nocturnes des membres et 28 % des douleurs du dos sans distinguer leur profil évolutif. Les douleurs du dos étaient plus fréquentes chez les femmes (31 %) que chez les hommes (24 %). Les douleurs articulaires et du dos étaient significativement moins fréquentes après 85 ans qu'avant cet âge.

Dans le cadre de l'étude Paquid un questionnaire précis sur les localisations et la sévérité de la douleur était posé au patient [8]. Le tableau 9.II résume les résultats topographiques. Les localisations les plus fréquentes étaient les articulations de membres et le rachis. La prévalence des douleurs était de 44,5 % pour les articulations des membres et 29,6 % pour le dos. La prévalence des douleurs persistantes était de 19,4 % pour les articulations de membre, 12 % pour le dos et 10,4 % pour les membres (hors articulations). La prévalence des douleurs persistantes dans des articulations des membres et du rachis observées était particulièrement plus élevée chez les femmes par rapport aux hommes (tableau 9.III). En ce qui concerne la sévérité, une tendance non significative suggérait que les céphalées étaient plus sévères et les douleurs thoraciques et abdominales moins sévères. Les douleurs chroniques rachidiennes et articulaires étaient significativement plus sévères que les douleurs par crises.

Une revue récente sur les études épidémiologiques concernant les lombalgies chez les sujets âgés [6] a confirmé que les lombalgies constituaient un problème fréquent dans cette population, avec une prévalence de 13 à 49 % selon les études. Parmi les douze études analysées, deux concernaient les lombalgies chroniques, avec des prévalences entre 6,8 (douleur quotidienne pendant un an) et 23 % (douleur depuis plus de trois mois) [1, 18].

De même, de nombreuses études ont été consacrées aux douleurs articulaires chroniques [19, 21, 33, 34]. Ces études ont confirmé qu'elles représentent la première cause de douleur chronique chez le sujet âgé. Par exemple, une revue des études sur les douleurs du genou au Royaume-Uni [25] concluait que 25 % des sujets de plus de 55 ans ont des douleurs du genou chaque année, pour lesquelles un sur six ira consulter. La prévalence des douleurs arthrosiques handicapantes du genou est de 10 % après 55 ans.

Tableau 9.II Topographie des douleurs épisodiques et chroniques chez les sujets de plus de 65 ans en Gironde

Siège	Prévalence douleur (95 % IC)	Prévalence des douleurs persistantes (95 % IC)
Tête	5,1 % (3,5-6,7)	1,5 % (0,6-2,4)
Face	0,4 % (0-0,9)	0,0 %
Cou	11,6 % (9,2-14)	4,7 % (3,1-6,3)
Dos/lombes	29,6 % (26,2-33,0)	12,0 % (9,6-14-4)
Articulations des membres	44,5 % (40,8-48,2)	19,4 % (17,0-21,8)
Thorax	2,4 % (1,3-3,5)	0,7 % (0-3,6)
Abdomen	5,1 % (3,5-6,7)	1,9 % (1,3-2,5)
Membres sauf articulations	17,3 % (14,6-20,0)	10,4 % (8,2-12,6)

IC : intervalle de confiance.

Tableau 9.III Fréquence des douleurs épisodiques et chroniques articulaires périphériques et rachidiennes chez les sujets de plus de 65 ans en Gironde

Articulaires périphériques	Femmes (n = 446) : 48,9 %		Hommes (n = 295) : 38,0 %**	
	Épisodiques		Persistantes	
	Femmes	Hommes	Femmes	Hommes
68-74 ans (180 f, 132 h)	25,6 %	23,5 % ns	21,7 %	10,6 %**
75-84 ans (180 f, 134 h)	15,6 %	23,8 % ns	26,7 %	11,9 %**
> 84 ans (86 f, 29 h)	18,6 %	34,5 % ns	27,9 %	10,3 % ns
Total (446 f, 295 h)	20,2 %	24,7 % ns	24,9 %	11,2 %***
Rachialgies	Femmes (n = 446) : 31,8 %		Hommes (n = 295) : 26,1 %**	
	Femmes	Hommes	Femmes	Hommes
68-74 ans (180 f, 132 h)	21,1 %	15,2 % ns	11,1 %	5,3 % ns
75-84 ans (180 f, 134 h)	13,3 %	17,2 % ns	16,7 %	10,4 % ns
> 84 ans (86 f, 29 h)	10,5 %	20,7 % ns	17,4 %	10,3 % ns
Total (446 f, 295 h)	15,9 %	16,6 % ns	14,6 %	8,1 %**

chi² entre femmes et hommes : + p < 0,04; *p < 0,02; **p < 0,01; ***p < 0,001.
f : femmes; h : hommes; ns : non significatif.

Une étude sur un échantillon de femmes âgées handicapées a rapporté une prévalence de 23 % de douleurs arthrosiques affectant une main [17] durant au moins un mois.

La prévalence des céphalées est faible dans ces études. Peu d'études spécifiques leur ont été consacrées dans cette période de la vie. Une étude chinoise [31] a rapporté une fréquence de 3,9 %. Dans une étude de prévalence de la migraine en France, des taux inférieurs à 5 % ont été observés à cet âge [16].

Les douleurs post-zostériennes constituent un problème thérapeutique fréquent, spécifique au sujet âgé. Dans les études des antiviraux, 19 à 26 % des sujets étaient algiques à six mois [2]. L'importance des signes cutanés est corrélée à l'importance des signes sensitifs déficitaires et des douleurs séquellaires. D'autres douleurs neurologiques sont fréquemment rencontrées chez les sujets âgés mais de prévalence mal connue (douleurs post accident vasculaire cérébral, douleurs des neuropathies périphériques, etc.).

DOULEUR, AUTONOMIE ET DÉPRESSION

L'étude australienne [3] a mesuré la fréquence de la douleur interférant avec les activités de la vie quotidienne. La prévalence est maximale entre 55 et 59 ans pour les femmes (près de 20 %) et les hommes (proche de 17 %) mais reste très élevée chez les femmes de plus 80 ans (18 %). Elle dépasse à peine 10 % chez les hommes après 70 ans. En institution, il a été observé que les sujets anxieux et déprimés rapportaient plus de douleurs et des douleurs plus sévères que les autres [9]. Une étude qui a porté sur 228 consultants externes de deux services de gériatrie de Pittsburgh [32] a montré une corrélation entre maladie physique, douleur, handicap et dépression. La corrélation entre douleur et dépression était principalement due à la présence du handicap et non de la maladie physique. De même, la relation entre maladie physique et dépression semblait principalement due au handicap.

Dans l'étude en Iowa, une corrélation entre la sévérité de la douleur, qui était sévère dans 39 % des cas, et son influence sur les activités habituelles a été rapportée [23].

L'étude Paquid a permis d'observer les associations statistiques entre douleurs, symptômes dépressifs mesurés par l'échelle CESD et l'autonomie.

Parmi les douloureux, 13 % de sujets âgés contre 5 % des sujets non douloureux ont déclaré avoir un mauvais ou très mauvais état de santé. La quantité de symptômes dépressifs était significativement augmentée chez les douloureux et, en particulier, en cas de douleur persistante, tant chez les hommes que chez les femmes. La fréquence de ces symptômes dépressifs était maximale chez les femmes avec des douleurs articulaires persistantes (tableau 9.IV). Bien entendu, la signification de cette association ne peut être inférée de cette étude. Il est cependant intéressant de constater que ce sous-groupe ayant des douleurs articulaires persistantes était le plus handicapé. Ces résultats sont en accord avec des études non spécifiquement réalisées en population âgée [20].

Tableau 9.IV Proportion de sujets ayant un score significatif à l'échelle CESD chez les sujets de plus de 65 ans en Gironde (> seuil de 16 ou 20 pour les hommes et les femmes respectivement)

Femmes non douloureuses (107)	4,7 %
Femmes douleurs épisodiques (125)	2,4 %
Femmes douleurs persistantes (171)	18,1 %***
Hommes non douloureux (96)	7,3 %
Hommes douleurs épisodiques (113)	15,0 %*
Hommes douleurs persistantes (69)	14,5 %**

*p < 0,04; **p < 0,01; ***p < 0,001 (test chi^2).

L'autonomie pour les activités instrumentales de la vie quotidienne (IADL selon l'échelle de Lawton et Brody) et pour les tâches physiques de l'échelle de Rosow a été mesurée. Il n'a pas été observé de différence statistiquement significative entre les douloureux et les non douloureux pour les scores globaux d'IADL mais les performances des douloureux chroniques étaient plus faibles pour tous les items et étaient significativement plus mauvaises en cas de douleurs chroniques articulaires pour sortir faire leurs achats et prendre les transports publics. Cette dernière tâche était aussi perturbée pour les lombalgiques chroniques. Une analyse de régression logistique a montré qu'une perte significative d'autonomie (limitation/aucune limitation à n'importe quel score d'IADL) était associée à deux variables indépendantes : existence d'une douleur articulaire persistante ($p < 0,004$) et symptômes dépressifs ($p < 0,005$) mais pas à la sévérité des algies rachidiennes. L'autonomie pour les tâches de l'échelle de Rosow (travail pénible, marche, escaliers) était significativement diminuée en cas de douleurs chroniques et, en particulier, articulaires et lombaires. Les douleurs articulaires persistantes étaient les seules douleurs responsables d'un confinement accru au domicile.

Cette étude a donc permis de montrer la fréquente association de la dépression et de la perte d'autonomie chez les sujets âgés ayant des douleurs articulaires persistantes, sous-groupe dont nous avons vu la grande fréquence. Des actions de santé publique visant cette population paraissent indispensables.

CONCLUSION

Bien qu'imparfaites, ces études épidémiologiques ont permis de montrer la grande fréquence des douleurs chez les sujets âgés et, parmi elles, des douleurs chroniques. Celles-ci sont dominées par les douleurs articulaires chroniques, sources de handicap et fréquemment associées à une comorbidité et à la dépression. La prise en charge de ces douleurs est insuffisante, en particulier, le recours à une pharmacopée adaptée est limité, ces patients recevant plus volontiers des tranquillisants que des antalgiques ou des anti-inflammatoires. Dans l'échantillon de Paquid, 32 % des sujets ayant des douleurs chroniques recevaient des benzodiazépines contre 22 % des sujets non douloureux et respectivement 12 %, 4 % et 12 % des douloureux chroniques recevaient du paracétamol, des opiacés mineurs ou d'autres antalgiques. Une prise de conscience de ce problème de santé publique par le corps médical est nécessaire.

Références bibliographiques

[1] ANDERSSON H.I., EJLERTSSON G., LEDEIN I. et coll. Chronic pain in a geographically defined general population : Studies of differences in age, gender, social class and pain localization. *Clin J Pain* 1993; **9** : 174-82.

[2] BEUTNER K.R., FRIEDMAN D.J., FORSZPANIAK C. et coll. Valaciclovir compared with acyclovir for improved therapy for herpes zoster in immunocompetent adults. *Antimicrob Agents Chemother* 1995; **39** : 1546-53.

[3] BLYTH F.M., MARCH L.M., BRNABIC A.J.M. et coll. Chronic pain in Australia : a prevalence study. *Pain* 2001; **89** : 127-34.

[4] BRATTBERG G., PARKER M.G., THORSLUND M. The prevalence of pain among the oldest old in Sweden. *Pain* 1996; **67** : 29-34.

[5] BRATTBERG G., THORSLUND M., WIKMAN A. The prevalence of pain in a general population. The results of a postal survey in a county of Sweden. *Pain* 1989; **37** : 215-22.

[6] BRESSLER H.B., KEYES W.J., ROCHON P.A. et coll. The prevalence of low back pain in the elderly. A systematic review of the literature. *Spine* 1999; **24** : 1813-9.

[7] BROCHET B., DARTIGUES J.F., MICHEL P., BARBERGER-GATEAU P., HENRY P. AND PAQUID STUDY GROUP. Pain in elderly : an epidemiological study in south-western France. *Pain Clin* 1991; **5** : 73-9.

[8] BROCHET B., MICHEL P., BARBERGER-GATEAU P., DARTIGUES J.F. Population-based study of pain in elderly people : a descriptive survey. *Age Ageing* 1998; **27** : 279-84.

[9] CASTEN R.J., PARMELEE P.A., KLEBAN M.H. et coll. The relationships among anxiety, depression, and pain in a geriatric institutionalized sample. *Pain* 1995; **61** : 271-6.

[10] CROOK J., RIDEOUT E., BROWNE G. The prevalence of pain in a general population. *Pain* 1984; **18** : 299-314.

[11] DARTIGUES J.F., GAGNON M., BARBERGER-GATEAU P. et coll. The Paquid epidemiological program on brain ageing. *Neuroepidemiol* 1992; **11** (1) : 14-8.

[12] DESBIENS N. A, MUELLER-RIZNER N., CONNORS A.F. et coll. Pain in the oldest-old during hospitalization and up to one year later. *J Am Geriatr Soc* 1997; **45** : 1167-72.

[13] ELIOTT A.M., SMITH B.H., PENNY K.I. et coll. The epidemiology of chronic pain in the community. *Lancet* 1999; **354** : 1248-52.

[14] FERRELL B.A., FERRELL B.R., OSTERWEIL D. Pain in the nursing home. *J Am Geriatr Soc* 1990; **38** : 409-14.

[15] FOX P.L., RAINA P., JADAD A.R. Prevalence and treatment of pain in older adults in nursing homes and other long-term care institutions : a systematic review. *CMAJ* 1999; **160** : 329-33.

[16] HENRY P., MICHEL P., BROCHET B. et coll. A nationwide survey of migraine in France : prevalence and clinical features in adults. *Cephalalgia* 1992; **12** : 229-37.

[17] HIRSCH R., GURALNIK J.M., LING S.M. et coll. The patterns and prevalence of hand osteoarthritis in a population of disabled older women : the women's health and aging study. *Osteoarthr Cartil* 2000; **8** (A) : S16-21.

[18] ISACSSON A., HANSON B.S., RANSTAM J. et coll. Social network, social support and the prevalence of neck and low back pain after retirement. *Scand J Soc Med* 1995; **23** : 17-22.

[19] MC ALINDON T.E., COOPER C., KIRWAN J.R., DIEPPE P.A. Knee pain and disability in the community. *Brit J Rheumatol* 1992; **31** : 189-92.

[20] MAGNI G., CALDIERON C., RIGATTI-LUCHINI S., MERSKEY H. Chronic musculoskeletal pain and depressive symptoms in the general population. An analysis of the 1st national health and nutrition examination survey data. *Pain* 1990; **43** : 299-307.

[21] MAGNI G., MARCHETTI M., MORESCHI C., MERSKEY H., RIGATTI-LUCHINI S. Chronic musculoskeletal pain and depressive symptoms in the national health and nutrition examination. I. Epidemiologic follow-up study. *Pain* 1993; **53** : 163-8.

[22] MÄNTYSELKÄ P., KUMPUSALO E., AHONEN R. et coll. Pain as a reason to visit doctor : a study in Finnish primary health care. *Pain* 2001; **89** : 175-80.

[23] MOBILY P.R., HERR K.A., CLARK M.K. et coll. An epidemiological analysis of pain in the elderly : the Iowa 65 + rural health study. *J Aging Health* 1994; **6** : 139-54.

[24] MOSS M.S., LAWTON M.P., GLICKSMAN A. The role of pain in the last year of life in older persons. *J Gerontol* 1991; **46** : 51-7.

[25] PEAT G., MCCARNEY R., CROFT P. Knee pain and osteoarthritis in older adults : a review of community burden and current use of primary health care. *Ann Rheum Dis* 2001; **60** : 91-7.

[26] ROY R., THOMAS M. A survey of chronic pain in an elderly population. *Can Fam Physician* 1986; **32** : 513-6.

[27] ROY R., THOMAS M.R. Elderly persons with and without pain : A comparative study. *Clin J Pain* 1987; **3** : 102-6.

[28] STERNBACH R.A. Survey of pain in the United States : The nuprin pain report. *Clin J Pain* 1986; **2** : 49-53.

[29] TOLLE S.W., TILDEN V.P., HICKMAN S.E., ROSENFELD A.G. Family reports of pain in dying hospitalized patients : a structured telephone survey. *West J Med* 2000; **172** : 374-7.

[30] VON KORFF M., DWORKIN S.F., LE RESCHE L., KRUGER A. An epidemiologic comparison of pain complaints. *Pain* 1988; **32** : 173-83.

[31] WANG S.J., FUH J.L., LU S.R. et coll. Chronic daily headache in Chinese elderly. *Neurology* 2000; **54** : 314-9.

[32] WILLIAMSON G.M., SCHULZ R. Pain, activity restriction and symptoms of depression among community-residing elderly adults. *J Gerontol* 1992; **47** : 367-72.

[33] WOO J., HO S.C., LAU J., LEUNG P.C. Musculoskeletal complaints and associated consequences in lederly chinese aged 70 years and over. *J Rheumatol* 1994; **21** : 1927-31.

[34] YELIN E.H., KATZ P.P. Transitions in health status among community-dwelling elderly people with arthritis. *Arthritis Rheum* 1990; **33** : 1205-15.

10 Situations potentiellement douloureuses en gériatrie

Douleurs ostéo-articulaires du sujet âgé

S. Perrot

Les douleurs du sujet âgé sont fréquentes et parmi celles-ci la part des douleurs ostéo-articulaires est grande puisque l'on estime que ces douleurs rhumatologiques représentent la cause la plus fréquente de douleurs chez le sujet âgé (plus de 50 % des causes de douleur). La douleur ostéo-articulaire représentée par l'arthrose des membres ou du rachis est la première cause de douleurs du sujet âgé, devant les rhumatismes inflammatoires et les neuropathies, en particulier les neuropathies post-zostériennes, ou les douleurs viscérales, notamment abdominales. Les douleurs ostéo-articulaires sont un des facteurs importants de morbidité chez les sujets âgés. On a tendance à les regrouper le plus souvent sous la dénomination commune de « douleurs arthrosiques » considérées comme banales, alors que derrière ces symptômes peuvent se cacher un grand nombre de pathologies plus ou moins graves, pouvant aller jusqu'à mettre en jeu le pronostic vital. On a l'habitude en rhumatologie de séparer, schématiquement, les douleurs d'origine inflammatoire et celles d'origine mécanique. La douleur mécanique sera classiquement exacerbée par le mouvement et calmée par le repos mais, chez le sujet âgé, elle peut se réveiller la nuit, lors des mouvements, nécessiter aussi un certain dérouillage matinal et s'accompagner d'une relative amélioration à la mobilisation douce. Les douleurs inflammatoires, souvent typiques chez les sujets plus jeunes, sont ici moins franches et sont difficiles à différencier : ces douleurs sont aggravées par les mouvements, comme les douleurs mécaniques, et les signes inflammatoires locaux ne sont pas toujours visibles chez ces patients porteurs de multiples pathologies, notamment vasculaires ou neurologiques.

DOULEURS DE L'ARTHROSE

Les douleurs de l'arthrose sont les plus fréquentes et se manifestent le plus souvent par des douleurs mécaniques des membres inférieurs, gênant la marche et la mobilisation. Le handicap qui en résulte est important et la prise en charge de ces douleurs vise autant à les atténuer qu'à limiter les conséquences fonctionnelles délétères. Les douleurs arthrosiques sont souvent méprisées, voire intégrées dans la vie des sujets âgés : c'est normal de souffrir de son arthrose après 65 ans ! En fait, si l'on ne sait pas soigner l'arthrose, qui est une véritable maladie du cartilage et non une usure liée à l'âge, on sait soulager les douleurs de l'arthrose. Il faut souligner ici qu'il n'existe aucun parallélisme entre l'intensité des douleurs de l'arthrose et le degré de lésion ostéo-articulaire observé sur l'imagerie ou lors d'une intervention chirurgicale prothétique. Une arthrose modérée peut faire souffrir de façon importante, parfois presque permanente, tandis qu'une arthrose très évoluée pourra devenir indolente, alors même que les clichés radiographiques pousseraient à une intervention chirurgicale rapide. Il faut donc dissocier la douleur de la notion d'usure et de dégradation cartilagineuse, ainsi que de la notion de vieillissement : vieillir, ce n'est pas forcément souffrir d'arthrose.
Les douleurs arthrosiques peuvent également toucher les membres supérieurs, notamment le pouce (rhizarthrose), les doigts (interphalangiennes distales) ou l'épaule. Les douleurs de rhizarthrose sont parfois très invalidantes et peuvent gêner les gestes de la vie courante, alors que les douleurs des interphalangiennes distales sont fugaces, contemporaines d'une poussée inflammatoire et régressent rapidement. Les douleurs d'épaule, lors de lésions dégénératives de la coiffe des rotateurs de l'épaule sont parfois extrêmement intenses et permanentes, gênant le

sommeil et la plupart des activités, et pouvant générer des états dépressifs.

Dans certains cas, l'arthrose peut être extrêmement douloureuse et entraîner brutalement une impotence fonctionnelle majeure; il faut penser à une forme destructrice rapide d'arthrose : c'est la coxarthrose destructrice rapide ou la gonarthrose destructrice rapide.

DOULEURS D'ORIGINE INFLAMMATOIRE

Il faudra évoquer une douleur d'origine inflammatoire lorsque la douleur est d'apparition récente ou lors d'une aggravation brutale d'une douleur mécanique avec modification des caractéristiques cliniques de la douleur habituelle. Le caractère inflammatoire de la lésion sera parfois confirmé par la présence d'un décalage thermique, d'un amaigrissement, d'une fatigue inhabituelle. Les causes les plus fréquentes sont les rhumatismes micro-cristallins, très douloureux, avec des accès aigus. La chondrocalcinose a une fréquence qui augmente avec l'âge; la goutte est moins fréquente, plus souvent masculine et révélée plus tôt, en général vers 50 ans. La chondrocalcinose est caractérisée par la présence de dépôts de cristaux de pyrophosphate de calcium dans les articulations. Elle peut se révéler par des arthrites aiguës, des poussées subaiguës ou une polyarthrite chronique. Dans certains cas, elle peut prendre le masque de poussées d'arthrose. Le rhumatisme à apatite est caractérisé par un dépôt extra- et intra-articulaire d'hydroxyapatite dans les articulations et les ligaments. Il se manifeste par des poussées aiguës de tendinite, pouvant aller jusqu'à la rupture tendineuse et des épisodes d'arthrite.

Les rhumatismes inflammatoires peuvent aussi débuter chez le sujet âgé : on décrit le plus fréquemment la polyarthrite rhumatoïde, la maladie de Horton et la pseudo-polyarthrite rhizomélique. La polyarthrite rhumatoïde du sujet âgé est souvent moins agressive et moins destructrice que chez les sujets plus jeunes. On observe en revanche souvent des œdèmes, pouvant aller jusqu'au tableau de syndrome RS3PE (*Remitting Seronegative Symetrical Synovitis with Pitting Edema*) typique chez le sujet âgé. Les spondylarthropathies débutent rarement après 50 ans mais peuvent s'aggraver ou se révéler par des douleurs rachidiennes intenses, d'horaire inflammatoire. Il faut également se méfier des syndromes paranéoplasiques ostéo-articulaires qui ne sont pas rares à cet âge et qui peuvent être le mode de révélation d'un cancer viscéral. Les fasciites plantaires peuvent ainsi révéler des cancers pelviens, en particulier de la vessie. L'ostéoarthropathie hypertrophiante pneumique de Pierre Marie, qui peut prendre le masque de poussées d'arthrose digitale, est en fait le mode de révélation d'un cancer pulmonaire. Les connectivites ou maladies systémiques sont plus rares après 60 ans mais l'on décrit des lupus du sujet âgé, des dermatopolymyosites. Les dermatopolymyosites doivent aussi faire rechercher un cancer car elles accompagnent celui-ci dans 70 % des cas rencontrés chez les sujets âgés.

DOULEURS OSSEUSES

Les douleurs osseuses sont fréquentes chez le sujet âgé, dominées par les fractures ostéoporotiques et les douleurs liées à la maladie osseuse de Paget. Ces douleurs sont souvent sous-estimées car on considère que l'ostéoporose ne fait pas mal en dehors des épisodes de fractures osseuses ou de tassement vertébral. Mais, les douleurs chroniques persistantes après tassement vertébral ostéoporotique sont souvent importantes et très handicapantes, pouvant perdurer des années. La maladie de Paget osseuse est souvent asymptomatique mais les formes douloureuses doivent être dépistées car elles sont facilement curables. Les fissures de fatigue, en particulier chez les patients très âgés ou traités par corticoïdes pour maladie inflammatoire, peuvent être dépistées avec un retard important. Dans tous les cas, les lésions osseuses secondaires doivent bien sûr être évoquées devant des douleurs osseuses, qu'elles soient de rythme inflammatoire ou mécanique. Dans ce cas, la scintigraphie et l'imagerie par résonance magnétique (IRM) permettent de dépister l'origine de ces douleurs.

L'algodystrophie du sujet âgé existe et ne comporte pas de caractéristiques particulières. Elle peut faire suite à un traumatisme mais, ici, les facteurs iatrogènes (médicaments) ou métaboliques doivent être particulièrement recherchés. L'ostéonécrose de hanche ou du genou doit être évoquée devant des signes d'atteinte mécanique locale.

DOULEURS INTRIQUÉES

Chez le sujet âgé, les douleurs de mécanisme divers s'intriquent souvent : les douleurs du zona peuvent mimer des douleurs rachidiennes, voire une douleur de tassement vertébral; des douleurs des membres inférieurs avec œdème peuvent être d'origine vasculaire ou être liées à des atteintes de la maladie de Paget ou des fissures de fatigue, etc.

À cet âge, il est fréquent que des douleurs soient l'expression d'éléments dépressifs, favorisés par des deuils de proches ou d'amis, aggravés par la solitude, l'isolement, le handicap ou même des difficultés financières. La douleur est encore plus que chez les sujets plus jeunes un facteur d'isolement, de repli sur soi et de perte d'autonomie. Il importe donc d'analyser conjointement à la douleur la perte d'autonomie qui en résulte ainsi que les troubles du sommeil ou de l'appétit. La fibromyalgie semble exceptionnelle chez le sujet âgé mais sa reconnaissance plus facile permet d'identifier de plus en plus de cas à des âges élevés.

PIÈGES DE LA DOULEUR OSTÉO-ARTICULAIRE CHEZ LE SUJET ÂGÉ

Les pièges et difficultés diagnostiques sont très fréquents chez le sujet âgé, souvent polypathologique. Les démences peuvent parfois prendre le masque d'états douloureux aigus résistants à toute approche thérapeutique. Par ailleurs, tout changement de comportement, spontané ou survenant pendant un soin, chez une personne ayant des troubles de la communication verbale, doit faire évoquer la possibilité d'un état douloureux et le faire rechercher. Les douleurs projetées et/ou masquées doivent être dépistées : infarctus silencieux, problèmes digestifs, sigmoïdites, ulcères, etc. révélés par exemple par des douleurs rachidiennes, pelviennes ou de hanche.

PARTICULARITÉS DE LA PRISE EN CHARGE DES DOULEURS OSTÉO-ARTICULAIRES DU SUJET ÂGÉ : TRAITEMENTS LOCAUX ET PRÉSERVATION DE L'AUTONOMIE

La prise en charge médicamenteuse étant traitée par ailleurs, nous abordons ici les seules particularités de la prise en charge des douleurs ostéo-articulaires du sujet âgé. Les gestes locaux sont très utilisés et permettent d'éviter les thérapeutiques par voie générale : infiltrations intra-articulaires, articulaires postérieures, épidurales (lombosciatiques), costo-transversaires, foraminales, voire intradiscales (hernies discales) ou intrathécales (canaux lombaires étroits). Il faut malgré tout se méfier des décompensations de diabète et d'hypertension dans les suites d'une infiltration de dérivés corticoïdes. Une hospitalisation pour surveillance peut parfois être nécessaire chez les sujets à risque.

S'il est plus facile de traiter et d'évaluer un patient à l'hôpital ou en institution, il paraît malgré tout préférable d'envisager une prise en charge ambulatoire et à domicile. Des structures d'hospitalisation à domicile (HAD) devraient être formées à la douleur, son évaluation et sa prise en charge. Les échelles d'évaluation restent encore trop peu utilisées par les structures d'HAD. Un des éléments essentiels du traitement est la réactivation physique mais aussi psychique de ces patients qui ont tendance à réduire leurs activités du fait des douleurs et de leurs problèmes personnels. La rééducation de la marche, les exercices de mobilisation douce active du rachis, les contractions isométriques des membres, la musculation abdominale sous la surveillance d'un kinésithérapeute sont des éléments fondamentaux à surveiller et évaluer, au même titre que l'efficacité d'un médicament.

Les manipulations vertébrales sont à proscrire car il existe un risque de fracture osseuse chez ces patients ostéoporotiques. Les orthèses de contention (corsets) sont parfois utiles à la phase aiguë de certaines douleurs vertébrales ou dans des scolioses évoluées. Malgré tout, ces corsets sont souvent mal supportés, parfois à l'origine de douleurs positionnelles inguinales, en particulier chez les sujets obèses, et il ne faut pas être un partisan aveugle et obstiné de ces techniques souvent onéreuses, ressenties par les patients comme un carcan étouffant supplémentaire. Une ceinture lombaire souple pour les transports et les périodes d'activité est souvent suffisante. Le port d'une canne (du côté non douloureux), avec un apprentissage, est aussi utile que la prescription d'antalgiques.

Chez certains patients encore assez valides, sans pathologie coronarienne évolutive, on peut recommander la pratique de sports (club du troisième âge) comme le yoga, la natation, le taï chi ou la gymnastique douce. Les cures thermales ont montré leur efficacité à trois mois dans l'arthrose des membres inférieurs et ont un rôle utile de réactivation physique mais aussi psychique. Enfin, une adaptation du domicile des patients peut être parfois nécessaire en collaboration avec un ergothérapeute pour permettre la réalisation de gestes simples de la vie courante (se déplacer, se nourrir, se laver, s'habiller, etc.).

Chez le sujet âgé, comme en pédiatrie, le rôle de l'entourage est fondamental, médiateur de la douleur au quotidien. C'est l'entourage qui va favoriser l'observance thérapeutique, recueillir la plainte du patient et apprécier le retentissement sur la vie de tous les jours. L'absence d'entourage est bien sûr un élément péjoratif de morbidité.

CONCLUSION

La prise en charge des patients âgés douloureux chroniques en rhumatologie nécessite une évaluation précise de la douleur mais aussi de la vie et de l'entourage de ces patients. Le but de la prise en charge est de soulager les douleurs chroniques et les poussées aiguës fréquentes mais aussi de permettre à ces patients de garder l'autonomie la plus grande et le plus longtemps possible. La prescription médicamenteuse devra donc être adaptée aux périodes d'activité en évitant des traitements trop agressifs qui restreindraient l'activité de ces patients. Elle doit s'intégrer dans une approche globale : toute personne âgée douloureuse a droit à une prise en charge de sa douleur au même titre que tout patient, les principes fondamentaux de celle-ci restant les mêmes, à condition de respecter les modifications pharmacologiques liées à l'âge.

Pour en savoir plus...

AGUDELO C.A., WISE C.M. Crystal-associated arthritis in the elderly. *Rheum Dis Clin North Am* 2000; **26** : 517-26.

BRESSLER H.B., KEYES W.J., ROCHON P.A., BADLEY E. The prevalence of low back pain in the elderly. A systematic review of the literature. *Spine* 1999; **24** : 1813-9.

DOWNE-WAMBOLDT B.L., MELANSON P.M. Emotions, coping, and psychological well-being in elderly people with arthritis. *West J Nurs Res* 1995; **17** : 250-65.

EDMOND S.L., FELSON D.T. Prevalence of back symptoms in elders. *J Rheumatol* 2000; **27** : 220-5.

LELAND J.Y. Chronic pain : primary care treatment of the older patient. *Geriatrics* 1999; **54 :** 33-7.

LAIHO K., TUOMILEHTO J., TILVIS R. Prevalence of rheumatoid arthritis and musculoskeletal diseases in the elderly population. *Rheumatol Int* 2001; **20** : 85-7.

MEJJAD O., VITTECOQ O. Traitement de l'arthrose des patients âgés. *Presse Med* 2000; **29** : 2157-61.

ROY R., THOMAS M.R. Elderly persons with and without pain : a comparative study. *Clin J Pain* 1987 : 102-6.

YAZICI Y., PAGET S.A. Elderly-onset rheumatoid arthritis. *Rheum Dis Clin North Am* 2000; **26** (3) : 527-46.

En neurologie

M. Desi

Les douleurs « neurogènes » sont le plus souvent chroniques, très invalidantes. Elles sont particulièrement difficiles à traiter, par des moyens différents de ceux utilisés dans les douleurs par excès de nociception. Leur fréquence en gériatrie est très mal connue, en l'absence d'études épidémiologiques suffisantes, mais elle est certainement plus élevée que chez le sujet jeune, d'autant que leurs principales étiologies affectent surtout le sujet âgé. Leur diagnostic est probablement souvent méconnu et leur évaluation insuffisante dans ces tranches d'âge. Pour les identifier et donc essayer de les soulager, il importe de connaître la sémiologie particulière de ces douleurs, liées à des mécanismes complexes, en rapport avec la déafférentation et les modifications structurelles du système nerveux qu'elle implique. Contrairement aux douleurs par excès de nociception survenant sur un système nerveux intact, les douleurs neurogènes surviennent en l'absence de stimulations nociceptives et résultent, pour les douleurs dites « neuropathiques » de lésions du système nerveux périphérique (SNP), et pour les douleurs dites « centrales » du système nerveux central (SNC).

Il faut cependant souligner que certaines douleurs neurologiques sont des douleurs aiguës récurrentes pouvant relever de mécanismes par excès de nociception (certaines douleurs radiculaires par exemple) ou en rapport avec l'intrication de mécanismes de déafférentation et d'excès de nociception (dans certaines douleurs cancéreuses en particulier). Enfin, certaines pathologies neurologiques sont dominées par des douleurs (céphalées et algies faciales) ou génératrices de douleurs, du fait de l'immobilisation notamment.

Dans le cadre de ce chapitre, après un bref rappel des quelques données épidémiologiques, nous exposerons succinctement les mécanismes invoqués pour les douleurs neurogènes qui conditionnent certains aspects sémiologiques et les orientations pharmacologiques. L'approche diagnostique et l'évaluation de ces douleurs, difficiles dans cette tranche d'age compte tenu des problèmes de communication et des intrications avec la démence et la dépression, seront ensuite abordées avant d'envisager les principales étiologies des douleurs neurogènes et des situations douloureuses en neurologie. Enfin, nous dégagerons les principes des orientations thérapeutiques.

DONNÉES ÉPIDÉMIOLOGIQUES

Les données épidémiologiques concernant la fréquence des douleurs neurogènes chroniques chez les sujets âgés sont très fragmentaires, obtenues le plus souvent à partir de sous-groupes concernant l'adulte en général. Des quelques études plus spécifiquement consacrées à la douleur chronique du sujet âgé, des conclusions sont difficiles à dégager [5]. La disparité des modalités de recrutement (population générale ou en institution, consultants ambulatoires en médecine générale, en centre gériatrique ou en centre-douleur, etc.) fournit logiquement des données très variables. Par ailleurs, une épidémiologie fiable suppose que la détection et l'évaluation de la douleur chez des sujets âgés soient elles-mêmes fiables, ce qui est en réalité très difficile du fait de l'association ou de l'intrication avec la dépression ou la démence : expression de la douleur sous forme de thématique dépressive ou au contraire de la dépression sous forme de plainte douloureuse, expression confusionnelle de la douleur chez les sujets détériorés, etc. Enfin, la fréquence des mécanismes et des pathologies génératrices de douleurs dans cette tranche d'âge est très rarement précisée dans les études qui, le plus souvent, ne distinguent pas douleur aiguë ou chronique, douleur nociceptive ou neurogène et se focalisent plutôt sur les localisations douloureuses sur le corps.

Malgré toutes ces réserves, on peut conclure à la grande prévalence de la douleur (aiguë ou chronique, quelle qu'en soit la cause) chez le sujet âgé : 70 à 80 % des cas dans la plupart des enquêtes [4, 6, 10, 11]. Dans au moins 1/3 des cas, il s'agirait de douleur chronique [1]. Quant à la prévalence de la douleur neurogène, nous citerons quelques données tirées de trois études sur des populations âgées : 11 % de douleurs neuropathiques en institution, 20 % de névralgie post-zostérienne [6] en consultation douleur ambulatoire, 56 % de douleurs neurologiques dans un sous-groupe de patients douloureux chroniques ambulatoires âgés de plus de 60 ans, ce qui est bien supérieur aux 26 % du sous-groupe de moins de 60 ans [3].

HYPOTHÈSES PHYSIOPATHOLOGIQUES

Les différents types de douleurs neurogènes spontanées et provoquées sont la conséquence de la déafférentation partielle ou totale et dépendent de mécanismes multiples, complexes, probablement intriqués, qui restent à préciser; leur individualisation se justifie par les perspectives thérapeutiques qu'elle permet de dégager.

Sur la base de données expérimentales chez l'animal, électrophysiologiques, anatomo-pathologiques et cliniques chez l'homme, il semble actuellement admis que les *mécanismes physiopathologiques des douleurs neuropathiques* soient à la fois périphériques et centraux.

Les mécanismes périphériques des douleurs neuropathiques sont surtout en rapport avec des foyers d'hyperactivité sur les fibres nerveuses lésées, sources de messages douloureux anormaux. Les douleurs spontanées seraient en rapport avec l'apparition spontanée d'activités électriques anormales, au niveau des repousses nerveuses des fibres amyéliniques dans les neuropathies avec régénération, ou ectopiques, à distance des terminaisons des fibres nerveuses. Quant aux douleurs provoquées (allodynie et/ou hyperalgésie), elles seraient en relation avec l'existence d'éphapses (c'est-à-dire de connexions anormales entre fibres nerveuses nociceptives et non nociceptives) ou avec des modifications au niveau des nocicepteurs : sensibilisation des nocicepteurs périphériques ou expression de nocicepteurs normalement silencieux.

Les mécanismes centraux des douleurs neuropathiques sont essentiellement liés à des altérations des contrôles physiologiques segmentaires médullaires et suprasegmentaires filtrant les messages nociceptifs, à savoir :

- perte de l'inhibition segmentaire normalement exercée au niveau médullaire par la stimulation des grosses fibres véhiculant les messages non nociceptifs, altérée par l'atteinte des grosses fibres au cours de certaines neuropathies;
- phénomènes de sensibilisation des neurones de la corne dorsale de la moelle secondaires à l'hyperactivité des fibres C amyéliniques véhiculant les messages nociceptifs, liée aux mécanismes périphériques mentionnés ci-dessus.

Quant aux *mécanismes des douleurs centrales*, ils sont encore moins bien connus en l'absence de données expérimentales et,

plus encore, de données objectives chez l'homme. On invoque des phénomènes de sensibilisation supraspinaux induits par la déafférentation.
Ces différents mécanismes des douleurs neurogènes expliquent la place des principales classes pharmacologiques dans la prise en charge de ces douleurs : inhibiteurs de l'activité neuronale (anticonvulsivants) pour diminuer les activités neuronales anormales et les phénomènes liés à la sensibilisation centrale, antidépresseurs renforçant les inhibitions supraspinales.

SÉMIOLOGIE, ÉVALUATION ET APPROCHE DIAGNOSTIQUE

Quel que soit le site et l'étiologie de la lésion, la sémiologie des douleurs neurologiques, liée à une altération de la perception normale des stimulations nociceptives, est riche et protéiforme.
Les douleurs sont souvent associées à des perceptions sensitives anormales (dysesthésies) : fourmillements, picotements, engourdissements non douloureux difficiles à décrire mais toujours à tonalité désagréable et obsédante.
Sur ce fond de dysesthésies se surajoutent les douleurs neurogènes spontanées (continues ou paroxystiques) et provoquées, localisées aux territoires déafférentés et les débordant souvent.
Les douleurs *continues* sont difficiles à définir par le patient. Elles sont décrites habituellement sous la forme d'une brûlure, d'une sensation de broiement, d'arrachement, de striction profonde, variable dans le temps.
Les douleurs *paroxystiques, spontanées* ou *provoquées*, sont décrites comme des décharges électriques, des éclairs ou des coups de poignard survenant par salves, de fréquence variable, séparées par des intervalles libres plus ou moins longs.
Les douleurs *provoquées* peuvent être extrêmement invalidantes, des stimulations tactiles très légères (effleurement cutané par un vêtement, le vent, le froid, etc.) déclenchant, parfois au niveau d'une zone gâchette, des algies intenses et prolongées. Cette réponse douloureuse à des stimulations mécaniques ou thermiques non nociceptives définit le terme d'« allodynie », le terme d'« hyperalgésie » recouvrant l'intensité excessive de la douleur déclenchée par des stimulations normalement à peine nociceptives. L'« hyperesthésie » englobe allodynie et hyperalgésie. Enfin, le terme d'« hyperpathie » désigne les sensations hyperalgiques

déclenchées, de façon parfois retardée de quelques secondes, par une stimulation pouvant être minime. Ces sensations sont particulièrement pénibles du fait de leur amplification à la fois dans le temps (persistantes pendant plusieurs minutes, voire quelques heures après la stimulation) et dans l'espace (dépassant largement le champ stimulé). L'hyperpathie s'observe surtout au décours des lésions du SNC (médullaires ou cérébrales), au niveau d'un territoire hypoesthésique ou anesthésique.

Malgré ces caractéristiques sémiologiques, les douleurs neurogènes sont difficiles à reconnaître, évaluer et localiser chez les sujets âgés lorsqu'ils ont des difficultés cognitives ou linguistiques. C'est alors surtout sur le comportement et le retentissement psychosocial que l'intensité (voire la topographie) de la douleur sera évaluée. Les comportements d'évitement, les positions antalgiques ou les mimiques au moindre attouchement de la zone douloureuse lors des soins ou des gestes de la vie quotidienne, l'agitation ou, au contraire, la prostration, sont des éléments importants d'orientation. Le retentissement somatique (anorexie, trouble du sommeil, confusion, etc.), psychique (thématique dépressive) et la perte d'autonomie sont, bien plus que la pratique de l'échelle visuelle analogique (EVA), des indicateurs d'intensité douloureuse. Ils sont souvent difficiles à différencier des conséquences d'une authentique dépression ou d'une détérioration intellectuelle intriquées aux phénomènes douloureux. Comme dans l'approche de toute douleur chronique, une évaluation des composantes psychologiques, sociales, familiales mais aussi cognitives et comportementales susceptibles d'interférer avec le vécu de la douleur fait partie de l'approche clinique.

Le diagnostic du mécanisme neurogène de douleurs repose sur les caractéristiques sémiologiques énoncées ci-dessus mais aussi sur les circonstances étiologiques et les données de l'examen neurologique. Dans le cadre d'une pathologie neurologique souvent connue, mais parfois de façon retardée par rapport à l'installation de la lésion, ces douleurs, sans horaire mécanique ni inflammatoire, ont une topographie neurologique (disposition tronculaire, radiculaire, médullaire ou encéphalique) et s'associent à des signes objectifs d'examen : déficits moteurs, sensitifs (hypo- ou anesthésie dans le territoire douloureux) et anomalies des réflexes.

PRINCIPALES ÉTIOLOGIES

Les étiologies des douleurs neurologiques sont multiples et, pour la plupart, représentent des pathologies séquellaires ou évolutives affectant surtout le sujet âgé.

Parmi les *atteintes du nerf périphérique*, on envisagera les étiologies les plus fréquentes où les douleurs sont au premier plan.

Le *diabète* [12], quel qu'en soit le type, est une des causes principales de neuropathies périphériques. Ces neuropathies diabétiques, dont la prévalence augmente avec la sévérité et la durée du diabète, sont douloureuses dans environ 30 % des cas. Leur présentation est multiple et leurs mécanismes complexes. Il s'agit le plus souvent de polyneuropathies sensitives distales longueur dépendante, à début progressif, asymptomatiques ou symptomatiques sous forme de douleurs neuropathiques avec hyperalgésie à la marche avec des signes objectifs polynévritiques et, souvent, une hypotension orthostatique. L'équilibration du diabète améliore les douleurs. Plus rarement, il s'agira de névralgies thoraco-abdominales ou d'une cruralgie uni- ou bilatérale intense, parfois associée à une amyotrophie et un déficit proximal des cuisses, le plus souvent régressive en quelques mois, mais invalidante et affectant surtout le sujet âgé.

Les étiologies des *polynévrites toxiques* ou *carentielles* sensitives douloureuses, dans cette tranche d'âge, sont représentées surtout par les causes médicamenteuses (chimiothérapies aux sels de platine, tamoxifène, vincristine mais aussi almitrine). La polynévrite alcoolique est douloureuse dans 25 % des cas, avec des crampes et des brûlures surtout nocturnes. Dans cette polynévrite, on observe parfois une composante causalgique ou sympathique.

Au cours de l'évolution des *pathologies malignes*, des douleurs neuropathiques sont très fréquentes, rarement révélatrices mais presque constantes dans l'évolution, souvent intriquées avec des douleurs par excès de nociception. Elles sont :

- en rapport direct avec la maladie maligne : infiltrations par des cellules néoplasiques des troncs nerveux, des racines ou des plexus, ou compressions des structures nerveuses (racines, plexus ou troncs nerveux) par des masses tumorales, comme par exemple l'atteinte du plexus cervical inférieur du

cancer de l'apex pulmonaire ou les compressions du plexus lombaire par une masse pelvienne;
- en rapport avec les traitements : plexite postradique, lésions nerveuses postchirurgicales ou neuropathie douloureuse postchimiothérapie.

Ces douleurs neurogènes au cours du cancer posent le problème du diagnostic entre complications des traitements et complications de la maladie. Toute modification de la sémiologie des douleurs, de leur intensité ou de leur topographie dans l'évolution de séquelles douloureuses du traitement d'un cancer doit faire rechercher une évolutivité de la maladie.

Parmi les *neuropathies infectieuses*, on ne fera que citer les neuropathies douloureuses au cours de l'infection par le virus de l'immunodéficience humaine (VIH), pour insister sur la *névralgie post-zostérienne* [3] persistant plus d'un mois après l'éruption dans 50 % des cas après 60 ans et 75 % des cas après 70 ans. Elle s'observe surtout après un zona thoracique ou trigéminal et d'autant plus que les lésions cutanées initiales sont importantes, ce qui est souvent le cas dans cette tranche d'âge [7]. Elle associe des douleurs continues, des salves douloureuses et une allodynie dans le territoire du zona. Elle régresse spontanément en huit semaines à un an (dans 80 % des cas) mais peut être rebelle, persistante et très invalidante. La prévention de ces douleurs est plus liée à un traitement précoce et adapté des douleurs dès le stade aigu qu'au traitement du zona par les antiviraux.

Les *lésions traumatiques des nerfs périphériques et des racines* se compliquent souvent de douleurs de déafférentation : séquelles de sciatiques opérées, arrachement du plexus brachial, causalgie par lésion tronculaire (en particulier nerf médian), douleurs du membre fantôme, névromes post-traumatiques ou postchirurgicaux, lésions nerveuses des compressions canalaires (canal carpien). Une composante sympathique dans la genèse des douleurs n'est pas rare dans ces cas, réalisant au maximum le tableau de l'*algoneurodystrophie* ou « syndrome régional complexe » qui peut être idiopathique. La région douloureuse est érythémateuse, œdématiée, chaude ou froide avec des troubles de la sudation et des troubles trophiques.

On insistera sur les *douleurs du membre fantôme* [14] après amputation. Quasi constantes, durables dans 40 à 60 % des cas, elles sont intenses et invalidantes dans environ 10 % des cas.

Leur mécanisme n'est pas univoque. Les douleurs distales du membre peuvent reproduire la douleur préopératoire et sont alors en principe bien prévenues par une analgésie pré- et peropératoire adaptée. Elles sont souvent plus rebelles de type neuropathique avec illusion de présence du membre amputé. Les douleurs proximales ou du moignon sont en rapport avec la déafférentation, des névromes ou des causes locales à identifier : mauvaise adaptation de la prothèse, reprise du processus pathologique initial (vasculaire ou cancéreux), infection locale, etc. Enfin, il faut se méfier de la possibilité de douleurs référées (par lésion radiculaire ou plexique) se projetant sur l'illusion du membre amputé.

Citons encore comme causes rares de neuropathies douloureuses, les mononeuropathies simples ou multiples au cours des maladies de système (périartérite noueuse) et certaines neuropathies héréditaires, ou encore les polyradiculonévrites aiguës ou chroniques.

Les étiologies des *douleurs centrales* (lésions du SNC) sont surtout représentées par les *séquelles d'accidents vasculaires cérébraux*. Particulièrement invalidantes et rebelles aux traitements, ces douleurs surviennent le plus souvent après un intervalle libre de quelques semaines à quelques mois (voire quelques années) après la lésion initiale. Elles se caractérisent par la composante hyperpathique dans un territoire hypoesthésique ou anesthésique à disposition hémicorporelle dans les atteintes encéphaliques ou touchant un ou plusieurs membres avec un niveau sensitif dans les atteintes médullaires. Elles sont le plus souvent secondaires à un *accident vasculaire cérébral thalamique* (hémorragique, réalisant le *syndrome de Dejerine Roussy*, ou ischémique lacunaire) ou à un accident ischémique bulbaire dans le cadre des suites d'un *syndrome de Wallenberg*.

Les *autres atteintes encéphaliques* traumatiques, infectieuses, inflammatoires ou tumorales sont rarement en cause.

Parmi les *lésions médullaires*, citons les atteintes spinothalamiques douloureuses de la sclérose en plaques, de la syringomyélie et des séquelles de myélite ou de traumatisme médullaire…

À côté des lésions du SNC et du SNP, d'autres situations sont génératrices de douleurs chroniques en neurologie.

Parmi les *céphalées* du sujet âgé, l'urgence diagnostique est dominée par la céphalée de la maladie de Horton dont le traitement doit être précoce. Les autres céphalées symptomatiques (processus expansifs, hématomes sous-duraux, etc.) sont beaucoup plus rares. Quant aux céphalées de tension et céphalées chroniques quotidiennes, dont la fréquence était considérée comme moindre [8] que dans les populations jeunes, une étude récente [9] montre que, si leur prévalence diminue après 75 ans, elle reste cependant très élevée (44 %), surtout chez les femmes.

Les névralgies faciales sont surtout représentées par la *névralgie essentielle du trijumeau*. Cette affection débutant dans 2/3 des cas après 60 ans se caractérise, pendant des périodes de quelques semaines à quelques mois, par des accès brutaux de décharges hyperalgiques dans le territoire d'une branche du trijumeau, souvent déclenchés par la stimulation d'une zone gâchette lors d'activités de la vie quotidienne : toilette, mastication, coup de vent, etc. L'absence de douleurs et de signes d'examen entre les accès sont essentiels au diagnostic mais ne dispense pas d'une investigation neuroradiologique pour éliminer une névralgie symptomatique. Le traitement est surtout médical mais son échec, avec des périodes douloureuses plus intenses, plus longues et plus rapprochées, peut conduire à proposer un geste neurochirurgical dominé à cet âge par la thermocoagulation sélective.

Les douleurs au cours de la *maladie de Parkinson* évoluée [13], objets de plaintes de 50 % des patients, sont liées à la maladie (douleurs diffuses, crampes, dystonies douloureuses, etc.) ou secondaires aux conséquences rhumatologiques de l'affection : anomalies posturales, algodystrophie de l'épaule, déformations des membres, immobilisation, etc.

On mentionnera enfin les *douleurs liées à l'alitement ou au défaut de mobilisation* dans diverses pathologies neurologiques invalidantes : épaule douloureuse de l'hémiplégique, algodystrophies, rétractions douloureuses, douleurs d'escarres, etc.

ORIENTATIONS THÉRAPEUTIQUES

Dans l'approche thérapeutique spécifique des douleurs neurogènes, il importe de souligner qu'il s'agit de douleurs chroniques, pour lesquelles les traitements pharmacologiques sont difficiles à codifier. Ils sont moins efficaces que ceux des douleurs par excès de nociception et sont en général limités par la survenue d'effets indésirables, plus fréquente chez le sujet âgé du fait des pathologies et des médications associées.

Le traitement étiologique, quand il est possible, a bien sûr une place de choix mais il se limite souvent aux traitements des pathologies intriquées majorant le vécu douloureux.

Une prise en charge thérapeutique précoce des douleurs vise à prévenir au maximum les phénomènes de sensibilisation centrale et à éviter l'installation du cortège de conséquences psychologiques, sociales et comportementales d'une douleur chronique rebelle.

Moyens pharmacologiques

Parmi les moyens pharmacologiques, les *antalgiques usuels* des niveaux 1 et 2 de l'Organisation mondiale de la santé (OMS) sont peu efficaces sur ce type de douleurs. Certaines études montrent une certaine efficacité du tramadol; quant au dogme de l'inefficacité des morphiniques, il est actuellement remis en question; leur prescription dans ce type de douleur reste cependant limitée, jamais de première intention, plus indiquée par l'intrication avec des douleurs nociceptives.

Les *antidépresseurs* sont surtout efficaces sur la composante continue des douleurs et certains ont l'autorisation de mise sur le marché (AMM) dans cette indication. L'efficacité antalgique n'est pas contestée pour les tricycliques et l'aminotriptyline, plus rapidement, à posologie inférieure (15 à 50 mg) et indépendamment de leur effet sur l'humeur. Leur prescription à doses très progressives est cependant limitée par les effets secondaires. On préférera souvent, malgré l'absence d'AMM, l'utilisation d'autres antidépresseurs (miansérine ou inhibiteurs de recaptage de la sérotonine) mieux tolérés à cet âge; certaines études récentes, en particulier pour la paroxétine, sont en faveur de leur efficacité constatée de façon empirique par les cliniciens.

Les *anticonvulsivants* sont surtout efficaces sur la composante paroxystique des douleurs neurogènes. Seules la carbamazépine et la diphénylhydantoïne ont l'AMM dans le traitement de la névralgie du trijumeau et le gabapentin dans la névralgie post-zostérienne. D'autres molécules de cette classe thérapeutique sont pourtant utilisées dans la prise en charge de la composante paroxystique des douleurs neurogènes, en particulier le clonazépam. Les réponses thérapeutiques aux anticonvulsivants sont variables d'un sujet à l'autre, justifiant les changements de molécule en cas d'inefficacité. L'augmentation très progressive des doses permet de limiter les effets secondaires, qui empêchent souvent l'utilisation de doses suffisantes.

Certains traitements locaux (capsicaïne ou anesthésiques locaux en pommade) peuvent être utiles, en particulier dans les névralgies post-zostériennes.

Quant à l'approche neurochirurgicale, leur intérêt est très limité (sauf dans la névralgie du trijumeau rebelle au traitement médical).

Moyens non pharmacologiques

Outre les moyens médicamenteux, la prise en charge des douleurs neurogènes fait appel à divers moyens non pharmacologiques utiles et dénués d'effets iatrogènes :

- *techniques de contre-stimulation* : frottement, applications locales de chaud ou de froid, neurostimulation transcutanée (TENS) à faible intensité et haute fréquence, ou plus rarement TENS à forte intensité et basse fréquence, proche dans son principe, de l'acupuncture;
- *techniques comportementales* : hypnose, *biofeedback* et surtout relaxation, réactivation et techniques de renforcement.

La prise en charge thérapeutique de ces douleurs, dans une *approche globale et pluridisciplinaire,* intègre également des techniques réadaptatives et une approche psychothérapeutique et socio-familiale.

Les objectifs thérapeutiques, plus centrés sur l'amélioration de la qualité de vie et la reprise d'activités que sur une antalgie en général impossible à obtenir avec les moyens actuels, sont définis avec la participation du patient. Cela n'est possible que si des explications claires sur les mécanismes et les causes de ses douleurs, les limites des possibilités thérapeutiques pharmacologiques, lui ont été données. Le temps passé en consultation avec le patient et son entourage fait partie intégrante du traitement : temps nécessaire au thérapeute pour écouter, comprendre et expliquer, temps nécessaire au patient pour essayer de formuler le vécu et le retentissement des douleurs ainsi que les objectifs prioritaires à atteindre pour améliorer sa qualité de vie.

Références bibliographiques

[1] BROCHET B., MICHEL P., BARBERGER-GATEU P., DARTIGUES J.-F. Population-based study of pain in elderly people : a descriptive survey. *Age Ageing* 1998; **27** (3) : 279-84.

[2] DESMEULES J., ALLAZ A.F., BINYET S., PIGUET V., VOGT N., DAYER P. Evaluation of chronic pain in geriatric patients. *Schweiz Med Wochenschr* 1994; **124** (44), 1948-51.

[3] DOUBRERE J.F. Les douleurs au cours du zona. In : Brasseur L., Chauvin M., Guilbaud G., ed. *Douleurs : bases fondamentales, pharmacologie, douleurs aiguës, douleurs chroniques, thérapeutiques.* Paris : Maloine, 1997 : 513-27.

[4] FERELL B.A., FERELL B.R., OSTTERWEIL D. Pain in the nursing home. *J Am Geriatr Soc* 1990; **38** : 409-14.

[5] GAGLIESE L., MELZACK R. Chronic pain in elderly people. *Pain* 1997; **70** : 3-14.

[6] HELME R.D., KATZ B., GIBSON S., CORRAN T. Can psychometric tools be used to analyse pain in a geriatric population. *Clin Exp Neurol* 1989; **26** : 113-7.

[7] HIGA K., MORI M., HIRATA K., HORI K., MANABE H., DAN K. Severity of skin lesions of herpes zoster at the worst phase rather than age and involved regin most influences the duration of acute herpetic pain. *Pain* 1997; **69** : 245-53.

[8] LIPTON R.B., PFEFFER D., NEWMAN L.C., SOLOMON S. Headaches in the elderly. *J Pain Symptom Management* 1993; **8** : 87-97.

[9] PRENCIPE M., SCALDAFERRI N., FERRETTI C., SANTINI M., CASIN- CULASSO F. Prevalence of headache in an elderly population. *J Neurol Neurosurg Psychiatry* 2001; **70** (3) : 377-81.

[10] ROY R., THOMAS M. A survey of chronic pain in an elderly population. *Canad Famil Physician* 1986; **32 :** 513-6.

[11] ROY R., THOMAS M. Elderly persons with and without pain : a comparative study. *Clin J Pain* 1987; **3** : 103-6.

[12] SAID G. Neuropathies diabétiques. In : Endocrinologie-Nutrition, 10-366-l-10. *Encycl Méd Chir.* Paris.

[13] SERRATRICE G., MICHEL B. Les douleurs des parkinsoniens. *Rev Rhumatol* 1999; **66** (6) : 383-90.

[14] STAEHELIN JENSEN T., NIKOLAJSEN L. Douleurs fantômes. In : Brasseur L., Chauvin M., Guilbaud G. *Douleurs : bases fondamentales, pharmacologie, douleurs aiguës, douleurs chroniques, thérapeutiques.* Paris : Maloine, 1997 : 465-73.

En cancérologie

M. Di Palma

La notion de douleur est intimement liée dans l'esprit du public au mot « cancer » et d'ailleurs la première crainte souvent exprimée par les patients lors de l'annonce du diagnostic d'une pathologie cancéreuse est la peur de souffrir avant même la peur de mourir. Tout ceci est souvent encore plus vrai chez le patient âgé cancéreux.

Nous aborderons successivement les rapports existant entre processus tumoral et syndrome douloureux, puis les principaux tableaux cliniques rencontrés chez les patients âgés.

SIGNIFICATION DE LA DOULEUR CHEZ LE PATIENT ÂGÉ CANCÉREUX

La douleur est un phénomène extrêmement fréquent en pathologie cancéreuse. On considère que plus de 80 % des patients cancéreux présentent à un moment donné de leur maladie des douleurs liées à celle-ci. Si l'on considère également les douleurs iatrogènes, c'est-à-dire induites par les investigations et les traitements (nous y reviendrons), les phénomènes douloureux concernent l'ensemble des patients cancéreux. Cela est vrai à tout âge.

La douleur est souvent la manifestation initiale de la maladie cancéreuse, l'exploration du phénomène douloureux amenant au diagnostic du cancer. Cela pose un problème chez le sujet âgé. En effet, ces phénomènes douloureux vont souvent être rapportés à des pathologies associées, en particulier des phénomènes articulaires dégénératifs, voire rapportés « à l'âge », parfois par les patients eux-mêmes ou leurs proches.

Ceci explique certainement une partie des retards diagnostiques observés chez les patients âgés cancéreux. L'information des patients, et surtout des soignants, est indispensable pour apprendre à faire le tri entre les différents phénomènes douloureux qui peuvent coexister et éviter de laisser se développer un cancer.

Par ailleurs, cela amène souvent à sous-traiter les douleurs des personnes âgées car, à tort bien entendu, on a souvent tendance à moins traiter une douleur, même importante, d'origine bénigne par rapport à une douleur de même intensité d'origine tumorale, avec un moindre recours à des analgésiques morphiniques.

Ainsi, chez le patient âgé, le diagnostic du cancer retardé favorise le traitement insuffisant des douleurs.

Comme on l'a dit, il existe l'association « souffrance », « cancer » et « mort » et la crainte même de ne pouvoir être soulagé. La crainte que la douleur soit le symptôme d'une pathologie grave fait que les patients âgés peuvent avoir tendance à sous-exprimer leurs douleurs, encore plus que les personnes plus jeunes.

La douleur du sujet âgé est donc un symptôme au devant duquel il faut aller, qu'il faut rechercher méticuleusement et encore plus si une pathologie cancéreuse est suspectée. Nous ne nous étendrons pas sur le diagnostic des douleurs chez les personnes âgées, qui est abordé dans d'autres chapitres de cet ouvrage, mais il faut souligner que chez les personnes âgées, tout concourt à une sous-estimation des phénomènes douloureux et donc à une mauvaise prise en compte symptomatique de ceux-ci.

La crainte de ne pouvoir être soulagé est liée également à la méconnaissance de l'efficacité et de la bonne tolérance des traitements antalgiques, y compris morphiniques, chez les personnes âgées. Cette méconnaissance est d'ailleurs encore aujourd'hui largement partagée par les patients, les familles mais également par un trop grand nombre de soignants. Un travail d'information et de formation reste à faire concernant les possibilités thérapeutiques en matière de douleurs chez les personnes âgées.

La qualité de vie de ces patients est compromise du fait de l'absence de reconnaissance du symptôme, et donc de l'insuffisance des mesures proposées. Cela peut aboutir parfois à des altérations de l'état général du fait de douleurs chroniques méconnues, le diagnostic étiologique de ces altérations n'étant pas fait alors qu'un traitement antalgique adapté pourrait être proposé.

Il est nécessaire ici de réaffirmer le fait que beaucoup de pathologies tumorales des personnes âgées seraient accessibles à un traitement curatif ou permettant, si ce n'est une guérison, au moins une stabilisation prolongée de la maladie, à condition que la tumeur soit reconnue et traitée rapidement.

Bien entendu, la décision de traitement doit être adaptée à l'âge physiologique (et non chronologique) et à l'existence d'éventuelles comorbidités.

Les progrès réalisés dans le domaine des techniques chirurgicales, des procédures d'anesthésie, des techniques d'irradiation et d'administration de la chimiothérapie, font que les indications de thérapeutiques spécifiques ciblant la maladie tumorale sont appelées à s'étendre. Que ce soit par rapport à la douleur proprement dite ou par rapport au cancer, ou encore à la douleur cancéreuse, la fatalité n'a pas sa place. Elle doit être combattue avec des armes adaptées. L'avis du patient et de sa famille est important, son consentement est bien sûr impératif. Il faut souligner que le patient et sa famille ne pourront donner leur avis que si la situation est expliquée. Le devoir d'information claire et honnête doit s'appliquer. Pour cela, les soignants doivent se débarrasser de leurs préjugés concernant les patients âgés. Dans une enquête récente menée aux États-Unis, plus de 50 % des cancérologues interrogés déclaraient ne pas inclure un patient dans un essai thérapeutique du seul fait de son âge. C'est là un cercle vicieux car l'insuffisance de données dans la littérature aggrave encore le sous-traitement des patients âgés cancéreux. Le développement d'une recherche clinique thérapeutique de qualité pour ces patients est une priorité de santé publique.

LES DIFFÉRENTS TABLEAUX CLINIQUES

Il n'y a pas à proprement parler de spécificité des syndromes douloureux ou des situations douloureuses chez les patients âgés cancéreux. On peut néanmoins décrire d'une part les principales tumeurs observées chez les personnes âgées et d'autre part les problèmes douloureux rencontrés selon que les douleurs sont liées à la tumeur primitive ou à ses métastases.

Principales pathologies douloureuses

Cancer de la prostate

La cancérisation de la glande prostatique est une évolution quasi inéluctable, l'incidence augmentant régulièrement avec l'âge. Des séries autopsiques réalisées il y a quelques années ont montré que chez des patients au-delà de 90 ans, on trouvait dans quasiment 100 % des cas des foyers souvent microscopiques d'adénocarcinome prostatique.

Cette pathologie est donc essentiellement rencontrée chez les hommes âgés, même si la généralisation du dépistage systématique par le dosage sanguin de PSA (antigène spécifique de la prostate), souvent réalisé à partir de 50 ans, amène à diagnostiquer actuellement un nombre croissant de maladies localisées chez des patients de plus en plus jeunes. Néanmoins, le cancer prostatique symptomatique se rencontre aujourd'hui essentiellement après 70 ans.

La maladie peut être découverte à un stade localisé : il s'agit essentiellement de dysurie, d'hématurie ou de phénomènes douloureux locaux, liés à une progression locale de la maladie. En fait, bien souvent, ce sont les douleurs osseuses qui vont être révélatrices de l'extension métastatique initiale de la maladie. Ces douleurs osseuses, liées à des métastases ostéocondensantes, sont souvent prises pour des douleurs d'origine dégénérative. Tout phénomène douloureux nouveau, toute douleur réagissant mal aux antalgiques habituels (paracétamol, dextropropoxyphène, anti-inflammatoires non stéroïdiens), doit chez un homme âgé faire évoquer la possibilité d'une pathologie tumorale et, en particulier, prostatique, surtout si elle s'accompagne d'une altération de l'état général.

L'examen clinique (toucher rectal), l'interrogatoire du patient et le dosage sanguin de PSA feront le diagnostic. Le bilan radiologique et la scintigraphie osseuse permettront d'évaluer l'extension de la maladie. Le traitement hormonal (privation androgènique) a un effet souvent spectaculaire sur les douleurs osseuses. Certaines molécules de chimiothérapie ont également une efficacité démontrée sur l'amélioration des symptômes et en particulier des douleurs (mitoxantrone). Enfin, la radiothérapie externe ou métabolique peut être utile. Bien entendu, ces divers traitements spécifiques doivent être associés aux traitements symptomatiques (antalgiques) qu'ils ne sauraient remplacer.

Cancers gynécologiques

Chez les femmes âgées, la pathologie cancéreuse la plus fréquente reste la pathologie gynécologique et, en premier lieu, le cancer du sein.

Les cancers du sein peuvent être à l'origine de phénomènes douloureux d'une part par extension locale de la maladie, d'autre part par extension métastatique. Là encore, on constate souvent un retard diagnostique initial. Chez les femmes âgées, le cancer du sein va être diagnostiqué à un stade plus avancé de la maladie, avec souvent l'existence d'une tumeur localement étendue aux plans cutanés (ulcérations fréquentes), des adénopathies ganglionnaires axillaires, voire sus-claviculaires. L'extension locale de la maladie est une source de douleurs importantes, souvent difficiles à soulager. Cela est d'autant plus regrettable qu'elle se fait souvent lentement et pourrait être évitée si la maladie était reconnue à un stade plus précoce.

Il faut souligner, là encore, le fait qu'un cancer du sein chez une femme âgée est souvent accessible à un traitement; un geste chirurgical limité peut être tout à fait raisonnable pour éviter une extension locale, source de douleurs et d'inconfort majeur pour la patiente. Une étude anglaise récente a cherché à évaluer l'intérêt d'un geste chirurgical chez les patientes âgées de plus 75 ans souffrant d'un cancer du sein localisé. Ces patientes ont été traitées soit par traitement hormonal (tamoxifène seul), soit par chirurgie (tumorectomie ou mastectomie) suivie de tamoxifène. Il existe une différence de survie nettement significative pour les patientes ayant bénéficié d'un geste chirurgical, c'est-à-dire du traitement habituel dans cette situation.

Un cancer du sein peut s'accompagner d'une extension métastatique. Les localisations osseuses sont les plus fréquentes, sources de phénomènes douloureux importants. Ces lésions sont le plus souvent ostéolytiques entraînant douleurs, fractures pathologiques, compressions médullaires.

Le bilan d'un cancer du sein doit rechercher des métastases osseuses afin de les identifier et éventuellement de proposer un traitement préventif des complications. Les bisphosphonates ont montré leur efficacité dans la prévention des complications osseuses des métastases avérées. Dans certains cas, il peut être licite de proposer une irradiation préventive, voire un geste chirurgical, par exemple pour une lésion préfracturaire du col fémoral.

Bien entendu, la décision doit être prise en fonction du contexte et de l'espérance de vie de la patiente, en l'associant le plus possible à cette décision.

Les cancers de l'ovaire et de l'utérus sont également fréquents chez les femmes âgées, avec un retard diagnostique souvent important faisant que la maladie est fréquemment découverte à un stade avancé alors qu'un geste chirurgical, seul curateur, est devenu impossible. Ces tumeurs s'accompagnent essentiellement d'une extension locale pelvienne et abdominale, à l'origine de douleurs et de symptômes souvent difficiles à contrôler quel que soit l'âge (syndrome occlusif, ascite).

En fait, pratiquement pour tous les cancers, la fréquence augmente avec l'âge. Le point commun est le retard diagnostique souvent constaté amenant à renoncer à certaines possibilités thérapeutiques spécifiques.

Douleur physique, douleur morale

Il est inconcevable, quel que soit l'âge du patient, de parler de douleur physique sans aborder le problème de la douleur morale, en particulier lorsque la cause de la douleur est un processus cancéreux. Le cancer, la douleur cancéreuse sont intimement associés à l'idée de mort, et on aurait tort de penser que l'âge avancé s'accompagne forcément d'une sérénité par rapport à cette idée de mort. La souffrance morale doit être reconnue. Les personnes âgées, encore plus que les patients plus jeunes, sont souvent très réticentes à l'idée d'un soutien psychologique. Cette réticence peut être expliquée en partie par des raisons culturelles : le recours au psychologue et au psychiatre est une notion qui commence seulement à faire son chemin actuellement dans le public.

Il existe également souvent une pudeur à se dévoiler, aussi bien d'ailleurs au plan corporel qu'au plan psychique. Le soutien psychologique doit donc être systématiquement proposé aux personnes âgées cancéreuses, d'autant plus qu'elles sont isolées socialement.

Douleurs iatrogènes

À côté des douleurs liées à la maladie elle-même, il est important d'aborder également l'ensemble des phénomènes douloureux causés par diverses investigations réalisées pour faire le diagnostic du cancer et de son extension ainsi que par les traitements proposés.

Douleur et examens complémentaires

Quel que soit l'âge des patients considérés, les différents examens nécessaires pour le diagnostic et le bilan des cancers peuvent être la source de phénomènes douloureux. Il est nécessaire toujours de poser la question de la finalité d'un examen complémentaire. Celui-ci ne doit pas être réalisé s'il n'a pas d'incidence directe sur la prise en charge des patients. Comme chez les patients plus jeunes, l'intérêt du geste, les conditions de réalisation pratique, les inconvénients, en particulier les douleurs provoquées, doivent être expliqués au patient, et son accord doit être obtenu. Les circonstances douloureuses effectivement ne manquent pas : biopsies, ponctions, prises de sang, endoscopies diverses, etc.

Douleur et thérapeutiques

Radiothérapie

Il ne semble pas que la radiothérapie induise plus d'effets secondaires chez le patient âgé mais, bien sûr, ces effets secondaires peuvent avoir des conséquences plus importantes. Il peut s'agir de radio-épithélite, par exemple dans les irradiations des cancers du sein, ou encore de rectites ou de cystites lors des irradiations pelviennes. Cette toxicité cutanéo-muqueuse est en général transitoire mais peut néanmoins parfois amener à interrompre l'irradiation en cours. Les complications sont globalement devenues relativement rares, du fait de l'amélioration des techniques d'irradiation (utilisation de multifaisceaux) et surtout de l'utilisation de rayonnements de haute énergie permettant de mieux cibler la radiothérapie. Des techniques spécifiques sont en cours de développement visant à minimiser les effets secondaires chez les personnes âgées (curithérapie dans les cancers de la prostate).

Chimiothérapie

On manque de données épidémiologiques analysant l'efficacité et la tolérance des chimiothérapies au-delà de 70 ans. L'analyse des essais de phase II de grands groupes coopérateurs européens ou américains ne montre pas de différence de toxicité de la chimiothérapie qu'elle soit administrée chez des patients de plus ou moins 65 ans. Néanmoins, la plupart de ces essais incluent peu ou pas de patients de plus de 70-75 ans.

Il faut souligner que ces essais thérapeutiques concernent des patients sélectionnés avec soin, qui ne reflètent pas la population générale : ceci est vrai quel que soit l'âge mais encore plus chez les patients les plus âgés. En effet, dans la population générale, on s'attendra à voir plus de toxicité, en particulier de myélotoxicité, de toxicité muqueuse, neurologique périphérique ou centrale, et de cardiotoxicité.

Cela est d'autant plus vrai qu'il existe des comorbidités associées; celles-ci doivent être soigneusement recherchées et analysées en cas d'indication de chimiothérapie. En dehors de comorbidités associées, la toxicité de la chimiothérapie pourrait être augmentée du fait de modifications de la pharmacocinétique des drogues et de la modification des volumes de distribution.

La chimiothérapie peut et doit être utilisée chez les personnes âgées. En l'absence de données pharmacologiques, son utilisation doit être prudente. Des essais thérapeutiques ciblant spécifiquement la population âgée sont indispensables.

CONCLUSION

Chez les patients âgés encore plus que chez les sujets plus jeunes, une mauvaise prise en compte des effets secondaires des traitements, une insuffisance de prise en charge des phénomènes douloureux liés à la tumeur elle-même ou aux traitements, une insuffisance d'explication de ces traitements peuvent aboutir au découragement des patients et des familles et à l'abandon de thérapeutiques potentiellement utiles et efficaces.

La douleur chez le patient âgé cancéreux, par sa signification inconsciente, nécessite d'être recherchée, reconnue et traitée de façon efficace.

Elle peut parfois être la principale justification d'un traitement spécifique anticancéreux. L'objectif du traitement doit, dans ces cas-là, être soigneusement expliqué au patient et à sa famille.

Pour en savoir plus…

BALDUCCI L., EXTERMANN M. Cancer chemotherapy in the older patient. *Cancer* 1997; **80** : 1317-22.

BERKMAN B., ROHAN B., SAMPTON S. Mythes and biases related to cancer in the elderly. *Cancer* 1994; **74** : 2004-8.

FOX S.A., ROETZHEIM R.G., KINGTON R.S. Barriers to Cancer prevention in the older person. *Clin Geriatr Med* 1997; **1** : 79-95.

HUTCHINS L.F., UNGER J.M., CROWLEY J.J., COLTMAN C.A., ALBAIN K.S. Underrepresentation of patients 65 years of age or older in cancer treatement trials. *N Engl J Med* 1999; **341** : 2061-7.

ROBINSON B., BEGHE C. Cancer screening in the older patient. *Clin Geriatr Med* 1997; **1** : 97-118.

VESTAL R.E. Anging and Pharmacology. *Cancer* 1997; **80** : 1302-10.

Autres situations : les soins douloureux*

E. Malaquin-Pavan, C. Neves

Il existe peu de réelles données de santé publique analysant les répercussions de la douleur provoquée par un geste de soin. En pratique, nous en mesurons pourtant les conséquences tant sur l'évolution de la maladie que sur la qualité du lien aux soignants ou aux proches. Nous avons tous en tête des images de séquences de soin où nous avons été acteur ou témoin de ce mal-être, de cette souffrance, de cette crainte anticipée plus ou moins exprimée, de cette opposition au soin qui nous somment de nous arrêter pour mieux en rendre compte.

Avec l'âge, les capacités physiques, psychiques et motrices s'altèrent (praxie, coordination des gestes, force, initiative du mouvement, acuité sensorielle, etc.). Les muscles et le squelette se modifient (fonte musculaire, rétractions, etc.).

Bien souvent, s'ajoutent aux phénomènes naturels du vieillissement des pathologies plus ou moins lourdes, chroniques ou aiguës, qui aggravent l'état de la personne âgée et affectent son autonomie. Son corps qu'elle doit abandonner contre son gré aux soignants peut n'être que source de douleurs multiples : douleurs intrinsèques qu'il faut rechercher, évaluer et traiter, mais aussi, si nous n'y prenons garde, douleurs induites, provoquées par des gestes quotidiens de soins banalisés.

La crainte, l'insécurité, l'insomnie ou un mauvais repos, les raideurs, les ankyloses, la fatigue comme l'hyperstimulation (toutes les deux sources de passivité), l'absence de reconnaissance de ce ressenti douloureux par l'entourage, la perte du sens et l'isolement sont autant de facteurs qui diminuent les capacités du patient à faire face.

---

* Paragraphe construit à partir du cours « Douleurs provoquées par les soins » dispensé en partenariat avec le docteur Véronique Morize et Martine Nectoux-Lannebère (Unité mobile d'accompagnement, hôpital Corentin-Celton, APHP) dans le cadre du DU « Douleur » de Cochin.

Comme le précise le docteur François Boureau[1] : « La douleur est toujours subjective. C'est incontestablement une sensation perçue dans une ou plusieurs parties du corps, désagréable, source d'inconfort et, de ce fait, une expérience émotionnelle difficile à vivre. »

À nous de la comprendre telle qu'elle est vécue, racontée, montrée par la personne âgée dans ses différentes dimensions (sensorielle, émotionnelle, comportementale, existentielle). À nous de l'accueillir dans ce que nous pouvons en comprendre, dans ce double rôle à la fois de témoin de la souffrance de l'autre et d'acteur de soin.

SOINS ET GESTES QUI FONT MAL

Travailler en équipe à prendre en compte les douleurs provoquées par les soins nécessite tout d'abord d'identifier cet état de fait : oui, il y a bel et bien des gestes, des soins dont la réalisation provoque de la douleur aiguë ou une majoration de l'inconfort.

En faire le listage est une première étape. Chacun de ces soins/gestes doit ensuite faire l'objet d'une analyse afin d'en cerner les facteurs d'influence tant du côté de l'équipe que du côté du patient. Nous touchons là aux représentations mentales de chacun d'entre nous (« C'est un geste qui fait un petit peu mal. »; « C'est plus une gêne momentanée qu'une vraie douleur. »; « C'est plus possible de continuer comme cela... »).

Cette analyse – sans complaisance mais sans excès non plus – nous permet de reconsidérer nos stratégies soignantes pour renforcer le seuil de tolérance à la douleur de la personne âgée. C'est la pierre angulaire d'une remise en cause individuelle, collective, garante d'une prise en charge individualisée de ce soin/geste potentiellement douloureux.

En nous basant sur les travaux réalisés par différents Comités de lutte contre la douleur (CLUD)[2], le recensement de ces douleurs

1. F. Boureau. *Dimension de la douleur dans la pratique du traitement de la douleur*. Paris : Doin, 1998.

2. Outils d'enquête réalisés par les CLUD des hôpitaux AP-HP Pitié-Salpêtrière, Lariboisière, Saint-Louis et complétés par les CLUD gériatriques (Émile Roux, Corentin Celton).

iatrogènes met en évidence deux grandes catégories de soins potentiellement douloureux : les soins techniques et les soins d'hygiène de vie.

SOINS TECHNIQUES

Les soins techniques nécessitant une effraction cutanée, une intrusion dans un orifice naturel ou une installation particulière pour être réalisés sont potentiellement douloureux; citons en particulier :

- les ponctions veineuse, artérielle, lombaire (céphalée post-PL), d'ascite, de plèvre ou sternale (biopsie médullaire);
- les injections intramusculaires, sous-cutanées ou les perfusions;
- le prélèvement pulpaire (Dextro, Guthrie);
- les fibroscopies (hautes ou basses);
- l'aspiration naso-pharyngée;
- la pose et le retrait de sondes gastrique, urinaire, rectale (calibre – fixation – lubrification);
- les actes de radiologie (brancardage, positions inconfortables, gestes radioguidés);
- les soins de plaies (traités page 158);
- le retrait d'adhésifs collants (électrodes, pansements, etc.);
- la réfection des pansements (nettoyage, excision, débridement, etc.);
- l'extraction de fécalomes;
- la kinésithérapie (motrice, respiratoire);
- les soins de bouche et soins dentaires;
- la petite chirurgie (suture, curette, cryothérapie).

Toute ponction peut faire naître de la douleur si l'on n'utilise pas une approche antalgique adéquate (médicamenteuse, comportementale). Le système veineux des personnes âgées est fréquemment fragilisé, et c'est parfois un exploit que de « trouver » une veine. L'aiguille peut être d'un calibre trop important, le garrot, si on n'y prend garde est responsable d'ecchymoses. Pour réussir un prélèvement, certains s'acharnent à piquer deux, cinq, dix fois... La couverture antalgique (type pommade EMLA) est mal utilisée, voire inconnue. La perfusion qui diffuse est douloureuse.

L'hydratation parentérale, lorsqu'elle est trop importante, augmente les symptômes douloureux (ascite, œdème, râles bronchiques, etc.).

Les gouttières, les attelles peuvent blesser. Les bandes adhésives non hypoallergiques abîment l'épiderme. De même, les pansements secs, les retraits sans ménagement (trop adhérent par appui prolongé, sudation, macération), les réfections rapprochées, l'absence de complément antalgique ou, lorsqu'il a été prescrit, le non-respect des délais d'action existent encore. Lors des plaies chroniques (notamment d'ulcère), l'absence d'évolution favorable est source de renoncement pour la personne âgée qui subit alors la réfection ou la détersion avec réticence ou passivité.

Quant aux différents types de sondes utilisées, les gros calibres, les mauvaises fixations, la non-lubrification, l'introduction maladroite ou trop brutale génèrent de nouvelles douleurs. Le non-respect des règles strictes d'hygiène favorise les surinfections et peut accélérer la mort.

Outre le retentissement des poses de stomie ou gastrostomie sur l'image corporelle et le concept de soi, les soins locaux peuvent être générateurs de douleur : l'irritation cutanée autour de l'orifice, la répercussion de l'étirement transcutané durant les premiers jours postpose. Concernant la pose même de la gastrostomie, plusieurs éléments sont à considérer : que doit-on privilégier entre l'inconfort du fibroscope – même lubrifié – et le délai d'action de l'anesthésie transcutanée? Les quelques minutes nécessaires à l'une majorent l'inconfort de l'autre. Il s'agit donc à chaque fois de peser les risques inhérents à toute approche thérapeutique.

Oublier, lors des gestes intrusifs, ce qui est encore trop considéré comme de « petites choses » aggrave l'inconfort : des pastilles anesthésiantes pour la gorge, une brumisation avec les sondes gastriques, l'hydratation de l'air, des manipulations minutieuses avec les sondes vésicales, une installation favorable (par exemple, sur le côté gauche pour le lavement évacuateur), etc.

Les déplacements en institution ou à partir du domicile pour effectuer des examens complémentaires sont parfois chemin de croix : secousses dans l'ambulance ou provoquées par les différences de niveau à l'entrée d'un ascenseur, chariot/lit malencontreusement cogné dans l'angle d'un mur et puis, ces « tables d'examen si dures et si étroites », ces attentes qui n'en finissent pas le long d'un couloir au courant d'air : les « J'ai froid », « Je voudrais bien faire pipi » de cette vieille dame augurent en soi le futur vécu difficile de l'acte à venir.

Tout ici est histoire d'attention délicate, d'adaptation du rythme et du langage aux capacités de jugement de la personne âgée (mots simples ou trop techniques). Les niveaux de connaissances anatomophysiologiques et d'expérience sont également garants d'une qualité gestuelle favorisant ou non l'impact douloureux du soin technique en question.

SOINS D'HYGIÈNE DE VIE

Les soins d'hygiène de vie permettant de suppléer le patient âgé dépendant dans la satisfaction de ses besoins fondamentaux sont également potentiellement douloureux. Ce sont plus particulièrement :

- la mobilisation sous toutes ses formes (transfert – brancardage – lever et coucher lit/fauteuil – toilette – change – réfection du lit – retournement, etc.), fréquemment complexe par perte de l'habitude du mouvement, cachexie, rétraction, séquelle de chute, etc.;
- l'installation, dans toutes ses complexités matérielles et physiques lorsque la personne nécessite une aide pour chaque déplacement de son corps;
- l'hygiène corporelle et bucco-dentaire (toilette – élimination – change) avec toute la charge émotionnelle liée à l'intrusion dans l'intimité de l'autre, qui demande un doigté savamment dosé;
- l'aide alimentaire;
- l'habillage et le déshabillage.

Ici, c'est comme un cercle vicieux où tout est en interaction. Cet enchevêtrement peut venir majorer le vécu douloureux, inconfortable, jusqu'au désinvestissement psychique et physique du patient âgé. Ceci s'avère encore plus délicat quand il ne peut plus communiquer verbalement (manque de mots, aphasie, démentification) ou comprendre le sens des soins proposés. L'absence de compréhension (troubles cognitifs, alcoolisation) complexifie la réalisation du soin, en particulier du fait du niveau de stress induit par cette incapacité partielle ou totale à s'adapter sur l'instant, à mesurer qu'il n'y a pas de danger pour sa vie. Cette peur viscérale de certains gestes peut conduire à des attitudes d'opposition du fait d'une impossibilité à « se raisonner », touchant à la notion même du sentiment de survie.

Ce n'est certes pas un exercice facile que de s'arrêter sur les occasions quotidiennes d'augmenter l'inconfort ou la douleur des patients âgés qui se confient à nous. Une lucidité est de rigueur, pour éviter toute source de maltraitance indue ou toute culpabilité déplacée. Oui, des questions éthiques se posent, des choix sont à faire. Observons-nous d'un peu plus près...

DOULEURS ET ORGANISATION DES SOINS

La première cause de douleurs inutiles résulte de l'organisation des soins ou, devrait-on dire, de son inorganisation : soignants et fonctions différentes qui se succèdent, prescriptions et exécutions d'un même type d'examen répétées dans un laps de temps court, non-respect du sommeil par des levers trop matinaux ou interruption de sieste par nécessité supposée d'un acte à accomplir, difficulté à donner une priorité aux différents types de soins, absence de planification anticipée permettant une organisation en binôme ou une disponibilité concertée. Est-il besoin de rappeler que la charge mentale – nourrie du grand nombre d'éléments à retenir dans l'enchaînement des soins des différents patients et des multiples interruptions – et la charge physique de la dépendance sont vectrices en elles-mêmes de désorganisation psychique ? Garder les idées claires n'est pas un euphémisme !

DOULEURS ET INADAPTATION DE L'ENVIRONNEMENT

La deuxième cause de douleurs inutiles est en lien direct avec l'inadaptation des locaux, du matériel, de l'environnement ou encore la mauvaise ou sous-utilisation de ces derniers. Il n'est pas toujours aisé d'aider une personne à faire ses déplacements, en choisissant les bons gestes, la bonne technique, etc.

Les locaux lorsqu'ils sont exigus, et les salles de bain en particulier, limitent le champ d'action des soignants : il y a risque de faire mal, de se faire mal aussi, en aidant la personne âgée à se relever des toilettes ou à se déplacer, avec ses cannes, son déambulateur ou son fauteuil roulant.

lèvres, surtout s'ils sont espacés ou si cette sécheresse n'
prévenue par une humidification régulière.

L'absence de massages doux aux points d'appui ou d'utilisa
de matelas spécifiques entraîne l'apparition plus ou moins ra
d'escarres. Les positionnements inconfortables répétitifs p
lever les appuis ou réduire le risque d'œdèmes sont générateu
d'autres difficultés.

Les problèmes d'élimination sont nombreux chez les personnes âgées. Là aussi la vigilance du soignant est requise. La constipation non prévenue est douloureuse et peut mettre en péril la vie même de la personne. L'extraction d'un fécalome sans lubrifiant et anesthésie locale est un acte à proscrire. Une rétention urinaire reste douloureuse et entraîne des perturbations du comportement si elle est négligée. La diarrhée et l'incontinence urinaire irritent la peau si les toilettes et les changes sont insuffisants, et si aucune crème protectrice n'est appliquée; l'omission d'essuyer délicatement ou des essuyages trop vigoureux abrasent l'épiderme. L'œdème des bourses ou des lèvres, les micro-fissures anales, les hémorroïdes rendent l'élimination et la toilette intime fort délicates. Les lésions de grattage et les mycoses sont sources d'inconfort allant de la brûlure à la franche douleur pouvant se manifester jusqu'au refus de soin. Le non-recalotage de la verge est responsable de paraphimosis; la pose sans rigueur, sans rasage préalable, d'un étui pénien est source de douleurs inutiles. La mauvaise installation sur le bassin ou sur la chaise percée crée des douleurs, limite la capacité à déféquer de la personne, malmène les points d'appui. Des excoriations peuvent être directement liées à une protection trop serrée.

Sommes-nous attentifs aux vêtements que nous faisons porter de notre propre initiative, quand la personne ne peut plus manifester de désir? Du fait des modifications physiologiques, les personnes âgées sont souvent frileuses et pas assez couvertes. Il arrive aussi que les vêtements soient mal adaptés (emmanchure, ouverture et boutonnage devant ou derrière, etc.), rendant l'habillage et le déshabillage laborieux. La pose de bas de contention est toujours délicate et se complexifie lorsque la personne âgée est non coopérante. Le choix des chaussures est fondamental : trop petites, trop étroites, trop glissantes, mal ajustées, elles peuvent favoriser les chutes, blesser, créer des compressions douloureuses ou des zones de nécroses difficilement cicatrisables.

Le lit trop haut entrave l'autonomie de la personne, qui a besoin d'aide pour se lever et se coucher.

Sans barres d'appui, sans releveur de cuvette de W-C, aller aux toilettes demande un effort démesuré.

Les fauteuils trop bas, trop hauts, trop creux, trop durs, les dossiers trop courts aggravent les rétractions, les ankyloses, les positions vicieuses et favorisent l'altération cutanée (entailles, escarres).

Les lève-malades électriques ou mécaniques intensifient l'anxiété et les douleurs résiduelles lorsqu'ils sont mal utilisés.

L'absence de cale-pied ou encore une profondeur trop importante du siège favorisent la rétro- ou l'antépulsion, majorant le risque de contractures, de glissements inconfortables ou de chute.

L'absence de matériels adéquats renforce les difficultés : par exemple, celle de chariot-douche ou de baignoire à hauteur variable (pourtant si précieux lors des toilettes complexes, ne serait-ce que par le pouvoir relaxant et porteur de l'eau utilisée à bon escient) ou de fauteuils ergonomiques type coque.

Certaines personnes entièrement dépendantes nécessitent de l'aide pour chaque déplacement du corps, si minime soit-il. La personne alitée est particulièrement vulnérable : axe du corps non respecté ou verrouillé dans une position fœtale, hyperextension de la tête, pieds en équin, compression du plexus brachial lorsque la personne est mise sur le côté, membres mal positionnés, dosseret trop droit ou trop plat, manque d'oreillers, de petits coussins, couvertures pesant trop sur les jambes artéritiques, etc. Le bruit, la lumière violente, le manque ou l'excès de chauffage, la non-protection des rayons du soleil en été sont encore des causes de douleurs.

Nous n'aborderons pas ici les nombreuses questions d'éthique que pose la contention[3] mais notons cependant quelques dérives : bandes trop serrées, bât-flanc dangereux, draps qui entravent complètement la personne empêchant jusqu'au simple geste de se gratter quand elle en éprouve le besoin.

3. Se référer au guide d'aide à la décision, *Contention, non-contention : mesurer les risques à accepter de prendre*, réalisé par M.F. Bernard, C. Boule, A. Larrouture et E. Malaquin-Pavan en 1997 et publié en 2001 dans la revue *Soins* 2001, **656-658**.

DOULEURS ET INTENTION DE LA DÉMARCHE SOIGNANTE

La dernière cause de soins douloureux est directement en lien avec l'approche du corps, dans notre propre manière de transmettre l'intentionnalité de notre démarche soignante. Au cours des soins, l'intimité du corps à corps peut être prétexte à de multiples agressions, qui pourraient sembler anodines à première vue, mais qui, accumulées et répétées chaque jour, deviennent violences induites. Prenons conscience que l'omission, l'oubli, la négligence sont aussi sources d'inconfort douloureux.

La toilette, moment privilégié par excellence, peut tourner au « cauchemar » réciproque. La peur de l'eau, l'incompréhension de ce « souci de propreté » (qui se télescope parfois avec les habitudes anciennes d'économie d'eau) sont autant de sources de révolte. Il n'est pas rare que, forte de ses expériences antérieures douloureuses, la personne âgée se raidisse, s'agrippe, d'autant plus s'il s'agit d'un nouveau soignant qui ne connaît pas ses habitudes, ses difficultés, sa marge d'autonomie. Le corps ankylosé, qui a perdu l'habitude du mouvement spontané, fixé dans des positions vicieuses parfois, ne tire aucun bénéfice de nos gestes rapides, peu enveloppants, saccadés, pour aller vite ailleurs (vers les autres patients!). Être seul alors pour faire un examen clinique, une auscultation, un change, une toilette intime, nous rend démuni, voire maladroit. Écarter les membres inférieurs d'une personne rétractée ou les membres supérieurs pour laver les aisselles demandent un minimum de temps de mobilisation passive si nous ne voulons pas majorer l'enraidissement. De même, si nous n'accompagnons pas les efforts de toux ou de crachats par la tenue des côtes ou des conseils de respiration, ces secousses du diaphragme peuvent être à l'origine de nouvelles douleurs.

Les odeurs du corps, des plaies, du linge, sont elles aussi sources d'inconfort, de rejet social, de nausées ou d'agitation (faute de possibilité pour la personne de se sentir sécurisée dans ses odeurs habituelles).

La barrière cutanée devient de plus en plus fragile. Lorsque la personne âgée est maigre, présente une sécheresse cutanée ou des œdèmes, le risque de blessure est majoré : les bagues, bracelets ou ongles insuffisamment courts du soignant peuvent égratigner l'épiderme, voire provoquer des lésions cutanées plus

conséquentes. Le risque est plus marqué encore si le patient es « lourd » à mobiliser, peu coopérant ou encore s'il nous fau l'attraper vite pour éviter qu'il ne glisse ou chute. Les draps ma tirés, contenant un reliquat de repas ou autres objets « oubliés » (capuchon d'aiguille, miettes de pain), un raccord de sonde coincé sous une cuisse œdématiée sont très inconfortables et peuvent provoquer phlyctène ou nécrose.

Le savonnage excessif n'épargne ni les yeux ni le nez ni le périnée. L'omission de rinçage augmente le risque infectieux. L'essuyage trop rapide avec du linge trop rêche, mal absorbant, favorise les macérations et les dermatoses au niveau des plis cutanés. Coiffer des cheveux très emmêlés reste une épreuve. Des ongles non coupés blessent, d'autant plus si les doigts sont en griffes; taillés trop courts, ils sont gênants et risquent de s'infecter.

Les séquelles de chute représentent plusieurs défis. Il y a le premier temps où la douleur est principalement liée à la suture de la plaie, la meurtrissure musculaire et la réduction d'un hématome avec l'application douce d'un glaçon ou d'une crème antitraumatisme. N'oublions pas pour autant le deuxième temps, à distance de la chute : en effet, les contractures réactionnelles, la résorption des hématomes entraînent fréquemment des douleurs durant les jours ou semaines qui suivent, demandant une vigilance pour tout soin du corps.

Le soin de bouche est un geste aussi intrusif que celui de la toilette intime, et pourtant il n'a pas toujours l'attention requise. Il est fréquemment vécu comme désagréable et ne doit être réalisé que si la personne ne peut l'effectuer elle-même. Si elle refuse et ferme la bouche, il faut se poser d'emblée la question de l'intérêt du soin. Faire ce soin trop près des repas entraîne des nausées. Quel que soit le moment, introduire une brosse à dents trop grosse, une pince ou son doigt trop profondément dans la cavité buccale provoque ce réflexe de vomissement. Les produits mal dilués abrasent la muqueuse; la pince mal capitonnée peu blesser. Si nous ne graissons pas les lèvres et les muqueuses pou enlever les peaux sèches qui se forment parfois, la personn saigne et a mal. Rappelons-nous qu'une prothèse mal entreten et non remise en place ne s'ajuste plus, blesse et deviendra final ment inutilisable, avec toutes les conséquences qui en découle

Certains effets secondaires des thérapeutiques assèchent muqueuses, rendant douloureux les soins des yeux, du nez, conséquentes. Le risque est plus marqué encore si le patient est « lourd » à mobiliser, peu coopérant ou encore s'il nous faut l'attraper vite pour éviter qu'il ne glisse ou chute. Les draps mal tirés, contenant un reliquat de repas ou autres objets « oubliés » (capuchon d'aiguille, miettes de pain), un raccord de sonde coincé sous une cuisse œdématiée sont très inconfortables et peuvent provoquer phlyctène ou nécrose.

Le savonnage excessif n'épargne ni les yeux ni le nez ni le périnée. L'omission de rinçage augmente le risque infectieux. L'essuyage trop rapide avec du linge trop rêche, mal absorbant, favorise les macérations et les dermatoses au niveau des plis cutanés. Coiffer des cheveux très emmêlés reste une épreuve. Des ongles non coupés blessent, d'autant plus si les doigts sont en griffes; taillés trop courts, ils sont gênants et risquent de s'infecter.

Les séquelles de chute représentent plusieurs défis. Il y a le premier temps où la douleur est principalement liée à la suture de la plaie, la meurtrissure musculaire et la réduction d'un hématome avec l'application douce d'un glaçon ou d'une crème antitraumatisme. N'oublions pas pour autant le deuxième temps, à distance de la chute : en effet, les contractures réactionnelles, la résorption des hématomes entraînent fréquemment des douleurs durant les jours ou semaines qui suivent, demandant une vigilance pour tout soin du corps.

Le soin de bouche est un geste aussi intrusif que celui de la toilette intime, et pourtant il n'a pas toujours l'attention requise. Il est fréquemment vécu comme désagréable et ne doit être réalisé que si la personne ne peut l'effectuer elle-même. Si elle refuse et ferme la bouche, il faut se poser d'emblée la question de l'intérêt du soin. Faire ce soin trop près des repas entraîne des nausées. Quel que soit le moment, introduire une brosse à dents trop grosse, une pince ou son doigt trop profondément dans la cavité buccale provoque ce réflexe de vomissement. Les produits mal dilués abrasent la muqueuse; la pince mal capitonnée peut blesser. Si nous ne graissons pas les lèvres et les muqueuses pour enlever les peaux sèches qui se forment parfois, la personne saigne et a mal. Rappelons-nous qu'une prothèse mal entretenue et non remise en place ne s'ajuste plus, blesse et deviendra finalement inutilisable, avec toutes les conséquences qui en découlent. Certains effets secondaires des thérapeutiques assèchent les muqueuses, rendant douloureux les soins des yeux, du nez, des lèvres, surtout s'ils sont espacés ou si cette sécheresse n'est pas prévenue par une humidification régulière.

L'absence de massages doux aux points d'appui ou d'utilisation de matelas spécifiques entraîne l'apparition plus ou moins rapide d'escarres. Les positionnements inconfortables répétitifs pour lever les appuis ou réduire le risque d'œdèmes sont générateurs d'autres difficultés.

Les problèmes d'élimination sont nombreux chez les personnes âgées. Là aussi la vigilance du soignant est requise. La constipation non prévenue est douloureuse et peut mettre en péril la vie même de la personne. L'extraction d'un fécalome sans lubrifiant et anesthésie locale est un acte à proscrire. Une rétention urinaire reste douloureuse et entraîne des perturbations du comportement si elle est négligée. La diarrhée et l'incontinence urinaire irritent la peau si les toilettes et les changes sont insuffisants, et si aucune crème protectrice n'est appliquée; l'omission d'essuyer délicatement ou des essuyages trop vigoureux abrasent l'épiderme. L'œdème des bourses ou des lèvres, les micro-fissures anales, les hémorroïdes rendent l'élimination et la toilette intime fort délicates. Les lésions de grattage et les mycoses sont sources d'inconfort allant de la brûlure à la franche douleur pouvant se manifester jusqu'au refus de soin. Le non-recalotage de la verge est responsable de paraphimosis; la pose sans rigueur, sans rasage préalable, d'un étui pénien est source de douleurs inutiles. La mauvaise installation sur le bassin ou sur la chaise percée crée des douleurs, limite la capacité à déféquer de la personne, malmène les points d'appui. Des excoriations peuvent être directement liées à une protection trop serrée.

Sommes-nous attentifs aux vêtements que nous faisons porter de notre propre initiative, quand la personne ne peut plus manifester de désir? Du fait des modifications physiologiques, les personnes âgées sont souvent frileuses et pas assez couvertes. Il arrive aussi que les vêtements soient mal adaptés (emmanchure, ouverture et boutonnage devant ou derrière, etc.), rendant l'habillage et le déshabillage laborieux. La pose de bas de contention est toujours délicate et se complexifie lorsque la personne âgée est non coopérante. Le choix des chaussures est fondamental : trop petites, trop étroites, trop glissantes, mal ajustées, elles peuvent favoriser les chutes, blesser, créer des compressions douloureuses ou des zones de nécroses difficilement cicatrisables.

Le lit trop haut entrave l'autonomie de la personne, qui a besoin d'aide pour se lever et se coucher.

Sans barres d'appui, sans releveur de cuvette de W-C, aller aux toilettes demande un effort démesuré.

Les fauteuils trop bas, trop hauts, trop creux, trop durs, les dossiers trop courts aggravent les rétractions, les ankyloses, les positions vicieuses et favorisent l'altération cutanée (entailles, escarres).

Les lève-malades électriques ou mécaniques intensifient l'anxiété et les douleurs résiduelles lorsqu'ils sont mal utilisés.

L'absence de cale-pied ou encore une profondeur trop importante du siège favorisent la rétro- ou l'antépulsion, majorant le risque de contractures, de glissements inconfortables ou de chute.

L'absence de matériels adéquats renforce les difficultés : par exemple, celle de chariot-douche ou de baignoire à hauteur variable (pourtant si précieux lors des toilettes complexes, ne serait-ce que par le pouvoir relaxant et porteur de l'eau utilisée à bon escient) ou de fauteuils ergonomiques type coque.

Certaines personnes entièrement dépendantes nécessitent de l'aide pour chaque déplacement du corps, si minime soit-il. La personne alitée est particulièrement vulnérable : axe du corps non respecté ou verrouillé dans une position fœtale, hyperextension de la tête, pieds en équin, compression du plexus brachial lorsque la personne est mise sur le côté, membres mal positionnés, dosseret trop droit ou trop plat, manque d'oreillers, de petits coussins, couvertures pesant trop sur les jambes artéritiques, etc. Le bruit, la lumière violente, le manque ou l'excès de chauffage, la non-protection des rayons du soleil en été sont encore des causes de douleurs.

Nous n'aborderons pas ici les nombreuses questions d'éthique que pose la contention[3] mais notons cependant quelques dérives : bandes trop serrées, bât-flanc dangereux, draps qui entravent complètement la personne empêchant jusqu'au simple geste de se gratter quand elle en éprouve le besoin.

3. Se référer au guide d'aide à la décision, *Contention, non-contention : mesurer les risques à accepter de prendre,* réalisé par M.F. Bernard, C. Boule, A. Larrouture et E. Malaquin-Pavan en 1997 et publié en 2001 dans la revue *Soins* 2001, **656-658**.

DOULEURS ET INTENTION DE LA DÉMARCHE SOIGNANTE

La dernière cause de soins douloureux est directement en lien avec l'approche du corps, dans notre propre manière de transmettre l'intentionnalité de notre démarche soignante. Au cours des soins, l'intimité du corps à corps peut être prétexte à de multiples agressions, qui pourraient sembler anodines à première vue, mais qui, accumulées et répétées chaque jour, deviennent violences induites. Prenons conscience que l'omission, l'oubli, la négligence sont aussi sources d'inconfort douloureux.

La toilette, moment privilégié par excellence, peut tourner au « cauchemar » réciproque. La peur de l'eau, l'incompréhension de ce « souci de propreté » (qui se télescope parfois avec les habitudes anciennes d'économie d'eau) sont autant de sources de révolte. Il n'est pas rare que, forte de ses expériences antérieures douloureuses, la personne âgée se raidisse, s'agrippe, d'autant plus s'il s'agit d'un nouveau soignant qui ne connaît pas ses habitudes, ses difficultés, sa marge d'autonomie. Le corps ankylosé, qui a perdu l'habitude du mouvement spontané, fixé dans des positions vicieuses parfois, ne tire aucun bénéfice de nos gestes rapides, peu enveloppants, saccadés, pour aller vite ailleurs (vers les autres patients !). Être seul alors pour faire un examen clinique, une auscultation, un change, une toilette intime, nous rend démuni, voire maladroit. Écarter les membres inférieurs d'une personne rétractée ou les membres supérieurs pour laver les aisselles demandent un minimum de temps de mobilisation passive si nous ne voulons pas majorer l'enraidissement. De même, si nous n'accompagnons pas les efforts de toux ou de crachats par la tenue des côtes ou des conseils de respiration, ces secousses du diaphragme peuvent être à l'origine de nouvelles douleurs.

Les odeurs du corps, des plaies, du linge, sont elles aussi sources d'inconfort, de rejet social, de nausées ou d'agitation (faute de possibilité pour la personne de se sentir sécurisée dans ses odeurs habituelles).

La barrière cutanée devient de plus en plus fragile. Lorsque la personne âgée est maigre, présente une sécheresse cutanée ou des œdèmes, le risque de blessure est majoré : les bagues, bracelets ou ongles insuffisamment courts du soignant peuvent égratigner l'épiderme, voire provoquer des lésions cutanées plus

D'autre part, le change du linge peut être en lui-même une violence (« C'est à moi! »; « Cela s'use plus vite! »); de la même manière, « faire le ménage » – pour trier les affaires propres ou sales, ouvrir les tiroirs ou les placards à la recherche de produits périmés ou pour éviter toute automédication – peut fermer les possibilités de dialogue, concourir à une non-coopération pour les soins futurs. Il s'agit bel et bien d'une fragilisation potentielle du lien au soignant qu'il faudra alors reconstruire patiemment.

Le repas est un acte social structurant, convivial, qui rythme la vie de la personne âgée. Mais qu'en est-il quand la personne refuse toute alimentation? De nombreux éléments entrent en ligne de compte. Les rythmes sont bousculés par la collectivité (horaires différents; il faut faire manger vite des aliments « trop chauds », « trop froids » ou que la personne n'aime pas). Les représentations autour du fait de « manger pour rester en vie » sont parfois à l'origine d'une hyperstimulation de la part des familles qu'il nous faut circonscrire avec délicatesse. L'introduction dans la bouche, le choix de l'ustensile requis (cuillère, fourchette, seringue, etc.), la nature des aliments à ingérer, la quantité donnée (trop ou pas assez de solides, de liquides) font de l'aide alimentaire un soin complexe. Mal installée, la personne préfère ne plus manger ou est dans l'impossibilité physique de le faire. Des débris alimentaires peuvent stagner dans la cavité buccale (sous les prothèses dentaires, le long des gencives) et être responsables de mauvaise haleine, de sécheresse, d'inconfort et de douleurs. Rallonger immédiatement la personne après le repas ralentit la digestion et favorise les pyrosis.

Le décalage entre le rythme soignant extrêmement rapide et la vacuité du temps de l'« entre-soin » pour la personne âgée peut altérer davantage une fragilité d'adaptation sous-jacente. Ces moments plus ou moins longs de la journée, sans stimulation extérieure, avec pour seul horizon les barrières du lit ou le mur de la chambre, où la personne peut progressivement glisser, se « désinstaller », sont autant de possibilités de mal vivre.

Enfin, le sentiment de déranger, d'être devenu(e) inutile ou « indigne de vivre » vient diminuer le seuil de tolérance à la douleur. Même sans en avoir l'intention, les occasions de faire attendre la personne âgée ne manquent pas : quand elle sonne pour uriner, quand elle est sur les toilettes, le bassin, quand elle est fatiguée au fauteuil et souhaite se coucher, quand elle geint et que nous n'entendons pas... Petits oublis, grandes douleurs et souffrances au quotidien qui nous confrontent trop souvent à nos limites institutionnelles.

En résumé

Nous pouvons retenir que le vécu douloureux du soin, toujours individuel, est influencé par :

- la nature même du geste concerné et l'endroit du corps où il s'effectue ;
- le lien au(x) soignant(s) en charge de celui-ci (confiance ou inquiétude) ;
- la répétitivité du geste ;
- l'ancienneté de la maladie ou du handicap et son évolution (curable ? En rechute ?) ;
- l'âge du patient et son degré de fatigue ;
- les antécédents de douleur déjà vécue par le patient ;
- la représentation qu'il se fait de l'acte par ce qu'il en a lu, entendu par d'autres patients ou par ce qu'il voit du matériel préparé ;
- l'état psychologique de base et actuel du patient (anxiété, dépression, lâcher prise, agressivité, etc.) ;
- les croyances du patient dans les thérapeutiques proposées ;
- la compréhension de la raison du geste ;
- la durée du geste ;
- l'environnement dans lequel il se déroule (calme, agité, bruyant, etc.) ;
- enfin, la maîtrise technique du geste par le soignant, et la capacité de chacun d'entre nous de conserver comme but ultime la personnalisation tenace du soin, malgré sa potentielle répétitivité chronique.

Faire ou ne pas faire ?

Il s'agit bel et bien là d'un équilibre précaire où la mesure du risque à accepter de prendre est une démarche délicate. En amont des possibilités thérapeutiques et des actes de prévention, la notion de nécessité de recourir à ces soins est à poser en équipe. Voici quelques pistes pour guider la décision.

- En quoi le geste de soin à effectuer va-t-il contribuer à la prise en charge thérapeutique du patient ?
- La douleur déclenchée par ce soin est-elle potentielle ou d'emblée une évidence du fait de son aspect invasif ?
- Quels sont les bénéfices escomptés ? Y a-t-il espérance d'un traitement possible, d'une augmentation de confort après le geste (exemple : meilleure respiration après une ponction d'ascite) ?
- Quels en sont les inconvénients inhérents à évaluer, soupeser, anticiper, accepter de prendre ?
- Y a-t-il d'autres alternatives ? Sont-elles envisageables pour ce patient ?
- Peut-on se passer de ce geste ? Si l'on renonce à ce soin, quelle différence pour le patient ?
- Y a-t-il urgence ou peut-on différer celui-ci pour augmenter le sentiment de sécurité du patient ou pour optimiser notre propre organisation ?

Autres situations : douleurs aiguës

B. Peter

La douleur chronique est de mieux en mieux appréhendée, évaluée et prise en charge. Il est admis que par ses répercussions psychologiques, fonctionnelles et sociales, une douleur qui se pérennise devient une entité quasi autonome devant être considérée, traitée et prise en charge pour elle-même, indépendamment de la maladie qui est à son origine. C'est la douleur syndrome [1, 6].

À l'opposé, la douleur aiguë a toujours été considérée comme un symptôme, le signe d'alarme d'un dysfonctionnement brusque de l'organisme [1]. La tendance était de la respecter plutôt que de la combattre, de peur que la suppression du symptôme douleur masque l'affection causale ou en retarde le diagnostic, étant entendu par ailleurs que le traitement de la maladie supprimerait *ipso facto* le symptôme. Mais il convient aussi de prendre en compte le symptôme douleur pour lui-même, et ce pour quatre raisons :

- parce que la douleur est pénible pour le patient;
- parce qu'elle peut aggraver l'affection causale ou en retarder la guérison;
- parce que des douleurs modérées ou atypiques peuvent être quasiment le seul signe d'une maladie grave telle qu'un infarctus du myocarde ou une occlusion intestinale;
- parce que la survenue d'une douleur « nouvelle » chez un patient par ailleurs douloureux chronique peut être en relation avec une pathologie aiguë qu'il ne faudra pas méconnaître.

LA DOULEUR AIGUË ET SES EFFETS

Une douleur aiguë est définie par un début précis, une intensité en général forte, une localisation et des caractéristiques qui lui sont propres concernant son déroulement dans le temps – continu ou intermittent, d'intensité constante ou variable – et les sensations ressenties par le patient : brûlure, constriction, crampe, coup de couteau, etc. Elle s'accompagne souvent d'une réaction neurovégétative : tachycardie, poussée tensionnelle, sueur, pâleur. Elle remplit une fonction d'alarme, et plus elle est aiguë, c'est-à-dire de survenue brusque et d'intensité forte, plus elle est génératrice de tension, de stress et d'anxiété pour le patient [7].

Sur le plan général, elle provoque l'activation du système adrénergique et de l'axe hypophyso-surrénalien, ce qui a de nombreuses conséquences, telles qu'une tachycardie, une hypertension, une augmentation des besoins en oxygène du muscle cardiaque. Dans l'infarctus du myocarde, une douleur non contrôlée peut aggraver l'ischémie [2].

Localement, la douleur aiguë a également une série d'effets potentiellement néfastes. Les influx nociceptifs peuvent donner lieu à un spasme musculaire réflexe et entraîner la libération locale de neuropeptides. Le plus sérieux de ces effets adverses, c'est l'altération de la fonction diaphragmatique susceptible d'entraîner une accumulation des sécrétions et une atélectasie, facteurs de surinfection broncho-pulmonaire. Des douleurs digestives peuvent provoquer un iléus, des nausées, des vomissements, une constipation. Des douleurs de la sphère urinaire ou de la hanche peuvent être à l'origine d'une rétention aiguë d'urine. La limitation de l'activité physique par peur d'une douleur à la mobilisation augmente le risque thrombo-embolique [4]. Les vieillards fragiles sont tout spécialement exposés à ces complications en raison de leur polypathologie. Une douleur non contrôlée peut ainsi contribuer à une décompensation en cascade de leurs diverses affections chroniques.

Une douleur, qu'elle soit aiguë ou chronique, est caractérisée par son mécanisme (nociceptive, neurogène), par son étiologie (traumatique, mécanique, infectieuse, ischémique, postopératoire – l'intervention constituant en quelque sorte un traumatisme iatrogène) ou par le traitement, médical ou chirurgical, de l'affection qui en est la cause. Mais, ce dernier peut varier, notamment depuis la banalisation des techniques dites « interventionnelles » telles que les angioplasties percutanées et les sphinctérotomies par voie endoscopique. D'autre part, certaines affections peuvent être traitées tantôt médicalement, tantôt chirurgicalement. La distinction entre douleurs médicales et douleurs chirurgicales n'a donc pas beaucoup d'intérêt.

ABORD CLINIQUE

La douleur, phénomène subjectif, impossible à mesurer objectivement et difficile à évaluer, ne peut qu'être dite, décrite ou exprimée par une mimique, une attitude, un comportement. Sa cause et ses répercussions doivent toujours être recherchées. Mais, chez les sujets âgés, les difficultés de l'anamnèse, les modifications anatomiques et physiologiques liées au vieillissement et les pathologies associées peuvent même rendre ardu le diagnostic d'affections courantes.

Pour aborder un patient très âgé se plaignant d'une douleur aiguë, le médecin doit commencer par le mettre en confiance et se mettre à son écoute, en faisant preuve de jugement et de discernement. Au cours de l'entretien, les points suivants demandent à être précisés, éventuellement avec l'aide d'un proche :

- Quel est l'état mental du patient? Est-il lucide? Ses capacités cognitives sont-elles conservées? Quel est son état émotionnel?
- Dans quelles circonstances, dans quel contexte, la douleur est-elle survenue : traumatisme, effort, stress, etc.?
- Quelles sont les caractéristiques de la douleur : sensations ressenties, topographie, intensité, évolution dans le temps?
- Quels sont les symptômes avant-coureurs, les troubles associés : frissons et fièvre, nausées, vomissements, malaise?
- Quel est le retentissement somatique et psychologique de la douleur : anorexie, insomnie, agitation ou, au contraire, prostration, stress, anxiété, etc.?
- Quels sont les antécédents médicaux, chirurgicaux, obstétricaux, psychiatriques du patient?

Au cours de cet entretien, le comportement douloureux du patient aura pu être observé. Qu'exprime-t-il par sa mimique, son faciès, son rythme respiratoire? Gémit-il? Est-il agité ou au contraire calme, voire prostré? Adopte-t-il une attitude antalgique, évite-t-il certains mouvements? Son comportement s'est-il modifié : est-il devenu anormalement calme ou, au contraire, agité? Ces constatations prennent une importance particulière en présence d'un patient incapable de s'exprimer de façon cohérente parce qu'il est confus, dément ou trop anxieux. C'est une éventualité qui est loin d'être exceptionnelle en gériatrie. Des troubles associés (vomissements, dyspnée, fièvre) peuvent mettre sur la voie. Mais, c'est l'examen clinique soigneux, complet, qui pourra faire la preuve d'une affection douloureuse

ou, au moins, orienter les examens complémentaires. Au total, chaque fois que l'on constate une modification dans l'état ou le comportement d'un patient incapable de s'exprimer, il faut systématiquement se demander s'il n'est pas devenu douloureux. L'évaluation de l'intensité de la douleur est aisée chez un malade lucide, jouissant de tous ses moyens intellectuels : il essaiera de la décrire, de la commenter. À la limite, il saura manier la réglette en vue d'une évaluation analogique. Il en va autrement chez un malade aux fonctions cognitives ou à l'état de conscience altérés. Bien qu'elles aient plutôt été validées dans les douleurs chroniques, on peut avoir recours aux « échelles gériatriques » : DOLOPLUS 2 ou ECPA.
Seront ici envisagées successivement les douleurs d'origine traumatique, les douleurs dans les situations d'urgence, les douleurs hors urgences et enfin les douleurs postopératoires. Sauf pour ces dernières, il ne sera pas fait allusion aux traitements, puisqu'un chapitre particulier de cet ouvrage leur est consacré (page 255). C'est pour la même raison que les douleurs aiguës neurologiques et rhumatologiques ne seront pas abordées dans ce chapitre.

DOULEURS TRAUMATOLOGIQUES

Toute lésion traumatique un peu importante est douloureuse, qu'il s'agisse d'une fracture, d'une entorse, d'une hémarthrose, ou simplement d'un hématome ou d'une contusion des parties molles. Parmi les douleurs aiguës du sujet âgé, celles d'origine traumatique sont probablement, avec les douleurs rhumatologiques, neurologiques et cancéreuses déjà abordées dans cet ouvrage, les plus fréquentes.

Fractures

Ce sont les traumatismes les plus redoutables pour les personnes âgées. Indépendamment de leurs conséquences à moyen et à long terme, elles ont deux inconvénients immédiats : elles sont en général très douloureuses et elles entraînent une impotence fonctionnelle. La douleur est consécutive à la rupture du périoste, richement innervé, l'os lui-même étant indolore. Quant à l'impotence fonctionnelle, elle a une composante mécanique – la rupture de la continuité osseuse – et une composante réflexe :

l'exacerbation de la douleur à la moindre ébauche de mouvement s'oppose à l'exécution de ce mouvement. Rien d'étonnant donc à ce que la douleur à la mobilisation soit le signe le plus constant des fractures.

Les causes de l'incidence élevée des fractures chez les sujets d'âge avancé sont bien connues : fragilité osseuse liée à l'ostéoporose postménopausique et d'involution, fréquence des chutes, dont les causes sont multiples (neurologiques par troubles de l'équilibre et désadaptation psychomotrice, cardiovasculaires par troubles du rythme, angor, hypotension orthostatique, iatrogènes, etc.). Les principales localisations fracturaires sont l'extrémité supérieure du fémur, de loin la plus fréquente, les corps vertébraux dorsaux et lombaires, la tête de l'humérus, le poignet, les côtes, le bassin, mais aussi la clavicule, la cheville, le plateau tibial, la rotule et finalement n'importe quel article du squelette.

Le diagnostic clinique est orienté par la notion d'un traumatisme, le siège de la douleur (dans le creux inguinal pour les fractures de l'extrémité supérieure du fémur), la déformation et/ou l'attitude vicieuse, la palpation et un essai de mobilisation prudent. Il est affirmé par la radiographie standard, ou la tomodensitométrie dans les rares cas douteux.

Contusions des parties molles, plaies et hématomes

Ils sont en général de diagnostic facile. La mise en évidence d'un hématome profond peut nécessiter une échographie mais l'étiologie en est rarement traumatique. La gravité de ces traumatismes, apparemment bénins quoique souvent fort douloureux, est liée à l'impotence fonctionnelle et à une sorte de sidération psychomotrice générée par la douleur. C'est probablement la raison pour laquelle, les exercices pour se relever du sol, si bien réussis dans les « ateliers équilibre », échouent souvent lamentablement après une véritable chute.

Des hématomes peuvent aussi survenir en l'absence de tout traumatisme, lors d'un surdosage en anticoagulants ou d'une thrombopénie. Ils peuvent devenir extrêmement douloureux quand ils dilacèrent les fibres musculaires et mettent sous tension les fascias et les aponévroses. C'est par exemple le cas de l'hématome des muscles grands droits de l'abdomen.

Hémarthroses et entorses

Les hémarthroses touchent surtout les genoux. La douleur est vive, exacerbée par les mouvements de flexion. La notion de choc direct, la tension de l'articulation et la mise en évidence d'un choc rotulien affirment le diagnostic. La radiographie du genou permet de s'assurer de l'intégrité des segments osseux. La ponction évacuatrice apporte un soulagement immédiat. Quant aux entorses, elles sont plutôt rares chez le sujet âgé et touchent surtout les chevilles. Les arrachements osseux sont plus fréquents que les ruptures ligamentaires et tendineuses.

DOULEURS DANS LES SITUATIONS D'URGENCE

Parmi les douleurs aiguës non traumatiques, il convient de faire une place à part aux situations d'urgence, dans lesquelles une douleur souvent intense est l'un des éléments les plus importants du tableau clinique. Seront abordées successivement les douleurs cardiocirculatoires et les douleurs digestives.

Douleurs cardiaques et circulatoires

Infarctus du myocarde

Il peut survenir chez un coronarien connu ou être inaugural. Dans les cas typiques, la douleur rétrosternale, constrictive, irradiant dans les mâchoires, les épaules et le membre supérieur gauche est tout à fait caractéristique, notamment par sa persistance dans le temps. Le tableau peut être atypique : douleur abdominale et signes digestifs des nécroses inférieures, douleur atténuée, voire absente, en cas de diabète, troubles du rythme prédominants. Chez le sujet âgé, jusqu'à 75 % des infarctus du myocarde aigus seraient indolores [3]. L'électrocardiogramme (ECG) et les dosages enzymatiques (CPK, troponine I, myoglobine) aideront à préciser un diagnostic que dans les cas douteux seule la coronarographie permettrait d'affirmer à coup sûr.

Embolie pulmonaire

Le tableau typique – douleur basi-thoracique, dyspnée, hémoptysie – n'est pas le plus fréquent. C'est souvent le contexte clinique (décompensation cardiaque, intervention chirurgicale, affection néoplasique, etc.) qui doit y faire penser. Le diagnostic repose sur des examens complémentaires – scintigraphie pulmonaire de ventilation et de perfusion, scanner spiralé, échographie cardiaque – qui ne sont pas toujours d'accès facile et de réalisation aisée quand il s'agit de malades très âgés.

Dissection aortique

Pathologie heureusement rare compliquant généralement une hypertension artérielle, la dissection aortique se signale par une douleur intense à début brusque. Son siège dépend de la localisation de la lésion – thoracique antérieure ou postérieure, dorsale, lombaire – et peut se modifier avec le progrès de la dissection. L'examen peut révéler un souffle d'insuffisance aortique, une asymétrie des pouls et de la tension artérielle, des troubles neurologiques (paraplégie par atteinte des artères médullaires) ou urinaires (anurie par atteinte des artères rénales). Le diagnostic est fait par l'échographie, le scanner, l'imagerie par résonance magnétique (IRM), l'aortographie.

Ischémie aiguë d'un membre

De survenue beaucoup plus fréquente qu'une dissection, l'oblitération brutale du tronc artériel d'un membre par embolie ou par thrombose entraîne une vive douleur, une impotence fonctionnelle et des signes traduisant l'interruption circulatoire : membre froid et livide, abolition des pouls. Chez le sujet âgé, l'ischémie aiguë des membres supérieurs est généralement d'origine embolique; celle des membres inférieurs complique plus souvent une artérite. Les antécédents (artérite connue) et le contexte clinique (cardiopathie emboligène) permettent d'orienter le diagnostic qui est affirmé par l'écho-doppler et confirmé, le cas échéant, par l'artériographie.

Douleurs digestives

La douleur est l'un des symptômes majeurs des urgences abdominales, du moins dans leur présentation typique. Mais, chez les patients très âgés, le tableau peut être moins caractéristique, si bien que le diagnostic étiologique d'un « abdomen aigu » est souvent délicat. L'appendicite, une occlusion, une péritonite, un infarctus mésentérique sont les principales éventualités à évoquer [16].

Appendicite

Dans sa forme typique, le diagnostic d'appendicite est aisé : apparition brutale d'une douleur de la fosse iliaque droite accompagnée de vomissements, parfois de diarrhées, défense à la palpation, douleur à droite au toucher rectal, fièvre et hyperleucocytose. Mais, même chez le patient jeune, les signes peuvent être atypiques en raison de la situation de l'appendice (psoïtis de l'appendicite rétro-cæcale) ou d'un début plus progressif. Chez le sujet âgé, la douleur est souvent moins franche, et la crise d'appendicite peut prendre une expression pseudo-tumorale ou occlusive. Un tableau « d'appendicite gauche » est en général le fait d'une diverticulite sigmoïdienne. Laissée à elle-même, l'infection appendiculaire peut s'étendre localement vers la paroi abdominale et provoquer un plastron appendiculaire ou, après rupture de l'appendice dans le péritoine, provoquer une péritonite.

Péritonite

La péritonite résulte en effet, dans la majorité des cas, de la perforation d'un organe creux dans la cavité péritonéale : appendice, estomac ou duodénum (ulcère perforé), vésicule biliaire (cholécystite), plus rarement côlon (fécalome, diverticulite sigmoïdienne). Exceptionnellement, l'infection péritonéale est hématogène (péritonite à pneumocoque, à streptocoque) ou de proximité (dilatation colique sans rupture). La douleur est généralement intense, permanente, exacerbée par les mouvements. Elle s'accompagne rapidement d'une contracture visible et surtout palpable. La radiographie en position semi-assise peut révéler un croissant d'air sous-diaphragmatique.

Occlusion intestinale

Schématiquement, elle résulte d'un obstacle intraluminal (tumeur, calcul biliaire), d'une compression extrinsèque (tumeur de voisinage, hernie étranglée, bride) ou du volvulus d'un segment intestinal mobile (sigmoïde, cæcum, anse grêle).

Cliniquement, elle se caractérise par un arrêt douloureux des matières et des gaz. La douleur peut évoluer par crises sous forme de colique mais elle peut aussi être continue. Elle est parfois violente, pliant le malade en deux. Elle peut être beaucoup moins forte chez un malade âgé. Elle s'accompagne de vomissements d'autant plus précoces que le siège de l'occlusion est plus haut. À l'examen, théoriquement, un ventre plat est synonyme d'occlusion sur le grêle, un ventre ballonné d'occlusion sur le côlon. La palpation découvre parfois une anse dilatée; elle s'assurera de la

liberté des orifices herniaires. L'auscultation de l'abdomen est silencieuse. La radiographie sans préparation à rayon horizontal révèle des niveaux hydro-aériques caractéristiques.
Chez les patients âgés, particulièrement les femmes, la constipation est beaucoup plus fréquente que l'occlusion. Elle peut aussi provoquer des douleurs abdominales. Le toucher rectal mais surtout le cliché de l'abdomen feront la preuve de l'encombrement stercoral. Son évacuation, qui n'est pas toujours simple, apportera un soulagement immédiat.

Infarctus mésentérique

L'occlusion par thrombose ou par embolie de l'artère mésentérique ou de l'une de ses branches est une éventualité heureusement rare, survenant dans un contexte clinique d'athérome ou de cardiopathie emboligène. Elle réalise un tableau gravissime associant une violente douleur, d'abord périombilicale puis étendue à tout l'abdomen, des vomissements, parfois l'émission de sang par l'anus. Le ventre est en général plat, très sensible à la palpation. Le toucher rectal peut ramener un peu de sang. Un état de choc n'est pas exceptionnel. La radiographie de l'abdomen sans préparation ne révèle pas de niveau, pas de pneumopéritoine, mais souvent un grêle plus ou moins dilaté. L'écho-doppler peut contribuer au diagnostic que seule l'aortographie permettrait d'affirmer avec certitude. Le pronostic, sombre, dépend de l'extension des lésions et de la rapidité de l'intervention chirurgicale.

DOULEURS HORS URGENCES

Douleurs cardiaques

Fréquentes chez le sujet âgé, elles sont le plus souvent en relation avec une ischémie myocardique, beaucoup plus rarement avec une péricardite [3, 13].

Angine de poitrine

Symptomatique de l'ischémie myocardique, l'angor est la cause la plus fréquente de douleur d'origine cardiaque. Survenant initialement à l'effort, ultérieurement au repos, il peut rapidement aboutir à un infarctus du myocarde ou rester stable de façon prolongée. Dans sa forme typique, les caractéristiques de la douleur angineuse sont bien connues. Dans sa forme « simple », elle ne dure habituellement pas plus de 10 à 15 min. Lorsqu'elle se prolonge, il faut penser à un angor de Prinzmetal ou à un syndrome de menace. Chez le sujet âgé, l'ischémie myocardique est souvent silencieuse ou traduite par un trouble du rythme. L'ECG de repos ou d'effort (prudence chez le sujet âgé!), les épreuves isotopiques et, en dernière analyse, la coronarographie permettent de préciser le diagnostic.

Péricardite aiguë

Elle est exceptionnelle chez le sujet âgé. La douleur est rétrosternale, susceptible d'irradier vers le cou ou les épaules au point d'en imposer pour un angor, mais elle est exacerbée par la rotation du tronc, l'inspiration profonde et la toux, soulagée par la position assise avec antéflexion du tronc. Un frottement péricardique, des modifications du segment S-T à l'ECG et l'échographie cardiaque confirmeront le diagnostic.

Douleurs pleuro-pulmonaires

Douleur pleurale

Elle est généralement unilatérale, consécutive à une inflammation ou une irritation de la plèvre pariétale. Elle est en général violente, à type de point de côté, accentuée comme la douleur péricardique par l'inspiration profonde et la toux. En début d'évolution, l'auscultation peut percevoir un frottement pleural. À l'apparition d'un épanchement, douleur et frottement s'estompent en général pour faire place à la dyspnée. C'est en effet souvent par une douleur que débute une pleurésie. D'autres étiologies de douleur pleurale sont représentées par l'infarctus pulmonaire, la pneumonie et la très exceptionnelle pleurodynie de la maladie de Bornholm, due à un *coxsackievirus B*.

Pneumothorax

Une douleur thoracique unilatérale d'apparition brutale accompagnée de dyspnée doit orienter vers un pneumothorax, complication possible et grave d'un emphysème chez le sujet âgé. Le diagnostic clinique est difficile mais une radiographie du thorax de bonne qualité l'affirme facilement. D'autres étiologies sont exceptionnelles : rupture de l'œsophage, rupture d'un abcès dans la plèvre à l'origine d'un emphysème, complication d'une ventilation mécanique.

Bronchite aiguë

Mais, même une bronchite aiguë peut provoquer une douleur thoracique, surtout lorsqu'elle s'accompagne d'une toux quinteuse. Cette étiologie bénigne est probablement la plus fréquente chez le sujet âgé. La codéine, susceptible de calmer la toux, calme aussi la douleur.

Douleurs aiguës d'origine digestive

Elles constituent un chapitre vaste et disparate de la pathologie, d'approche difficile, car une douleur abdominale peut tout aussi bien être symptomatique d'une affection bénigne que révéler une pathologie grave. Il importe toujours de bien la situer dans son contexte [16].

Douleurs œsophagiennes

Elles ont schématiquement trois expressions cliniques : la dysphagie douloureuse, le pyrosis (brûlures rétrosternales ascendantes) et les douleurs pseudo-angineuses. À leur origine, trois mécanismes physiopathologiques sont évoqués : le reflux gastro-œsophagien, les troubles moteurs de l'œsophage et la sensibilité à la distension [3]. Ce sont la radiographie (transit œsophagien) et l'endoscopie qui sont les plus contributives pour le diagnostic. En cas de douleur pseudo-angineuse, il faut éliminer par les examens adéquats un angor authentique, d'autant plus que les deux pathologies peuvent être intriquées chez le sujet âgé. Un hématome « spontané » de l'œsophage, favorisé par un traitement anticoagulant et/ou antiagrégant, peut être à l'origine d'une douleur pseudo-angineuse sévère [11].

Douleurs d'origine gastrique

Elles ne sont violentes que dans deux circonstances : la dilatation aiguë de l'estomac, qui est très rare, et l'ulcère perforé. Une douleur modérée, peu ou prou influencée par les repas, doit faire évoquer une gastrite, un ulcère gastro-duodénal, un cancer de l'estomac ou une artérite mésentérique.

Une gastrite débute rarement à un âge avancé. Elle évolue en général par poussées de rythme irrégulier, entrecoupées de rémissions, sur des périodes longues. La douleur est le plus souvent à type de brûlures épigastriques, postprandiale, déclenchée par des aliments spécifiques que le patient connaît bien. Elle s'accompagne fréquemment d'éructations.

Un ulcère gastro-duodénal peut débuter à n'importe quel âge. Mais, chez le vieillard, la douleur, quand elle existe, est rarement aussi typique que chez l'adulte jeune. Les formes asymptomatiques, les ulcères de stress et ceux compliquant la prise d'anti-inflammatoires non stéroïdiens (AINS) sont plus fréquents que la forme classique.

Un cancer de l'estomac peut se révéler par une douleur épigastrique d'allure banale, peu intense au début, qui n'éveillera pas l'attention tant qu'elle reste isolée.

Dans tous ces cas, l'examen clinique est habituellement peu contributif. Il ne faut donc pas hésiter à demander une œso-gastroscopie, notamment dans trois circonstances : lorsque la douleur d'une gastrite ancienne change de caractère, lorsqu'une douleur épigastrique n'est pas rapidement guérie par un traitement symptomatique et surtout lorsqu'elle s'accompagne d'une anorexie, d'une perte de poids, d'une anémie. L'endoscopie, complétée de biopsies, permettra d'affirmer la nature de la lésion en cause.

Artérite mésentérique

Une douleur à type de crampe, de barre épigastrique ou médio-abdominale, survenant après les repas, surtout s'ils ont été abondants, peut être symptomatique d'une artérite mésentérique. L'auscultation soigneuse peut découvrir un souffle abdominal. Entre des mains entraînées, l'écho-doppler peut orienter le diagnostic, qui sera affirmé et documenté par l'artériographie.

Douleurs hépato-biliaires

Douleurs hépatiques aiguës

Elles sont rares. Elles s'expliquent par une augmentation rapide du volume du foie [16]. Elles se rencontrent dans le foie cardiaque consécutif à une décompensation cardiaque droite aiguë, à la suite d'une embolie pulmonaire ou d'une péricardite, par exemple lors d'un syndrome de Budd-Chiari aigu ou lors d'une hépatite alcoolique aiguë. Ces trois dernières éventualités sont exceptionnelles en gériatrie.

Douleurs aiguës liées à une pathologie des voies biliaires

Elles sont beaucoup plus fréquentes et reconnaissent trois étiologies : la colique hépatique, la cholécystite aiguë, certaines angiocholites.

La douleur de la *colique hépatique* débute en quelques minutes pour atteindre rapidement une intensité forte à très forte. Elle siège dans l'hypochondre droit ou l'épigastre, irradie en ceinture à droite et vers l'épaule, bloque la respiration. Elle dure de 30 min à quelques heures puis s'estompe progressivement, pour laisser parfois persister une légère douleur résiduelle. Elle n'évolue pas par vagues comme la douleur d'une occlusion. Le terme de « douleur biliaire » serait donc plus approprié que celui de « colique ». Elle est due à une distension de la vésicule et s'accompagne souvent de vomissements. L'examen met en évidence une douleur au point de Murphy exacerbée à l'inspiration, voire une défense, qui cède cependant durant l'examen.

La douleur de la *cholécystite aiguë* est celle d'une colique hépatique. Elle s'accompagne, dans les formes typiques, de vomissements, de fièvre et d'une hyperleucocytose. Chez les sujets âgés, une forme pseudo-occlusive avec arrêt des matières et des gaz n'est pas exceptionnelle. À l'examen, la défense dans l'hypochondre droit est en général nette.

La lithiase du cholédoque compliquée d'*angiocholite*, dans sa forme typique, est une colique hépatique suivie d'un frisson, de fièvre et, dans les 24 h, de l'apparition d'un ictère variable dans le temps. Mais, cette forme typique est loin d'être la plus fréquente. Chez le sujet âgé, la lithiase du cholédoque peut rester longtemps asymptomatique, et l'angiocholite se présente bien souvent comme un ictère fébrile, voire comme une fièvre isolée.

Dans toute douleur biliaire, l'examen de choix est l'échographie, qui visualise les calculs vésiculaires, l'épaississement des parois vésiculaires en cas de cholécystite, une éventuelle dilatation du cholédoque, l'état du foie et du pancréas. En revanche, elle décèle mal les calculs du cholédoque, mieux mis en évidence par la cholangiographie perendoscopique ou la cholangio-IRM.

Douleur aiguë pancréatique

Pancréatite aiguë

Elle est rare chez le sujet âgé. Elle se manifeste par une douleur très violente, transfixiante, prolongée, et s'accompagne de signes généraux importants. Elle peut compliquer une lithiase biliaire, une intervention chirurgicale, beaucoup plus exceptionnellement une hyperparathyroïdie.

Pseudo-kyste du pancréas

Il peut également s'accompagner de poussées douloureuses. Ce sont les dosages biologiques, notamment l'amylasémie, et l'échographie qui permettront de faire le diagnostic étiologique de ces douleurs.

Douleurs urologiques

Les douleurs urologiques aiguës sont liées à une distension des voies urinaires avec spasme associé ou non à une infection du tractus urinaire.

Colique néphrétique

Causée par la migration d'un calcul ou, beaucoup plus rarement, d'un caillot, la douleur de la colique néphrétique est en général très intense, pire que celle de l'accouchement, de l'avis de femmes qui ont l'expérience des deux [14]. Elle prend naissance dans le flanc et a tendance à irradier vers la vessie et les organes génitaux externes à mesure que le calcul descend dans l'uretère. Elle procède par vagues puissantes, séparées par de brèves périodes de répit. Elle peut durer plusieurs heures, davantage si le calcul est arrêté dans sa progression. Elle est souvent accompagnée de nausées, de troubles végétatifs et d'une profonde sensation de malaise.
Autant un patient présentant une crise de douleur biliaire est immobile, respirant avec précaution, autant celui souffrant d'une colique néphrétique peut être agité. À la palpation, le flanc est endolori, avec, fréquemment, une douleur exquise aux points costo-vertébral et ilio-lombaire. On constate souvent une hématurie. L'échographie peut mettre en évidence le calcul fauteur du trouble et vérifie les répercussions éventuelles sur les cavités excrétrices rénales.

Rétention d'urine

Consécutive à un obstacle sous-vésical ou à une paralysie du détrusor, elle peut être parfaitement indolore si elle s'est installée à bas bruit. La distension vésicale n'est pas toujours cliniquement décelable mais elle est très bien mise en évidence par l'échographie. Au contraire, quand elle est d'installation aiguë, la rétention d'urine s'accompagne d'une vive douleur et d'un impérieux besoin d'uriner. Un éventuel bombement de la paroi abdominale, une matité sus-pubienne et la palpation d'une tuméfaction arrondie traduisent l'existence d'un globe vésical qui est souvent associé à une incontinence par regorgement. L'échographie permet d'en évaluer le volume. Chez le sujet âgé, une rétention aiguë d'urine peut être le seul signe d'un accident vasculaire cérébral. Le sondage évacuateur soulage instantanément la douleur.

Pyélonéphrite aiguë

C'est une infection du rein et des voies excrétrices. Son expression clinique est variable mais elle est très souvent douloureuse : endolorissement lombaire ou véritable colique néphrétique quand elle complique une migration calculeuse. Le tableau général d'infection avec frissons, fièvre, hyperleucocytose, peut être sévère. La palpation du flanc peut elle aussi être douloureuse. L'échographie permet de vérifier l'état du rein et des voies excrétrices. Hémocultures et urocultures peuvent mettre en évidence le germe responsable.

Cystite

Elle se traduit par un besoin douloureux d'uriner, une pollakiurie, des brûlures mictionnelles, une douleur sus-pubienne postmictionnelle et parfois une hématurie. L'examen clinique et surtout l'échographie élimineront l'existence d'une rétention d'urine, et l'uroculture, là aussi, permet de préciser le germe en cause. La cystite est particulièrement fréquente chez la femme âgée, favorisée par un urètre court et les remaniements liés à l'anœstrogénie, mais l'homme âgé n'est pas épargné, vu la fréquence de la pathologie prostatique.

DOULEUR POSTOPÉRATOIRE

Pendant longtemps, « la douleur postopératoire a été considérée comme une partie fort déplaisante, mais par ailleurs bénigne et inévitable de la chirurgie » (A.M. Egbert) [4]. Or, l'intervention chirurgicale la plus soigneusement conduite n'en réalise pas moins un traumatisme qui provoque la libération de substances médiatrices de l'inflammation et l'activation du système adrénergique. La douleur, dont les effets généraux et locaux ont été esquissés plus haut, ne fait qu'aggraver ces réactions. Le contrôle de la douleur postopératoire revêt donc une importance toute particulière, non seulement pour des raisons de confort pour les patients, mais surtout pour réduire la morbidité, la mortalité, la durée d'hospitalisation et les coûts liés à une intervention chirurgicale [8].

Contrôle de la douleur postopératoire

Rien ne permet d'affirmer que les vieillards fragiles ressentent moins la douleur que les adultes jeunes, même si dans des situations algiques identiques, ils requièrent des doses d'antalgiques moindres que des sujets plus jeunes, non parce qu'ils ont moins mal mais pour des raisons pharmacodynamiques et pharmacocinétiques [15]. De plus, la douleur postopératoire est prévisible. Elle est donc accessible à un traitement préventif.

Le contrôle de la douleur est certes plus difficile chez le sujet âgé car sa polypathologie l'expose à plus de complications que le sujet jeune. Si les nausées semblent plus rares, la confusion mentale en revanche est beaucoup plus fréquente chez le vieillard. Le diagnostic, l'évaluation et le suivi de la douleur sont également plus difficiles, et le sujet âgé peut beaucoup moins souvent que le sujet jeune contrôler et moduler lui-même son traitement antalgique [5].

Modalités de l'analgésie postopératoire

L'exposé détaillé des modalités de l'analgésie postopératoire dépasserait le cadre de cet ouvrage. Voici cependant quelques données générales sur les substances employées et leur mode d'administration.

Anti-inflammatoires non stéroïdiens (AINS)

Ils sont actifs sur des douleurs modérées à moyennes. Les prostaglandines (PG), sécrétées à la suite de l'activation par le traumatisme chirurgical de la cascade de l'acide arachidonique, sensibilisent les terminaisons nerveuses à des médiateurs de la douleur tels que la bradykinine. La prévention de la synthèse de PG par les AINS est ainsi susceptible de réduire la douleur. Comme tous les analgésiques périphériques, les AINS ont un effet plafond, à des doses moindres que celles requises pour leur action anti-inflammatoire. Les AINS réduisent les besoins en narcotiques ainsi que leurs effets secondaires, notamment dans le domaine des troubles respiratoires après chirurgie [9].

Leurs complications habituelles, ulcères gastro-duodénaux et hémorragies digestives, seraient peu fréquentes quand ils sont prescrits à titre antalgique, mais sont possibles. L'action préventive anti-ulcéreuse du misoprostol et des inhibiteurs de la pompe à protons n'est pas connue dans cette indication. Le risque d'insuffisance rénale est réel chez les vieillards fragiles mais peu important. Il est très net chez les sujets déshydratés, insuffisants rénaux préalables, cirrhotiques ou en décompensation cardiaque, qui ne devraient par recevoir d'AINS. Enfin, certaines molécules telles que l'indométhacine et le sulindac sont susceptibles de provoquer une confusion mentale chez les vieillards fragiles [5].

Opiacés

Ils entraînent à dose identique des taux sanguins plus élevés et des effets pharmacologiques plus prononcés chez les patients âgés que chez les sujets jeunes. En effet, avec l'avance en âge, le volume de distribution et la clairance de la morphine diminuent, alors que la sensibilité cérébrale aux antalgiques augmente. La dépression respiratoire n'est pas un effet secondaire mais un signe de surdosage manifeste. Les agonistes-antagonistes de la morphine tels que la nalbuphine provoqueraient plus facilement des confusions chez le sujet âgé et sont à éviter en postopératoire. Les molécules à demi-vie courte sont les plus appropriées : l'effet antalgique est rapide et le danger d'accumulation est moindre. Les molécules de choix sont la morphine, accessoirement la codéine associée au paracétamol [4].

Quand la douleur n'est pas trop forte et que la *voie orale* est possible, la potion de morphine peut être employée, à une dose initiale de 5 à 10 mg de chlorhydrate de morphine toutes les 4 h, posologie à augmenter jusqu'à 20 mg et au-delà en cas de besoin. La morphine peut éventuellement être administrée par *voie sublinguale* sous forme de sulfate.

En raison de son absorption lente et de son effet prolongé, le fentanyl par *voie transdermique* n'a pas d'indication dans la douleur postopératoire.

Le plus souvent, l'analgésie postopératoire a recours à la voie parentérale, en particulier quand la douleur est sévère. La *voie intramusculaire* est potentiellement dangereuse chez le vieillard fragile. En effet, durant le pic sanguin, l'effet sédatif est souvent trop important et provoque une hypoxie. De plus, en raison de la susceptibilité individuelle, la dose à administrer est difficile à déterminer.

La *perfusion intraveineuse continue* permet d'éviter les inconvénients liés aux pics sanguins. Précédée d'une dose de charge, elle permet rapidement d'obtenir une analgésie stable. La dose requise pendant les premières 24 h après l'opération dépendrait plus de l'âge du patient que de tous les autres paramètres et pourrait être approchée par la formule de Mac Intyre et Jarvis [12] :

$$D\ (mg) = 100 - \text{âge (en années)}$$

Depuis la fin des années 1970, l'*analgésie intraveineuse contrôlée par le patient* (ACP) est devenue la pratique de référence en matière d'analgésie postopératoire. Un dispositif électronique permet au patient de s'administrer des doses d'un opiacé en des quantités, à des intervalles et jusqu'à une dose *maxima* programmés au préalable par le médecin et révisables en fonction du résultat obtenu. Le patient peut ainsi contrôler lui-même sa douleur. Les molécules les plus utilisées sont la morphine, accessoirement le fentanyl. Des bolus de morphine de 0,01 mg/kg peuvent être proposés, à un intervalle supérieur ou égal à 10 min [5]. Les risques de dépression respiratoire et de confusion mentale sont moindres qu'avec l'analgésie par voie intramusculaire ou épidurale. La satisfaction des patients est plus élevée [4, 5].

L'ACP a été proposée avec succès à des vieillards fragiles [5] mais les patients doivent impérativement être lucides. La confusion mentale et la démence sont des contre-indications. Par ailleurs, le personnel doit être bien formé à cette technique car des surdosages sévères par erreur de programmation de la pompe ont été rapportés. Les patients eux aussi ont besoin d'une formation, et les vieillards fragiles doivent être tout spécialement surveillés.

L'*analgésie par voie péridurale* ou plus rarement *intrathécale* est une autre méthode de contrôle de la douleur postopératoire. L'opiacé, injecté au moyen d'un cathéter dans l'espace péridural ou dans le canal rachidien à intervalles réguliers ou en continu, se fixe sur les récepteurs morphiniques médullaires. La diffusion systémique n'est jamais complètement supprimée, surtout dans le cas d'une molécule liposoluble comme le fentanyl. Un anesthésique local comme la bupivacaïne peut être associé. En administration péridurale, la dose de morphine requise représente 10 à 20 % de celle nécessaire par voie intravaineuse. En administration intrathécale, la dose requise est encore dix fois moindre.

La technique de l'ACP peut être appliquée à l'analgésie péridurale. Chez des patients à risque, d'âge moyen 71,3 ans, elle a permis, en comparaison avec des techniques plus traditionnelles, de réduire significativement la douleur postopératoire, les complications, la mortalité, les coûts et le cortisol urinaire, marqueur de stress [18]. Cependant, chez le sujet âgé fragile, l'analgésie péridurale n'est pas dépourvue de risques [4]. La dépression respiratoire, qui peut survenir avec un retard allant jusqu'à 24 h, est plus sévère que chez l'adulte jeune. La rétention urinaire est très fréquente (40 à 90 % des cas). Une sédation excessive, une confusion, des nausées, des vomissements ou un prurit sont observés dans un quart des cas au moins. La plupart de ces effets secondaires sont réversibles sous l'effet de la naloxone sans que l'analgésie soit supprimée.
Dans ces conditions, comment choisir entre analgésie par voie intraveineuse ou analgésie péridurale? Il semble que l'analgésie péridurale soit préférable dans le cas d'une chirurgie spécialement douloureuse, thoracique ou abdominale haute. Mais, elle nécessite davantage de temps infirmier et de compétence médicale, elle a plus d'effets secondaires (dépression respiratoire) et elle a un coût plus élevé. Elle est cependant la méthode de choix chez des malades âgés confus après une intervention chirurgicale majeure [4].
Il existe enfin de nombreuses techniques d'*analgésie locorégionale*. Citons le bloc intercostal extrapleural associé ou non à des opiacés par voie générale ou à des AINS en cas de thoracotomie. Citons surtout la technique élégante et efficace de l'injection intra-articulaire d'1 mg de morphine après chirurgie arthrosique du genou. Elle permet de réduire significativement la douleur postopératoire pendant une période allant jusqu'à 24 h, le recours à des AINS suffisant à calmer la douleur résiduelle [17].

CONCLUSION

Ainsi, la douleur aiguë peut revêtir chez le sujet âgé, comme à tout âge, des aspects extrêmement divers et témoigner d'affections nombreuses de gravité variable. Il est bien certain que c'est le traitement de fond de ces affections qui va aussi, en bonne logique, en guérir le symptôme douleur. Mais, il est tout aussi certain que ce symptôme doit être traité pour son propre compte : dans de nombreux cas, l'affection dont il est un signe n'en guérira que mieux.

La « culture de la douleur » qui petit à petit s'impose chez les médecins et les soignants, en ville et à l'hôpital, ne doit pas s'arrêter à la douleur chronique mais doit englober aussi les douleurs dans les soins et dans le fonctionnement au quotidien. C'est ainsi, par exemple, que le brancardage et le transport des malades doivent faire des progrès : ils sont nombreux, les patients atteints de fractures ou de pathologies abdominales aiguës qui se voient infliger au quotidien des douleurs supplémentaires indues, parce que leurs chariots dépourvus de suspensions sont poussés sans douceur sur des dalles mal jointes ou des seuils d'ascenseur mal aplanis.

Une autre piste reste à investir, particulièrement en gériatrie : c'est celle de la prise en compte de l'attitude personnelle des patients devant la douleur. Beaucoup de personnes âgées indemnes de douleur chronique ont développé leurs propres stratégies pour faire face à une douleur aiguë. Si elles apprennent à partager leur propre expérience avec leur médecin et leurs soignants – et si ces derniers veulent bien en tenir compte –, elles augmenteront probablement leurs chances d'être soulagées efficacement le jour où elles seront atteintes d'une douleur aiguë [10].

En résumé

Dans l'abord d'une douleur aiguë, il faut respecter quatre recommandations :
- être attentif à reconnaître la douleur et sa cause ;
- éviter d'infliger une douleur supplémentaire ;
- traiter la douleur ;
- associer le patient à son traitement.

Références bibliographiques

[1] BOUREAU F. Dimensions de la douleur. In : Boureau F., ed. *Pratique du traitement de la douleur*. Paris : Doin, 1988 : 11-6.

[2] BRUXELLE J. Principes généraux du traitement d'une douleur aiguë. In : Boureau F., ed. *Pratique du traitement de la douleur*. Paris : Doin, 1988 : 267-81.

[3] CHARMION S. Les douleurs thoraciques. In : Rousset H., Vital Durand D., Dupond J.L., ed. *Diagnostics difficiles en médecine interne*, 2e édition. Paris : Maloine, 1999 : 245-66.

[4] EGBERT A.M. Postoperative pain management in the frail elderly. *Clin Geriatr Med* 1996; **12** : 583-99.

[5] EGBERT A.M., PARKS L.H., SHORT L.M. et coll. Randomized trial of post operative patient-controlled analgesia vs intramuscular narcotics in frail elderly men. *Arch Intern Med* 1990; **150** : 1897-1903.

[6] FERRELL B.A. Pain management in elderly people. *J Am Geriatr Soc* 1991; **39** : 64-73.

[7] FOLEY K.M. Pain and its management. In : Wyngaarden J.B., Smith L.H., Bennett J.C., Cecil, ed. *Textbook of Medicine*, 19e édition. Philadelphie : Saunders, 1992 : 97-103.

[8] LAVAND'HOMME P., DE KOCK M. Practical guidelines on the postoperative use of patient-controlled analgesia in the elderly. *Drugs Aging* 1998; **13** (1) : 9-16.

[9] LIU J., DING Y., WHITE P.F. et coll. Effects of ketorolac on postoperative analgesia and ventilatory function after laparoscopie cholecystectomy. *Anesth Analg* 1993; **76** : 1060-6.

[10] MC DONALD D.D., STERLING R. Acute pain reduction strategies used by well older adults. *Internat J Nurs Stud* 1998; **35** : 265-70.

[11] MC GURK C., RODGERS C., KIRBY J., THAM T.C.K. An uncommon but important cause of severe chest pain in an older population. *Age Ageing* 2001; **30** : 357.

[12] MC INTYRE P.E., JARVIS D.A. Age is the best predictor of postoperative morphine requirements. *Pain* 1995; **64** : 357-64.

[13] MORIN M., MORIN J., LACOMBE G., ARCAND M. Problèmes cardiaques. In : Arcand M., Hebert R. *Précis pratique de gériatrie*, 2e édition. Paris : Maloine, Québec : Edisem, 1997 : 431-50.

[14] PAK C.Y.C. Remal calculi. In : Wyngaarden J.B., Smith L.H., Bennett J.C., Cecil, ed. *Textbook of Medicine*, 19e édition. Philadelphie : Saunders, 1992 : 603-8.

[15] READY L.B. Acute pain : lessons learned from 25 000 patients. *Reg Anesth Pain Med* 1999; **24** : 479-505.

[16] ROUSSET H., ROUHIER D., CLAUREUL G. Les douleurs abdominales de diagnostic difficile. In : Rousset H., Vital Durand D., Dupond J.L., ed. *Diagnostics difficiles en médecine interne*, 2e édition. Paris : Maloine, 1999 : 223-46.

[17] STEIN C., COMISEG K., HAIMERL E. et coll. Analgesic effect of intraarticular morphine after athroscopic knee surgery. *N Engl J Med* 1991; **325** : 1123-6.

[18] YEAGER M.P., GLASS D.D., NEFF R.K. et coll. Epidural anesthesia and analgesia in high risk surgical patients. *Anesthesiology* 1987; **66** : 729-36.

Autres situations : escarres et douleurs

P. Ribinik, B. Barrois

L'escarre est connue depuis 1314! Originaire du grec : $\epsilon\sigma X\alpha\rho\alpha$ (croûte), elle fait partie des complications du décubitus et reste aujourd'hui un souci pour l'ensemble des équipes soignantes. Ses mécanismes de constitution sont maintenant mieux appréhendés mais sa gravité reste souvent estimée avec un retard qui rend son traitement plus difficile et aléatoire. L'escarre est une plaie qui s'inscrit toujours dans un contexte général; c'est la face visible de l'iceberg ou l'expression localisée d'un contexte clinique que l'on doit absolument apprécier en tant que tel.

Complication, l'escarre aggrave la pathologie qui a provoqué l'immobilisation. Elle nécessite des soins quotidiens tant locaux (un pansement renouvelé et des changements de position) que généraux (traitement des pathologies initiales mais aussi réhydratation et réalimentation). Elle génère des douleurs et majore la durée d'hospitalisation. Le nombre d'escarres survenant chaque année en fait un vrai problème de santé publique, d'autant qu'au coût économique s'associe un coût humain (douleur et incapacité).

ÉPIDÉMIOLOGIE

En France, la prévalence de l'escarre des patients hospitalisés est de 8,6 % et l'incidence de 4,3 %. L'âge moyen des porteurs d'escarres est de 74 ans (66 % ont plus de 75 ans). Quarante pour cent des escarres surviennent accidentellement, 40 % surviennent dans le cadre d'une maladie neurologique et 20 % compliquent une pathologie en phase terminale. En réanimation, l'état de choc est à l'origine de la moitié des cas.

Quatre-vingt pour cent des escarres siègent au sacrum et/ou au(x) talon(s). La répartition est équilibrée : 25 % de rougeurs, désépidermisations, ulcérations, nécroses (classification internationale en quatre stades).

Les indices de prévalence et d'incidence varient selon le mode d'hospitalisation. En court séjour, hors réanimation, la prévalence est de 7 % et l'incidence de 3,2 %; en service de suites de soins, la prévalence est de 12 % et l'incidence de 2,5 % ; en long séjour, la prévalence est de 10,1 % et l'incidence de 5,8 % ; en maison de retraite, la prévalence est de 4,3 % et l'incidence de 2,8 %. En réanimation, 22,6 % des malades sont porteurs d'escarres. Chez les blessés médullaires à la phase aiguë, 30 % présentent des escarres lors de leur admission en service de rééducation, retardant ainsi de trois mois en moyenne le processus de rééducation. Plus de 85 % des patients développent au moins une escarre durant leur vie. Plus de 70 % des patients porteurs d'escarre ont des localisations multiples.

Les équipes dont l'effectif est incomplet laissent se développer plus d'escarres, en particulier des escarres accidentelles. Si l'équipe soignante est incomplète (déficit au moins égal à 25 % par rapport à l'effectif théorique de l'unité), on note une augmentation des escarres chez les plus de 75 ans, une augmentation du pourcentage d'escarres constituées dans le service à 58 %, alors que si l'équipe est complète, on en recense 47 %. Les escarres d'étiologie accidentelle surviennent dans 48 % des cas (au lieu de 40 % lorsque l'équipe est complète).

Au total, on connaît mieux les malades porteurs d'escarres (66 % ont plus 75 ans) ainsi que les lieux d'hospitalisation (prévalence maximale en soins de suite et en long séjour). On peut préciser les plaies : près de 80 % siègent au sacrum et/ou au(x) talon(s), 40 % sont des complications des maladies neurologiques et 40 % atteignent des malades qui n'auraient pas dû développer d'escarres. On précise également que les équipes déficitaires produisent plus d'escarres dans les services et génèrent des escarres accidentelles en plus grand nombre.

RECONNAÎTRE LES FACTEURS DE RISQUE

Un consensus émerge en faveur d'une origine multifactorielle de l'escarre dans laquelle on reconnaît des facteurs extrinsèques indépendants du patient et des facteurs intrinsèques propres au patient, regroupant les éléments favorisant la moindre résistance des tissus aux premiers.

Facteurs extrinsèques

L'intensité de la pression exercée sur des tissus mous compris entre le plan osseux et le plan d'appui, mais aussi la durée de l'application de la pression, entraînent l'apparition d'une escarre et cela d'autant plus rapidement qu'il existe des facteurs secondaires propres aux sujets (âge, comorbidité) et des facteurs liés à l'état pathologique et à ses conséquences : immobilisation, hypotonie, etc. Les forces de cisaillement seraient plus nocives que les forces de compression verticales en créant de larges zones de souffrances vasculaires. La position semi-assise dans le lit crée des forces de cisaillement et de frottement très élevées sur le sacrum, favorisant l'occlusion artériolaire et une fragilisation de la peau. Enfin, la macération induite par la transpiration ou les souillures favorise cette fragilisation et entretient les lésions initiales.

Facteurs intrinsèques

Il s'agit de facteurs généraux liés à l'état du patient. On peut les classer en cinq catégories principales :
- âge ;
- état physiologique général (en particulier anémie, hyperthermie) ;
- pathologie neurologique (avec altération de la sensibilité et/ou de la motricité et, éventuellement, spasticité avec mouvements anormaux) ;
- pathologie vasculaire et circulatoire (il existe un risque particulier d'hypoxie par artériopathie et/ou anomalies du retour veineux) ;
- statut nutritionnel et métabolique (dont le diabète et ses complications vasculo-nerveuses, l'obésité ou la cachexie, la carence protidique et la diminution de l'apport énergétique, le déficit vitaminique et en oligo-éléments dont zinc et vitamine C).

Cofacteurs

Il est possible de définir des populations dites « à risque » en fonction de situations favorisant l'apparition d'escarre. Il s'agit plus de facteurs épidémiologiques que de facteurs causals : par exemple, l'âge caractérise une population dans laquelle on retrouve plus souvent une escarre sans qu'il soit à lui seul l'élément déterminant mais parce qu'avec l'âge, la mobilité diminue, les maladies sont plus graves, les motifs d'hospitalisation et de dénutrition plus fréquents. Certaines pathologies favorisent la survenue d'escarre telles que les affections orthopédiques ou neurologiques car elles entraînent une immobilité qui accroît les pressions d'appui. Les patients vivant en institution sont ainsi plus souvent atteints. Une intervention chirurgicale est souvent source d'immobilisation, de déshydratation, d'hypovolémie, d'anémie et de traitements possiblement iatrogènes. Les carences nutritionnelles, globales ou plus limitées (carence protéique, vitaminique, etc.) doivent être systématiquement recherchées dans les secteurs de gériatrie. Il existe des marqueurs plus ou moins spécifiques : courbe de poids, index de masse corporelle, albuminémie.

Méthodes d'évaluation des facteurs de risque

Le plus simple est d'utiliser une échelle de mesure reproductible inter et intra-examinateurs. Les plus connues d'entre elles ont été développées par Norton, Gossnell, Braden et Waterlow. Néanmoins, fréquemment, les soignants ont l'habitude d'adapter les outils à leurs propres besoins. L'important est sans doute de prendre l'habitude d'une évaluation chiffrée qui aboutit à classer les malades à risque faible, modéré, moyen, élevé ou très élevé.

ASPECTS CLINIQUES DE L'ESCARRE CONSTITUÉE

Les lésions réversibles sont constituées par :
- l'*érythème*, plaque rouge, chaude, dont la périphérie est œdémateuse, correspond à un œdème dermo-épidermique;
- la *plaque de désépidermisation* se traduit :
  - soit par une phlyctène réalisant un décollement de l'épiderme; elle siège plus fréquemment sur les points d'appuis où l'épithélium est très kératinisé (surtout les talons),
  - soit par une érosion épidermique puis dermo-épidermique. Sa topographie est celle de la zone d'appui; elle est entourée par un bourrelet œdémateux et le fond est recouvert de petits épanchements hémorragiques et d'exsudat. Cette plaque succède à une lésion phlycténulaire ou se constitue d'emblée sur des régions de moindre résistance (appuis sacro-coccygiens par exemple).

Les lésions irréversibles sont constituées par :
- la *plaque de nécrose* ou escarre fermée qui témoigne d'une dévitalisation définitive des tissus sous-jacents. Son aspect extérieur et ses dimensions sont parfois faussement rassurants et ne permettent pas de préjuger de l'importance des lésions alors que l'atteinte en profondeur est le plus souvent massive.

Elle est adhérente au plan profond par des tractus fibreux et limitée par un sillon purulent dont la progression centripète va entraîner le décollement de l'ensemble de la plaque;

- l'*ulcération* ou escarre ouverte qui est la cavité résiduelle apparaissant après l'élimination de la plaque de nécrose. Elle peut présenter des particularités anatomiques selon que la localisation est :
  - sacrée : elle est plus étendue que profonde. La graisse, l'aponévrose et le muscle sont détruits, et le fond est le siège d'une suppuration intense faite d'un enduit jaunâtre ou verdâtre. Elle est ici toujours plus étendue en profondeur qu'en superficie car la nécrose sous-cutanée et aponévrotique est plus importante que la nécrose dermo-épidermique. C'est une vaste cavité dont le fond est recouvert de débris aponévrotiques, de muscles sphacélés, voire d'os;
  - ischiatique. Ici aussi les dégâts cutanés sont souvent peu importants alors que les lésions en profondeur sont toujours considérables. L'ulcération concerne la bourse séreuse et réalise une cavité qui déborde vers la fosse ischio-rectale en dedans, et vers la gouttière ischio-trochantérienne en dehors.

DOULEUR

Lors des deuxièmes Journées nationales de l'escarre, en décembre 1995, une enquête par questionnaire auprès de 814 soignants a mis en évidence le fait que la douleur est un problème pour 91 % d'entre eux et pour 97 % au moment des pansements. Soixante pour cent des soignants utilisent des traitements pharmacologiques tout en soulignant le fait que les prescripteurs semblent « frileux » dans l'utilisation des antalgiques.

De 59,1 % à 68,2 % des patients admis en hospitalisation auraient une escarre douloureuse mais seuls 2,3 % reçoivent un traitement spécifique. Les troubles de la communication, la détérioration mentale du patient porteur d'escarre, d'autant qu'il est âgé, participent à la méconnaissance de la douleur liée à l'escarre. La douleur doit être recherchée, analysée dans le nycthémère et mesurée à l'aide d'un outil validé, puis doit être traitée. L'auto-évaluation (échelles de vocabulaire ou numérique) ne peut concerner qu'un tiers des patients. L'hétéro-évaluation est plus appropriée, et il faut rechercher les signes indirects de douleurs :

plainte, position antalgique, protection des zones douloureuses, mimiques, troubles du sommeil, retentissement psychomoteur (mobilité, toilette, habillage) ou psychosocial (communication, vie sociale, comportement). Il convient de rattacher la douleur à l'escarre et trois situations peuvent coexister.

La douleur peut être chronique, persistante en dehors de tout soin ou manipulation. Celle-ci est liée à la destruction tissulaire, à l'inflammation, voire à l'infection de l'escarre. La douleur par désafférentation, si elle n'est pas causée par l'escarre, est quelquefois associée du fait du terrain de neuropathies périphériques pouvant favoriser l'apparition d'escarres.

La douleur peut être aiguë cyclique sur ce fond chronique. C'est la douleur du positionnement ou du pansement. Les pansements non tissés tels que les hydrocolloïdaux dont la réfection est espacée de quelques jours ont fait preuve de leur meilleure tolérance. La douleur liée aux mobilisations et aux postures doit être contrôlée : il faut informer le patient du geste qui va être réalisé, employer la technique du drap utilisé en hamac pour décoller le patient du lit, utiliser4 la plus grande surface de contact sur le patient (avant-bras, mains à plat) pour éviter la pression et les effets de tiraillements.

La douleur peut être aiguë non cyclique sur un fond chronique. C'est la douleur provoquée par un débridement d'escarre.

Cette analyse dans le nycthémère permet d'établir une stratégie thérapeutique qui vise à prévenir l'apparition de la douleur et à améliorer le confort du patient.

TRAITEMENT

Il est avant tout préventif, puis curatif si le traitement préventif a échoué.

On n'insistera jamais assez sur la nécessité de traiter le patient dans sa globalité. La pathologie générale requiert ses soins propres. La nutrition et l'hydratation sont de première importance et justifient, dans la mesure du possible, l'intervention d'une diététicienne.

Traitement curatif

Le traitement curatif comporte deux domaines complémentaires : la prise en charge « générale » et nutritionnelle d'une part, et la prise en charge « locale » par réduction des pressions aux points d'appui d'autre part.

Traitement général

Le traitement général comporte le traitement des pathologies intercurrentes ou associées (y compris anémie, fièvre, déshydratation), la prévention des complications thrombo-emboliques à laquelle participe la kinésithérapie (kinésithérapie respiratoire, lutte contre les troubles trophiques, mobilisation) et le maintien ou la récupération d'un bon état nutritionnel.

Traitement local

Le traitement local nécessite une stratégie pluridisciplinaire impliquant l'équipe soignante (médecins, infirmiers, aides-soignants, kinésithérapeutes, etc.), le malade et sa famille. La première décision à prendre est la suppression de l'appui sur la zone concernée, en ne mettant pas en danger d'autres régions du corps. L'hygiène et les soins de prévention restent d'actualité (retournements, supports adaptés pour une mise en décharge de la lésion).

La stratégie thérapeutique inclut des traitements locaux qui permettent une cicatrisation dirigée en milieu humide. Le principe est de maintenir sur la plaie l'exsudat séreux qui possède les éléments physiologiques favorisant la cicatrisation et la détersion autolytique tout en respectant la colonisation de la plaie et les phases successives du bactériocycle. Les pansements actuellement utilisés maintiennent tous le milieu humide au niveau de la plaie mais certains absorbent l'exsudat et d'autres non, c'est pourquoi ils sont séparés en deux grandes classes : les pansements absorbants en milieu humide et les pansements couvrants en milieu humide.

Le nettoyage de l'escarre doit être réalisé à chaque renouvellement de pansement. Il est recommandé d'utiliser l'eau du robinet, pour son effet tensioactif, ou du sérum physiologique stérile. L'eau stérile, parfois responsable de douleur, n'a pas sa place.

Il est préjudiciable de changer de type de traitement chaque jour en fonction des habitudes des équipes de soins. À l'opposé, il ne paraît pas raisonnable d'affirmer qu'un même pansement peut traiter tous les stades d'escarre. Il n'existe pas de pansement idéal.

Le respect des exsudats à la surface de la plaie apporte à celle-ci des éléments essentiels (facteurs de croissance, prostaglandines, substances chimiotactiques).

En l'absence de traitement capable de stimuler la multiplication cellulaire physiologique, il faut au moins éviter de l'entraver par des manœuvres intempestives telles que :

- l'application d'antibiotiques locaux, de produits allergisants ou agressifs (l'alcool est à proscrire car il assèche la peau et atteint le film lipidique protecteur superficiel), de colorants qui masquent l'évolution de la lésion et entravent la surveillance nécessaire;
- l'utilisation du « glaçon-sèche-cheveux », douloureuse pour les patients ayant une sensibilité, est dangereuse dans le cas contraire, avec risque de brûlure;
- la poursuite du massage-effleurage sur une lésion constituée. Cette manœuvre est mal tolérée. L'application d'une huile peroxydée, visant à améliorer l'oxygénation locale d'une escarre stade I doit se limiter à une application.

Il est difficile de proposer une conduite standardisée. Le principe d'utilisation de chaque produit doit être respecté. Après reconnaissance des stades lésionnels, les propositions faites dans le tableau 10.I peuvent servir de guide. Les objectifs sont d'éliminer les tissus nécrosés, de contrôler l'exsudat de la plaie, de réduire au maximum le risque de surinfection et ensuite de favoriser le bourgeonnement et la réépidermisation.

Tableau 10.I Conseils pour le traitement des escarres

Stade	Stratégie thérapeutique	Pansements indiqués
Érythème	– Lever la pression – Adapter le support – Effleurages	– Émulsions – Films pansements – Hydrocolloïdes transparents
Désépidermisation	– En cas de phlyctène séreuse : vider sans découper – En cas de phlyctène hématique : découper pour visualiser une nécrose possible – En cas d'érosion : favoriser la réépithélialisation	– Films pansements – Hydrocolloïdes – Hydrocellulaires si l'exsudat est abondant – Pansements gras

Tableau 10.I Conseils pour le traitement des escarres (*suite*)

Stade	Stratégie thérapeutique	Pansements indiqués
Ulcération	À la phase de détersion : – nettoyage de la plaie favorisé par le milieu chaud et humide – utiliser la colonisation de la plaie par une flore gram⁻ polymicrobienne – se méfier de la surinfection À la phase de bourgeonnement : favoriser la granulation puis la réepidermisation	– Pansements de la détersion : • polysaccharides • sucre • alginates • hydrogels • hydrocolloïdes mal adaptés aux plaies très anfractueuses, sauf les hydrofibres • pansements gras (avec pansement au charbon) • mousses – Hydrocolloïdes – Hydrocellulaires – Pansements gras – Corticotulle si hyperbourgeonnement
Nécrose	Favoriser l'apparition du sillon d'élimination pour obtenir la détersion puis le bourgeonnement	– Pansements humides – Pansements gras – Hydrocolloïdes à laisser en place suffisamment longtemps

Traitement des douleurs

La stratégie thérapeutique doit être adaptée à la situation.

À la phase de détersion, on peut utiliser avant le soin des anesthésiques locaux (compresses avec 2 à 4 % de xylocaïne, EMLA) ou une crème à base d'AINS avec des propriétés anesthésiques locales (3 % de benzydamine) appliquée sur l'escarre et ses berges, et qui est recouverte ensuite d'un film semi-perméable. Il vaut mieux éviter la détersion enzymatique, les produits cytotoxiques, les détergents très concentrés et choisir des pansements qui couvrent totalement la plaie, peu adhésifs, qui maintiennent un milieu humide et qu'on ne change pas trop souvent.

Il importe de prémédiquer à temps le patient pour qu'il soit couvert pendant le soin et que la couverture antalgique se prolonge sur le nycthémère (AINS, opioïdes, barbituriques ou sédatifs, PCA). Ceci nécessite de programmer l'heure du soin.

L'installation du patient participe à la lutte contre la douleur. Elle doit être confortable, avec un support adapté au lit et au fauteuil. L'utilisation des lits à hauteur variable évite la friction et le cisaillement lors des transferts, et donc la douleur.

D. Krasner a proposé dès 1995 un arbre décisionnel de prise en charge de la douleur des plaies chroniques (*The Chronic Wound Pain Experience*) selon qu'il s'agit d'une douleur aiguë non cyclique, d'une douleur aiguë cyclique ou d'une douleur chronique.

Arbre décisionnel

Escarre douloureuse
Évaluation durée, intensité

Dl aiguë non cyclique	**Dl aiguë cyclique**	**Dl chronique**
Débridement, Ablation de drain	Pansement *Nursing*	Dl persistante alors qu'il n'y a pas de soin
↓	↓	↓
Intervention ciblée	**Intervention ciblée**	**Intervention ciblée**
Tt médicamenteux topiques, anesthésiques locaux	Tt médicamenteux Pansements adaptés, supports	Tt médicamenteux analgésie, relaxation, TENS
↓	↓	↓
Évaluation	**Évaluation**	**Évaluation**

Dl : douleur; Tt : traitement.
(D'après D. Krasner, *Chronic Wound Pain Experience Model*)

Douleur chronique

La douleur chronique permanente, alors qu'il n'y a pas de soins, est à prendre en charge comme toutes les douleurs chroniques.

Douleur aiguë non cyclique

Une augmentation de l'antalgie au moment de pansements complexes ou de débridements doit être systématique avec passage au palier supérieur, morphine pendant les 4 h où le pansement est refait ou utilisation d'hypnovel encadrant la réfection du pansement. Les AINS sont d'utilisation plus délicate chez le sujet âgé ayant une fonction rénale altérée.

Douleur aiguë cyclique

Chez un patient rétracté, le positionnement peut être douloureux lors des pansements, lors des changements de position réguliers, malgré une antalgie correcte sur le nycthémère, qui se trouve à cet instant dépassée. Si l'antalgie est assurée à ces moments de pics douloureux, elle peut être excessive sur le reste de la journée et provoquer une somnolence non voulue.

Pour ces cas extrêmes, il faut pouvoir disposer de supports dynamiques. Leur coût rend leur utilisation difficile à domicile ou en maison de retraite, rendant l'hospitalisation inévitable.

■ CONDUITE À SUIVRE

- Évaluer la douleur liée à l'escarre et à son traitement.
- Éliminer ou contrôler la source de la douleur (choix du pansement, du support, *nursing*).
- Prévenir ou gérer la douleur associée au débridement.
- Adapter l'analgésie aux besoins.

L'étape suivante comporte une recherche clinique plus approfondie et une meilleure évaluation des pratiques pour progresser dans la prise en charge et faire des propositions thérapeutiques adaptées. En effet, une question fondamentale se pose car l'expérience clinique montre que certains patients résistent aux antalgiques même majeurs alors que les dérivés imipraminiques sembleraient plus efficaces. Certaines escarres provoquent-elles des douleurs de « type neurologique » par déafférentation ?

Traitement préventif

Le traitement préventif doit débuter dès que le risque est identifié. C'est la responsabilité de l'équipe d'accueil du patient et cela constitue une priorité thérapeutique.
L'installation au lit doit tenir compte des bonnes positions articulaires et des impératifs orthopédiques classiques. Un programme de retournements est instauré en alternant décubitus dorsal, décubitus semi-latéral droit et gauche (ou décubitus latéral-oblique à 30°), décubitus ventral (s'il est toléré), et en proscrivant le décubitus latéral strict qui expose dangereusement la région trochantérienne, ainsi que la station assise.
Les soins d'hygiène corporelle tiennent aussi une place importante avec une surveillance pluriquotidienne de toutes les zones d'appui. Les massages à type d'effleurage (les pétrissages sont contre-indiqués) sont un appoint supplémentaire. Précisons que la technique du massage-effleurage peut se faire soit à mains nues, soit aidé d'un vecteur du geste. Dans ce cas, ce dernier doit rester neutre (talc, savon – sous réserve d'un rinçage après le massage – huile peroxydée, qui semble améliorer l'efficacité du geste).

Le choix d'un matelas capable de réduire efficacement les pressions exercées est essentiel. À cette phase, dans la mesure où l'environnement médical du patient est de bonne qualité, un matelas de mousse découpée ou un sur-matelas à air alterné ou statique, dispositifs qui ont démontré leur valeur, sont amplement suffisants. Néanmoins, il faut retenir qu'aucun matériel, même sophistiqué, ne suffit à prévenir l'escarre et plutôt considérer le support comme l'un des éléments de la prévention.

Dès cette phase, l'évaluation clinique et biologique de la dénutrition doit devenir un réflexe. Une alimentation et une hydratation suffisantes sont apportées dans tous les cas.

Au long cours, lorsque l'on a affaire à une pathologie chronique, la prévention doit, dans toute la mesure du possible, être enseignée au patient et faire partie intégrante d'une véritable éducation.

CONCLUSION

Quand l'escarre est constituée, elle ne peut se résumer à une simple question de cicatrisation. C'est le type même d'une prise en charge pluridisciplinaire et concertée de l'équipe soignante, qui doit prendre en compte tous les aspects de la plaie et du patient. Contrairement aux idées reçues, c'est une pathologie douloureuse.

Beaucoup de progrès sur la physiopathologie de la lésion ont été faits. Des travaux récents orientent la recherche vers les anomalies de multiplication et de migration cellulaires, le rôle de certaines cellules (macrophages, plaquettes, etc.) dans la sécrétion de facteurs de croissance pouvant accélérer le processus de cicatrisation des escarres. Y a-t-il une intrication avec les transmetteurs chimiques de la douleur?

Les traitements locaux, pansements et médicaments, depuis 15 ans, ont connu un essor important, ce qui contribue à la qualité des soins. L'aboutissement des recherches actuelles ouvrira vraisemblablement de nouvelles voies dans le traitement de l'escarre.

La prise en charge de la douleur des patients porteurs d'escarres devient d'actualité et incite à améliorer nos évaluations et nos attitudes thérapeutiques. La recherche clinique et fondamentale doit encore affiner les connaissances pour nous permettre de mieux contrôler douleur permanente et douleur liée au soin, douleur physique et douleur psychologique.

Pour en savoir plus…

AHCPR. Pain assesment and management. *Clin Pract Guideline*1995; **15** : 30-1.

BARROIS B., COLIN D., DESJOBERT S. Escarre, évaluation et prise en charge. Paris : Frison-Roche, 1995, 143 p.

BOURREAU F. (sous la direction de). *Pratique du traitement de la douleur*. Paris : Doin, 1988.

BOURREAU F., LULU M., GAY C., DOUBRERE J.F. Les échelles d'évaluation de la symptomatologie douloureuse chronique. *Med Hyg* 1982; **40** : 3797-805.

COLIN D. Escarres. In : Kinésithérapie-Médecine physique-Réadaptation, 26-280B-10. *Encycl Méd Chir*. Paris : Elsevier, 1990, 15 p.

DALLAM L., SMYTH C., JACKON B.S., KRINSKY R., O'DELL C., ROONEY J. et coll. Pressure ulcer pain : assesment and quantification. *J Wound Ostom Contin Nurs* 1995; **sept**, 211-18.

HOLLINWORTH H. Nurses'assessment and management of pain at wound dressing changes. *J Wound Care* 1995; **4** (2) : 77-83.

KRASNER D. Chronic wound pain. In : *Chronic Wound Care*, 2e édition. Health Management Publications Inc, 1997 : 336-43.

PASERO C.L. Managing pain from pressure ulcers. *Am J nurs* 1995; **juin**, 22-4.

PASSADORI Y., RIBINIK P. Douleur du patient porteur d'escarre. In : Plan de lutte contre la douleur 1998-2000, volet spécifique personnes agées, prise en charge de la douleur chronique chez la personne âgée à domicile, plan de formation. Direction générale de la Santé. SP2/SQ2, références bibliographiques 156-7.

THOMAS S. Pain and wound management. *Community Outlook* 1989; **juil** : 11-5.

La fin de vie

A. Sachet

Contrairement à une idée largement répandue, la mort du sujet âgé n'est, le plus souvent, pas brutale. Dans une étude pratiquée en institutions gériatriques médicalisées accueillant des patients âgés fragiles, dans 2/3 des cas, le décès survient après une phase terminale de quelques jours à quelques semaines.
Cette période de la fin de vie peut être marquée par l'apparition de douleurs qui vont s'ajouter à celles des pathologies chroniques existantes. Ces douleurs de la fin de vie présentent des particularités qu'il importe de connaître pour mieux les dépister et les soulager.
Le patient âgé en fin de vie – comme chacun d'entre nous – va être touché dans toutes les dimensions qui fondent l'être humain (somatique, affective, sociale, spirituelle), et quand bien même les douleurs physiques et la maladie occupent le devant de la scène, le malade âgé en fin de vie est dans un état de souffrance globale. L'angoisse, la dépression, le mal-être général, la perte d'espoir, la solitude, l'état de dépendance, les difficultés relationnelles, etc. vont s'ajouter aux douleurs physiques et conduire à un état de « douleur totale » très bien décrit par C. Saunders.

DOULEUR PHYSIQUE

On doit plutôt parler des douleurs physiques car les localisations douloureuses sont le plus souvent multiples, et des douleurs d'étiologies diverses coexistent.
À des douleurs séquellaires d'affections anciennes (rhumatologiques, neurologiques, vasculaires, etc.) peuvent s'ajouter des douleurs aiguës dues à la pathologie terminale. Ainsi, les douleurs marquant l'évolution d'une pathologie cancéreuse ne sont pas rares : douleurs viscérales, douleurs des localisations secondaires. Rappelons que la majorité des décès par cancer surviennent dans la tranche d'âge des sujets de plus de 75 ans et que l'évolution terminale, si elle est classiquement moins rapide que chez des patients plus jeunes, n'est pas pour autant silencieuse.
Plus spécifiques du sujet âgé en fin de vie, nous allons trouver les douleurs et l'inconfort des états de défaillance viscérale, avec

leur cortège de complications, qui poseront des problèmes particuliers de prise en charge.

Œdèmes

Fréquents en fin de vie (insuffisance cardiaque, rénale), largement favorisés par les états de dénutrition, les œdèmes vont parfois être sources d'un inconfort important, très bien décrit par certains patients : sensation que la peau est trop serrée, tensions, tiraillements, difficultés à bouger les doigts, à saisir les objets, à bouger les membres, etc. Ces symptômes ne doivent pas être négligés car ils « empoisonnent » le quotidien du patient.
Associées aux antalgiques de niveau I, qui sont souvent les plus efficaces pour soulager ce type de douleur, les mesures de positionnement seront capitales. Surélévation des mains par des coussins, positionnement des jambes, parfois administration de diurétiques et réduction de l'hydratation dans le but d'augmenter le confort.

Douleurs de mobilisation

Les rétractions musculaires et tendineuses sont fréquentes dans l'évolution terminale des grandes pathologies neurologiques ou des états démentiels (Parkinson, accident vasculaire cérébral, sclérose en plaque, Alzheimer, etc.). Les mobilisations que nécessitent les soins quotidiens de toilette, d'habillage, de *nursing* peuvent être très douloureuses.
Les traitements antalgiques vont bien souvent laisser un fond douloureux lors de ces mobilisations, et l'entourage ou les équipes soignantes pourront être en difficulté pour réaliser les soins d'hygiène.
Les thérapeutiques physiques nous semblent importantes à proposer, tels les massages de confort, les mobilisations douces, répétées (lorsque les rétractions ne sont pas trop importantes) de façon à éviter les douleurs provoquées par l'immobilité. Le patient âgé n'ayant plus la force de bouger spontanément (asthénie, fonte musculaire), l'entretien d'une certaine mobilité, les positionnements adéquats des membres, du dos, pourront éviter l'extrême inconfort que peut provoquer l'ankylose.
L'installation au lit (au fauteuil parfois), avec l'aide d'un kinésithérapeute quand cela est possible, représente un vrai soin antalgique, un soin d'équipe (*cf.* « Autres situations : les soins douloureux » page 125).

Plaies

La survenue d'*escarres* en fin de vie reste fréquente, et cela même en dépit d'une prévention bien réalisée. Une partie entière leur est consacrée (*cf.* « Autres situations : escarres et douleurs » page 158).

L'*ischémie artérielle aiguë* est une complication fréquemment rencontrée dans les états de défaillance cardiaque ou respiratoire lorsque le terrain artériel est mauvais. Cette ischémie peut être source de plaies, de lésions de gangrène, qui peuvent être particulièrement douloureuses.

La solution radicale d'une amputation à visée antalgique n'est pas toujours souhaitable, ni même possible. Ce problème de la survenue d'une gangrène reste un de ceux qui seront peut être les plus difficiles à prendre en charge.

Lésions de la bouche

La cavité buccale est le siège fréquent de douleurs en fin de vie. Les causes en sont multiples, et les conséquences sur l'alimentation, sur la parole, surviennent rapidement.

Un refus progressif ou brutal d'alimentation ou de boisson trouve parfois une explication évidente lorsqu'on prend le temps d'examiner soigneusement la bouche. Le diagnostic le plus précis possible des lésions sera un temps important de l'examen clinique d'un patient en fin de vie.

Les *lésions dentaires* et *gingivales* sont redoutables (les états dentaires catastrophiques chez les patients âgés ne sont pas rares, et les complications, abcès, caries, gingivites, etc., pourront entraîner des douleurs vives, éventuellement déclenchées par une alimentation le plus souvent sucrée).

On différenciera les lésions mycosiques, fissures, aphtes, la bouche sèche.

Des traitements spécifiques peuvent être proposés en fonction des lésions observées, reposant particulièrement sur les soins de bouche. Ceux-ci seront parfois difficiles à effectuer car ils peuvent être douloureux. Pour rompre le cercle vicieux qui se met en place, s'ils ne peuvent être réalisés correctement, une sédation transitoire avant le soin est parfois utile.

Dans les soins de confort, l'état de la bouche est primordial. Une bouche saine permettra longtemps des échanges de paroles, de baisers et favorisera bien sûr l'alimentation et la boisson.

Douleurs viscérales

Elles peuvent être présentes en fin de vie et ne sont pas toujours aisées à diagnostiquer si le patient ne peut plus s'exprimer.
Devant un épisode d'agitation ou une modification du comportement, il faudra y penser et ne pas méconnaître un fécalome, une rétention urinaire, des « coliques ». Pour ces dernières, un traitement d'épreuve aidera parfois à faire le diagnostic (antispasmodiques).

AUTRES COMPOSANTES DE LA DOULEUR TOTALE

Angoisse

Il est classique de dire que le sujet âgé est plus familier avec l'idée de la mort et qu'il la redoute moins. Il n'en est pas moins vrai que certains de nos patients, conscients de l'évolution de leur maladie, de leur asthénie croissante, aux prises avec des douleurs mal contrôlées, sont dans un réel état d'angoisse.
Plus souvent que la mort elle-même, ce sont les conditions du mourir qui génèrent ces états anxieux (peur d'avoir mal, peur de mourir étouffé, etc.). La disponibilité, l'écoute, l'explication claire des traitements qui seront donnés pour traiter douleur et dyspnée, pourront aider à restaurer une confiance et faire céder l'angoisse dans de nombreux cas.
Une manifestation fréquente de cette angoisse en fin de vie est l'apparition d'une confusion. Ces états confusionnels sont extrêmement perturbants pour l'entourage des patients et pour les soignants.
En plus des traitements médicamenteux, l'écoute, la présence, le décryptage de ce qui se joue pour le patient, le soutien de l'entourage et de l'équipe seront nécessaires pour la prise en charge.

Dépression

Il est classique de considérer que l'état dépressif survenant dans un contexte de fin de vie est quelque chose de « normal ». C'est un des stades identifiés par E. Kubler-Ross dans ses études auprès de patients en fin de vie. Dans la toute fin de vie, il est habituel de respecter cet état dépressif, de l'accompagner au mieux dans une relation empathique, mais aussi d'expliquer à l'entourage ce qui se passe. La famille peut être désarçonnée dans ses relations avec un patient déjà totalement en retrait de la vie.

Environnement relationnel

Rappelons que la fin de vie du patient âgé est le plus souvent institutionnelle ou hospitalière.

Cet environnement entre en compte dans la souffrance du patient. Les échanges affectifs peuvent être perturbés (deuils, espacement des visites, réveil de conflits familiaux anciens, solitude, éloignement d'un animal familier, etc.).

Il peut exister un décalage dans la relation avec l'entourage (absence de discours vrai sur la maladie ou le pronostic, déni de la mort qui approche). L'équipe soignante peut également participer à ces difficultés relationnelles (soignants « trop techniques », attitude d'obstination diagnostique, thérapeutique).

L'équilibre psychique du patient âgé en fin de vie peut être mis à rude épreuve, et tout cela va interférer avec la part physique de la douleur. Ce mal-être général pourra être traduit par le patient dans une plainte de douleur « physique », et l'équipe soignante sera en difficulté pour faire la part du « physique » et du « psychique » ainsi que pour adapter au mieux les traitements. Toutes les souffrances de fin de vie ne seront pas réglées par le traitement antalgique. L'équipe aura parfois du mal à accepter l'expression de la souffrance du patient, surtout lorsqu'elle se fait sur un mode de douleur physique. Ne perdons pas de vue la liberté que chaque individu a d'exprimer sa souffrance. Cela doit pouvoir rester possible. Il faudra alors savoir écouter, accompagner au mieux.

Cette souffrance, qui peut être combattue par tout un arsenal thérapeutique, doit aussi pouvoir simplement être dite, écoutée, accompagnée. L'entourage et l'équipe auront également grand besoin d'être soutenus.

PRISE EN CHARGE DE LA DOULEUR DE FIN DE VIE

La réponse que l'on peut proposer pour la douleur de fin de vie du patient âgé est celle d'une prise en charge globale individualisée, telle que nous l'ont enseigné les soins palliatifs.

Il nous faut être rigoureux sur les traitements antalgiques et veiller au traitement des symptômes gênants pour atteindre le meilleur confort possible. Il nous faut également analyser, décrypter les différentes composantes de la douleur totale et répondre au mieux à chacune d'elles. Ce travail ne peut se faire qu'en équipe. La prise en charge interdisciplinaire, où tous auront un rôle à jouer, n'est pas un vœu pieux; elle est fondamentale.

La formation des équipes soignantes prenant en soin des personnes âgées est donc indispensable : réflexion partagée sur les objectifs et le sens des soins donnés pour « ce patient-là », mais aussi empathie, écoute, soutien de la famille.

Quelques écueils persistent qui rendent difficiles les prises en charge « idéales ». Toutes les douleurs de fin de vie ne pourront être réduites à zéro, soit du fait d'une pathologie complexe ou de traitements mal tolérés, soit de celui d'une souffrance psychique importante du patient. Les ratios de personnel travaillant en gériatrie font de la prise en charge de la douleur du sujet âgé en fin de vie un défi permanent.

CONCLUSION

La fin de vie est une situation qui peut apporter tout un cortège de douleurs au patient âgé.

Des progrès importants ont été réalisés dans le dépistage et le soulagement de ces douleurs grâce à l'enseignement et à la pratique des soins palliatifs. Ceux-ci vont permettre d'adapter les soins au plus près des besoins de chaque patient.

Il s'agira d'une prise en charge globale, d'un traitement au coup par coup des symptômes, mais aussi d'une aide et d'un soutien apportés à l'entourage comme à l'équipe soignante.

Nous devons rester vigilants sur les moyens qui nous sont donnés pour la formation et le soutien des soignants si nous voulons que nos aînés terminent leur vie réellement accompagnés et dans le plus grand confort possible.

Pour en savoir plus…

ANDRIAN J. Les causes et lieux de décès des personnes âgées. In : La mort du vieillard : soins en fin de vie. *Gérontol Soc* 1995; numéro spécial.

BRUCE A. FERREL. Overview of aging and pain. In : B. R Ferrell, B.A. Ferrell, ed. *Pain in Elderly*. IASP Press.

CADART B. *En fin de vie*. Paris : Le Centurion, 1988.

CORNU H.P., CHAH-WAKILIAN A., LAMBERT C. Émile Roux, un jour, la douleur. Enquête de prévalence dans un hôpital gérontologique. *Rev Gériatr* 1997; **22** : 155-92.

DELOMIER Y. La douleur en gériatrie, repères sémiologiques. *LMM Sud-Est* 1985; **21** : 9839-42.

DULFER S. Pressure sore care in the terminally ill. *Nursing* 1991; **42** (4) : 33-5.

FAISINGER R., BRUEVA E. The managment of deshydration in terminally ill patients. *J Pall Care* 1994 : 55-9.

GOMAS J.M. Demande pour une décision éthique (DDE). Comment préparer en équipe la meilleure décision possible dans des situations de crise ou de fin de vie. *Presse Méd* 2001; **19**.

JEAN A., MORELLO R., ALIX M. Évaluation de la douleur du sujet très âgé hospitalisé en long-séjour. *Rev Gériatr* 1998; **23 :** 253-6.

JOMAIN C. *Mourir dans la tendresse*. Paris : Le Centurion, 1984.

KUBLER-ROSS E. *On death and dying*. Labor et Fides.

LAURIAN C., BOYER J.M. Douleurs et artériopathie des membres inférieurs. In : A. Serrie, C. Thurel, ed. *La douleur en pratique quotidienne*. Paris : Arnette : 383-91.

LHUILLERY D., SARAUX A., GOUMAS J., LAUDET J. La douleur en gériatrie. Intérêt de l'approche psychomotrice. *Douleur* 2001; **2** (3) : 125-9.

MEAUME S. Douleurs et escarres chez les personnes âgées. *Soins* 1999; **634** : 11-2.

MOSS M.S., LAWTON M.P., GLICKSMAN A. The role of pain in the last year of life of older person. *J Gerontol* 1991; **46** (2) : 51-7.

NATALI F. Les soins de bouche. ASP 1996 : 11-21.

PISONERO M.F. Réflexions sur la prévention et le traitement de l'escarre chez le sujet âgé en fin de vie. *Rev Infirmière* 2000, **févr** : 23-4.

RABUS M., BALLANGER E., BENAMOU M., CERVANTES N., DERYCKE B., JEANNIN C. et coll. Détection de la douleur dans un hôpital de gérontologie. *Gériatr Pratic et 3ᵉ âge* 1999 : 184-6.

REGNARD C., FITTON S. Soins de bouche. In : C. Regnard, J. Hockley, J.M. Lassaunière, ed. *Guide pratique de soins palliatifs*. SPAHD (Soins palliatifs à l'Hôtel-Dieu).

REVILLON L. Étude sur la charge en soins palliatifs des services de gérontologie en France. Congrès SFAP, Toulouse, 1996.

SACHET A. L'acharnement thérapeutique. In : Renoncement thérapeutique, émotion des soignants, cas cliniques. *Soins Gérontol* 2000; **25** : 1-10.

SALAMAGNE M.H., POURCHET. S. Douleur en fin de vie. *Rev Praticien* 1999; **mai** : 1044-8.

SANTONI J., SARFATI M., ELBAZ Y., MONTAGNE N. La souffrance du sujet âgé en fin de vie. *Concours Méd* 1998; **120.20** : 1418-21.

SAUNDERS C.H. *The managment of terminal illness*, 2e édition. Londres : Edward Arnold, 1985.

SEBAG-LANOË R. *Mourir accompagné*, 7e édition revue et augmentée. Paris : Desclée De Brouwer, 2001.

SEBAG-LANOË R., LEFEBVRE-CHAPIRO S. La douleur chez les malades âgés en fin de vie. *Douleurs* 2001; **2** (2) : 65-71.

SEBAG-LANOË R, LEFEBVRE-CHAPIRO S. La douleur chez les personnes âgées en fin de vie. *Rev Praticien* 1999; **13** : 985-8.

SEBAG-LANOË R., LEFEBVRE-CHAPIRO S. L'approche de la mort chez le vieillard. In : La mort du vieillard : soins en fin de vie. *Géront & Soc* 1995; numéro spécial.

SEBAG-LANOË R., LEFEBVRE-CHAPIRO S., LEGRAIN S. *Rev Praticien* 1999; **462**.

TANZI F. L'hydratation en fin de vie. *Med Hyg* 1989; **47** : 3471-7.

WARY B. Plaidoyer pour l'évaluation de la douleur chez les sujets âgés. *Gérontol & Soc* 1997; **78** : 83-94.

ZITTOUN R. Aspects psychologiques des soins de phase terminale. *Presse Méd* 1991; **2** : 20.

11 Obstacles à la reconnaissance de la douleur en gériatrie

A. Baulon, A. Floriot

« Reconnaître » une douleur, c'est par définition « l'admettre comme réelle, vraie et légitime ». Les obstacles à sa reconnaissance en pratique gériatrique sont multiples. Certains d'entre eux sont communs à tous les âges, bien que l'image culturelle véhiculée par la vieillesse ait tendance à distancier le sujet « souffrant » du sujet « observant »; d'autres sont plus spécifiques au malade âgé non communicant.

Ainsi, en gériatrie, la reconnaissance de la douleur devient bien souvent la perception, par une personne généralement plus jeune, d'une sensation désagréable ressentie par un individu souvent diminué physiquement et/ou mentalement. Par nature, cette sensation n'est pas mesurable objectivement. C'est la raison pour laquelle, avant d'envisager les obstacles à la reconnaissance de la douleur, il semble important d'insister sur la nature et le devenir « du message » envoyé par le malade, quelle que soit son expression. Une communication pourra alors s'établir entre le malade âgé et son interlocuteur.

Cette communication, en apparence évidente, nécessite trois préalables :

- la volonté d'écouter le patient qui souffre, d'observer le patient susceptible de souffrir;
- l'absence d'*a priori* tant sur la personne qui nous fait face que sur l'image de la douleur que l'on peut avoir soi-même;
- enfin, l'identification, au sein d'une situation parfois complexe, des signes objectifs qui vont alerter, aider à comprendre et à soulager; cette identification relève d'un véritable acquis professionnel.

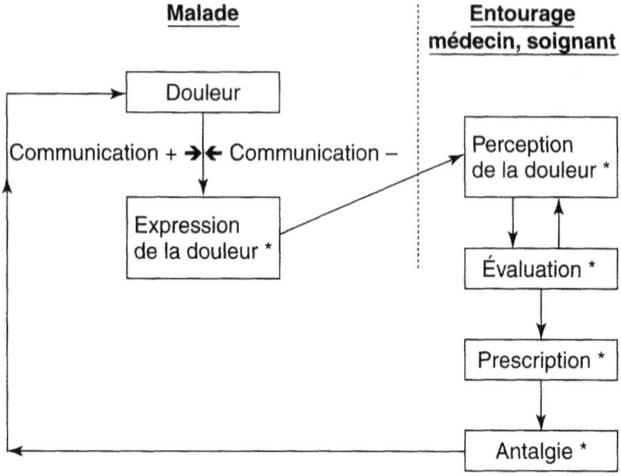

* Obstacles potentiels à la reconnaissance de la douleur en gériatrie.

Figure 11.1 Communication du malade avec son entourage familial et médical

L'analyse de la douleur suppose une écoute qui ne peut exister qu'au travers d'une disponibilité personnelle enrichie par un travail préalable sur soi, sur la capacité à comprendre et à ressentir.

Cette capacité, cette attention soignante revêtent une dimension toute particulière pour reconnaître un malade qui souffre en gériatrie. D'autre part, il est maintenant habituel de distinguer l'expression de la douleur du malade communicant de celle du malade non communicant.

DOULEUR DU MALADE COMMUNICANT

Obstacles à la reconnaissance de la douleur liés à l'individu âgé lui-même

La douleur peut être inavouée ou minimisée en raison d'une certaine « fermeté d'âme », d'un certain stoïcisme. C'est ainsi que, pour les plus âgés, la douleur est bien souvent synonyme « d'une dynamique d'apprentissage et de maturation », d'une résignation ou d'un fatalisme liés à des préjugés moraux et culturels.

Parmi les idées reçues, la plus fréquente voudrait que la vieillesse s'accompagne forcément de douleur – rhumatismes gages de longue vie ! – pour lesquelles les traitements, quand ils existeraient, s'avéreraient inefficaces, voire dangereux.

Ailleurs, le caractère rédempteur de la douleur lié à des convictions religieuses demeure présent chez certaines personnes âgées ; souffrance et douleur sont alors bien souvent liées. Mais, actuellement, il est admis que toute douleur physique doit être reconnue, prise en compte et soulagée.

La douleur peut aussi humilier ou faire peur, être évocatrice de maladies incurables ou récidivantes, du « cancer ».

Il est vrai que la crainte des investigations, des hospitalisations, de l'entrée en institution, de la séparation d'avec le conjoint ou de l'univers familier, peut amener la personne à taire sa douleur au médecin, voire aux proches qu'elle veut épargner. Cette crainte peut exister aussi vis-à-vis de certains médicaments ; l'utilisation des opiacés est bien souvent redoutée, synonyme de dépendance, d'accoutumance et de fin de vie.

Le vécu, l'histoire familiale vis-à-vis de la douleur peuvent aussi constituer un obstacle à sa reconnaissance : pour le malade, la douleur à la fin de sa vie est le dernier témoignage de son héroïsme à offrir à sa famille...

Reconnaître sa douleur, ce peut être encore pour certains reconnaître le vieillissement, « la décrépitude », de nouvelles pertes (celles d'une mobilité, d'une autonomie, du fonctionnement d'un organe), et reconnaître ainsi l'approche de la mort.

Le vieillard peut aussi masquer sa douleur à son entourage soignant par carence d'informations sur les possibilités de le soulager, par crainte d'être « un vrai malade » qu'on ne réussira pas à apaiser, et ce d'autant plus que d'éventuels traitements ont pu être inefficaces ou mal tolérés.

D'une façon superposable, certains malades âgés peuvent omettre de signaler leurs douleurs parce qu'ils croient que leur entourage, leur médecin, leurs soignants, les connaissent déjà et que les traitements sont donc inexistants ou inefficaces. Ainsi, ils peuvent s'être habitués à l'absence de prise en considération d'une douleur avec laquelle « ils ont appris à vivre ».

À l'inverse, dans d'autres cas, l'expression de la douleur est devenue l'objet essentiel et le moyen principal de la communication avec l'entourage. La reconnaissance médicale de cette douleur – au pire, son soulagement – obligerait la personne à trouver un autre mode d'échange, un sens à l'absence de douleur, alors que parfois « la douleur est la seule sensation permise par la maladie ». Parler de sa douleur donne ainsi un sens à sa vie.

Obstacles à la reconnaissance de la douleur liés aux comportements de l'entourage familial ou amical de la personne âgée

« Il (ou elle) n'a pas mal, je le (ou la) connais bien! » L'entourage a du mal à écouter ce vieillard jugé plaintif et excessif, situation souvent accentuée par le fait que la personne « s'est plainte toute sa vie, à plus ou moins juste titre ». Derrière ces allégations peuvent se cacher une crainte ou un refus d'investissement de cet entourage pas toujours proche géographiquement, ni disponible : le signalement de cette douleur au médecin impliquerait des déplacements, des accompagnements (consultations, examens, pharmacie, etc.), la mise en place d'aides au domicile ou des démarches socio-administratives.

Minimiser la douleur de son parent ou de son ami âgé, la nier ou l'effacer, c'est peut-être aussi chercher à oublier le vieillissement de l'être cher, refuser sa mort. Peut-être est-il alors apaisant pour soi-même de ne pas apaiser l'autre? Ou bien occulter la douleur de l'autre n'est-ce pas occulter le risque de sa propre douleur? Enfin, tout simplement, n'est-ce pas aussi le désir « d'être tranquille, de ne pas être dérangé » dans une vie que l'on souhaite heureuse, facile, confortable, avec une image idéalisée de ses parents ou de ses grands-parents.

Obstacles à la reconnaissance de la douleur rencontrés par les intervenants soignants

Il est classique d'évoquer certains aspects cliniques trompeurs de l'expression de la douleur en gériatrie qui peuvent égarer le soignant non avisé : syndrome dépressif apparu récemment, repli sur soi ou agitation inexpliquée, apparition ou accentuation de troubles de l'attention, de la mémoire, etc.

Ailleurs, c'est une démarche clinique superficielle qui va empêcher la recherche systématique d'une douleur. Il peut s'agir d'une absence de disponibilité réelle ou ressentie, soit d'ordre personnel chez un soignant qui arrive mal à établir une relation objective, soit d'ordre institutionnel : les soignants sont « en nombre insuffisant », « n'ont pas le temps », etc.

Et même si l'on suppose que le soignant est disponible, prêt à écouter son patient, il ne saura pas toujours décrypter tous les mots utilisés (peine, inconfort, picotements, faiblesse, raideur, lourdeur, pesanteur, etc.) pour désigner la douleur. Cette première étape franchie, il arrive à comparer son langage avec celui du patient. Mais, il existe encore d'autres obstacles à l'analyse de cette douleur : la douleur peut être cotée par le soignant en fonction du retentissement de la maladie; il peut ainsi confondre douleur et handicap, douleur et souffrance. Le médecin, lui, peut coter selon l'étiologie, la gravité potentielle de la maladie et ne pas porter la même attention à une douleur lombalgique bénigne et à une douleur de métastase. Pourtant, les deux gâchent la vie et peuvent justifier également des antalgiques majeurs. Il est classique d'avancer que « les chances pour que la douleur soit entendue sont proportionnelles à la vérité somatique de la description douloureuse ».

Notons aussi que les préjugés sur la douleur qui ont été évoqués à propos du malade lui-même – peur des antalgiques majeurs assimilés à la fin de vie – circulent aussi chez certains soignants dont les études et la formation n'ont inclu que récemment des modules d'enseignement sur la personne âgée, la douleur, les soins palliatifs et le confort; c'est le cas des études de médecine en particulier. La capacité d'écoute peut ainsi être altérée par un véritable désarroi devant une douleur qui fait peur parce qu'elle nécessitera peut-être le recours à la prescription d'antalgiques majeurs que l'on n'a pas l'habitude de manier.

RECONNAISSANCE DE LA DOULEUR DU MALADE NON COMMUNICANT

Il existe des obstacles très spécifiques qui sont maintenant bien connus.

En effet, une grande part de la pratique de la gériatrie consiste à soigner des personnes souffrant de détériorations intellectuelles qui ne leur permettent pas de verbaliser leur douleur, mais aussi à accompagner des malades très affaiblis en fin de vie. Les altérations associées de la perception des sensations et du schéma corporel les empêchent de localiser la douleur qui est intégrée comme un « état algique » d'expression diffuse.

La douleur va alors s'exprimer au travers de comportements inhabituels, survenant spontanément ou dans des situations précises qu'il convient de remarquer, de rechercher et d'évaluer. L'interrogatoire de la famille et de l'entourage est essentiel.

La douleur peut n'apparaître que dans certaines circonstances : mobilisation, soins de toilette, pansement, fracture, période postopératoire, etc. Il convient d'être attentif.

Ailleurs, les troubles du comportement ne seront pas rattachés à leur cause et seront traités en tant que tels, en méconnaissant la douleur cachée qui les sous-tend : malade dément qui devient violent ou, au contraire, se replie, s'isole, refuse de s'alimenter, devient prostré.

Les obstacles à la reconnaissance de la douleur sont alors liés à l'absence de reconnaissance des situations potentiellement douloureuses, à l'absence de formation à l'interprétation des modifications du comportement du malade, à l'absence d'évaluation régulière de la situation d'un malade reconnu et traité.

Ainsi, les soignants de gériatrie se sont livrés à de véritables travaux de recherche clinique pour analyser les signes évoquant une douleur ressentie par le malade non communicant. Des grilles d'évaluation comportementale de la douleur ont été élaborées et proposées pour évaluer et reconnaître la douleur. Les résultats de ces travaux sont actuellement largement diffusés, utilisables au quotidien; citons DOLOPLUS, ECPA, ECS. Muni de ces instruments, le médecin tiendra compte des comportements qui lui seront rapportés par les soignants, éléments cliniques décisifs dont il n'est généralement pas l'observateur direct, dont il n'a pas la maîtrise. La reconnaissance de la douleur passe alors par la reconnaissance d'une complémentarité avec les soignants, d'un travail en équipe, fonctionnement essentiel en gériatrie.

Ainsi, les obstacles à la reconnaissance de la douleur du malade non communicant sont souvent les reflets de difficultés d'organisation institutionnelle : insuffisance des transmissions, carence de réunions multidisciplinaires, absence de motivation de l'un ou l'autre. Ces obstacles ne s'effaceront que lorsque la communication deviendra facile et régulière entre des professionnels correctement sensibilisés et formés.

Dans un second temps, lorsque la douleur aura été reconnue, il va s'agir de se donner les moyens de poursuivre une évaluation régulière de la situation clinique selon la même méthodologie et en se fixant des objectifs précis et validés par l'ensemble de l'équipe médicale et soignante.

CONCLUSION

L'analyse des obstacles à la reconnaissance de la douleur en gériatrie met en cause la démarche de soin à chacune de ses étapes. Elle passe par la reconnaissance de soi, le développement de ses capacités à une véritable écoute. Il en découle une attitude qui va permettre d'établir une relation objective et constructive avec le malade âgé au travers de sa personnalité, de son histoire et de l'information qui lui aura été donnée, notamment sur les possibilités d'aide et de soulagement de sa douleur.

Les obstacles à l'évaluation de la douleur du malade âgé non communicant, dément notamment, ont permis d'établir des démarches d'hétéro-évaluation comportementales maintenant bien connues et diffusées. La formation des soignants et des médecins à leur utilisation est un préalable essentiel.

Dans le cadre du soin donné au malade âgé, la démarche de la reconnaissance de la douleur apparaît exemplaire. Elle mobilise chaque intervenant au quotidien et favorise la cohérence de l'ensemble des décisions cliniques et des actes de soins. C'est la raison pour laquelle la volonté de ne pas méconnaître la douleur, de l'évaluer et de la traiter doit figurer à part entière dans tout projet de soins gériatriques tant au niveau d'une unité que de l'ensemble d'un service ou d'un établissement.

Pour en savoir plus...

ÉQUIPE DU CENTRE INTÉGRÉ DE SOINS PALLIATIFS HÔPITAL SAINTE-PÉRINE. Douleur et accompagnement – Une approche globale de la personne âgée. *Soins Gérontol* 1996; **4** : 7-16.

JEAN A., MORELLO R., ALIX M. Évaluation de la douleur du sujet âgé hospitalisé en long séjour. *Rev Gériatr* 1998; **23** (3) : 253-6.

LAURENT B., PAUPRE D. Prise en charge de la douleur : progrès et résistances... *Info Kara* 1999; **55** : 15-23.

LE QUINTREC J.L., MAGA M., BAULON A. L'échelle comportementale simplifiée (ECS), un nouvel outil d'évaluation de la douleur en long séjour gériatrique. *Rev Gériatr* 1995; **20** (6) : 363-8.

MICHEL M., CAPRIZ A., GENTRY A., FILBET N., GAUQUELIN F., LEFÈBVRE-CHAPIRO S. DOLOPLUS 2, une échelle comportementale de la douleur validée chez la personne âgée. Étude de la fiabilité. *Rev Gériatr* 2000; **25** (3) : 155-60.

SEBAG-LANOË R. Traitement de la douleur chez les personnes âgées. In : A. Serrie, C. Thurel, ed. *La douleur en pratique quotidienne. Diagnostic et traitement.* Paris : Arnette, 1994 : 521-34.

WARY B. Plaidoyer pour l'évaluation de la douleur chez les sujets âgés. *Gérontol & Soc* 1996; **78** : 83-94.

12 Douleurs et dépressions

J. Pellerin

Le symptôme douloureux, considéré comme une alarme réflexe signalant toute forme de dysfonctionnement du corps, est, par nature, l'un des symptômes les plus fréquemment rencontrés par le médecin. La dépression, même prise comme étant la résultante de désordres neurobiologiques, est une manifestation plus élaborée d'un dysfonctionnement cérébral. Proposer un rapprochement entre ces deux entités comporte donc le risque d'établir un artifice théorique entre deux dimensions dont le niveau d'intégration n'est pas superposable au plan neurologique. Trois arguments autorisent toutefois une telle proximité. D'une part, l'objet d'une telle perspective peut être seulement de juxtaposer ces deux éléments et d'en trouver un facteur commun, d'ordre pathogénique, qui fonderait ces deux entités dans une origine commune; d'autre part, la dépression trouve le noyau de son expression dans le terme, certes difficilement représentable mais pourtant largement usité, de « douleur morale ». Enfin, certaines hypothèses neurobiologiques confirmées par l'efficacité de molécules antidépressives dans le traitement de la douleur étayent l'idée que ces diverses perceptions pourraient trouver des voies d'intégration cérébrale communicantes ou susceptibles d'influences réciproques.

Dans l'expérience du malade, le phénomène douloureux ne saurait être réduit à sa dimension symptomatique, et sa définition par l'*International association for the study of pain* (IASP) comme « une expérience sensorielle et émotionnelle désagréable, associée à une lésion tissulaire présente ou potentielle ou décrite en des termes évoquant une telle lésion » doit laisser la possibilité d'intégrer dans ce phénomène douloureux une participation affective. De

fait, l'évolutivité de la douleur, notamment lorsqu'elle se pérennise, donne lieu à une plainte beaucoup plus diffuse qui se rapporte alors tout autant à la question de son origine qu'à celle de son retentissement sur la vie quotidienne. Cette évolutivité autorise alors un glissement de la notion de « douleur-symptôme » vers celui de « douleur-syndrome ». Dépassant sa dimension purement perceptive, certains auteurs considèrent que la douleur est aussi une adresse au médecin ou à l'entourage. Adresse d'une souffrance, d'une détresse ou d'un sentiment d'impasse dont la caractéristique est toujours le retentissement au plan personnel ou social. On ajoutera que la douleur implique le sujet douloureux dans des processus mentaux susceptibles d'influencer cette perception : processus d'attention ou de détournement de cette attention, référence à des expériences antérieures, attribution d'une dimension symbolique. Cette douleur prend enfin des masques comportementaux divers englobant des manifestations motrices, verbales ou végétatives qui se trouvent elles-mêmes fondées dans une dimension culturelle.
Ayant attribué à la douleur, devenue syndrome douloureux, d'aussi diverses composantes, le lien avec l'expérience dépressive s'en trouve alors, au moins intuitivement, renforcé, et la supposition de ce lien permet d'explorer les intrications éventuelles entre ces deux éprouvés.

ÉPIDÉMIOLOGIE DE L'ASSOCIATION ENTRE DOULEUR ET DÉPRESSION

La fréquence de l'association entre douleur et dépression est diversement appréciée dans la littérature. Comme à chaque fois qu'il s'agit de concepts dont les définitions sont aussi larges, l'abondance de la variabilité tient son origine dans des questions de méthode : modalités de recrutement des populations étudiées, variations des critères de diagnostic ou d'évaluation de l'intensité des symptomatologies.
Les mesures ainsi observées n'ont donc qu'une portée indicative. Pour les praticiens de centres de consultations et de traitements de la douleur, elles donnent une appréciation de l'importance des affects dépressifs clairement exprimés ou susceptibles d'être dépistés par des outils dont il conviendra encore d'interroger la pertinence. La prévalence de la dépression chez des patients souffrant de douleurs chroniques est estimée entre deux et cinq fois

plus élevée que celle observée en population générale. Il y a lieu de supposer que cette excessive fréquence pourrait encore, mais à tort, être majorée dans des populations de sujets âgés où la souffrance dépressive est trop vite banalisée et rapportée tant à l'âge qu'à telle ou telle condition somatique éprouvante. De l'autre point de vue, c'est-à-dire pour les praticiens qui rencontrent un patient âgé souffrant d'un épisode dépressif, l'identification d'une composante douloureuse physique doit être la règle puisque deux tiers des sujets ont des plaintes somatiques prédominantes, ces plaintes ayant même constitué le symptôme initial dans près de la moitié des cas.

PROBLÈMES D'ÉVALUATION

Les recoupements observables entre douleurs et dépressions tiennent d'abord à des problèmes de définition de ces entités prises isolément, au moins dans certains cas.

La douleur d'une pathologie d'organe clairement identifiée pose en effet peu de problèmes de reconnaissance ou de caractérisation, surtout lorsqu'elle fait partie des éléments pour le diagnostic. En revanche, certains patients douloureux épuisent les ressources traditionnelles du praticien, c'est-à-dire les possibilités d'exploration des diverses hypothèses diagnostiques qui correspondent à une physiopathologie identifiable. Dans ces situations et lorsque la durée d'évolution dépasse six mois, l'expression de « douleurs chroniques médicalement inexpliquées » semble être la plus utilisée pour le somaticien, même si ce dernier envisage aussi parfois un diagnostic de dépression. Les psychiatres, auxquels certains de ces patients sont alors adressés, définissent de leur côté, dans le DSM-IV ou dans la CIM-10, les *troubles somatoformes* comme un ensemble de troubles caractérisés par des symptômes physiques suggérant une affection médicale mais ne pouvant être complètement expliqués par celle-ci ou par un autre trouble mental. Parmi ces troubles somatoformes, ils distinguent le *syndrome douloureux somatoforme persistant*, tel une douleur persistant au moins six mois et suffisamment intense pour s'accompagner d'un sentiment de détresse. Ils considèrent toutefois que l'existence d'un trouble de l'humeur exclut le diagnostic de trouble somatoforme. Pour une pratique gériatrique, ces troubles, qui concerneraient préférentiellement les femmes du milieu de la vie, n'ont par ailleurs pas fait l'objet de recherche spécifique auprès de populations âgées.

Ces cadres diagnostiques témoignent ainsi de leur difficile adéquation à décrire des troubles pourtant rencontrés dans la pratique quotidienne du soin auprès des personnes âgées. Et ceci d'autant plus que, au plan symptomatique, certains signes qui peuvent orienter vers le diagnostic de dépression, comme les troubles du sommeil, la fatigue, le manque d'énergie ou le ralentissement psychomoteur, peuvent faire également partie du tableau des syndromes douloureux chroniques.

Ces observations montrent la difficulté à porter le diagnostic de dépression chez le sujet âgé exprimant une symptomatologie douloureuse en s'appuyant sur des critères appartenant à des instruments à visée diagnostique comme le DSM et comme les Critères diagnostiques pour la recherche (*Research Diagnostic Criteria* ou RDC). Ces insuffisances d'outils ne plaident naturellement pas davantage pour l'emploi d'échelles standardisées d'évaluation de la dépression. Ces mesures sont en effet conçues pour permettre une quantification de l'intensité des symptomatologies et non pour déterminer un diagnostic.

On s'en tiendra donc, finalement, à des considérations pragmatiques : l'existence d'un état dépressif présente le risque d'être surévalué ou sous-évalué chez le sujet âgé douloureux. À cette période de la vie, la nécessaire adaptation du sujet au remaniement de ses capacités et de ses aptitudes dans le contexte d'une affection douloureuse s'accomplit, en effet et presque forcément, dans l'effort et dans la contrainte. Cela peut entraîner l'expression de sentiments qui ne traduisent, en fait, qu'une acceptation lucide de ce nouveau statut de malade ou même de sujet âgé. Dans ces situations, ces sentiments peuvent être pris par un observateur insuffisamment averti pour l'expression d'une souffrance dépressive. À l'inverse, il peut arriver qu'un praticien ne puisse observer le symptôme douloureux, y compris lorsque celui-ci constitue un point d'appel, pour un authentique diagnostic de dépression, soit parce qu'il concerne une personne avec laquelle il entretient une relation privilégiée, la douleur devenant alors particulièrement inacceptable, soit parce que l'expression de cette douleur prend une tonalité particulière et, notamment, celle d'une revendication hostile.

Lorsque le diagnostic de dépression est porté, il reste une place pour les échelles d'évaluation, et ceci en raison de leurs vocations à mesurer l'*intensité* de la disposition thymique ou celle de la douleur. Cette place est donc la mesure précise d'intensités symptomatiques et de leur évolutivité en fonction des traitements proposés. Lorsque l'usage de ces échelles sera répandu dans des groupes de sujets âgés, il sera intéressant de repérer, par des études *ad hoc*, si les réponses à des échelles particulièrement saturées en items somatiques, comme l'échelle de Hamilton par exemple, ont des structures factorielles qui pourraient permettre de prévoir un profil particulier de répondeurs à certains traitements antidépresseurs et/ou antidouloureux.

DÉPRESSION MASQUÉE, SUJET HYPOCONDRIAQUE ET PROCESSUS PSYCHOSOMATIQUE

Dépression masquée

Le concept de *dépression masquée* a été proposé en référence à des patients souffrant de symptômes médicalement inexpliqués qui masqueraient ou remplaceraient leur état émotionnel. L'usage du terme est particulièrement répandu en pratique gériatrique quotidienne. Ceci semble explicable par une double considération : la grande fréquence des tableaux dépressifs où les symptômes physiques sont présents et la difficulté rencontrée par certains patients à pouvoir expliciter un sentiment de tristesse alors que la mise en avant de symptômes somatiques leur serait plus facile. Les limites d'un tel usage n'en restent pas moins posées. On objectera ainsi que sa pertinence clinique repose en fait sur une certaine commodité pour le praticien. Il y trouverait une solution facile à son désir de dire quelque chose d'un trouble qui n'aurait pas *stricto sensu* une connotation psychiatrique ou encore un aménagement pour sa crainte de disjoindre trop définitivement une cause organique à des troubles qui restent, malgré tout, d'expression somatique. D'un autre côté, il appartient au clinicien, quelle que soit sa formation initiale, de répondre à une souffrance qui n'aurait pas trouvé jusque-là d'autres modalités d'expression. Si telle est la présentation du sujet, il convient peut être de faire avec malgré tout. L'essentiel sera alors de savoir supporter l'échec de la mise en œuvre d'un traitement antidépresseur ou de ne pas faire de son succès éventuel une preuve irréfutable de la validité de ce diagnostic. La signification d'une plainte aussi équivoque avec son corollaire, la mise en concurrence par le patient de divers praticiens, devra aussi être admise comme un aléa de la relation thérapeutique.

Sujet hypocondriaque

C'est sans doute pour ces motifs qui comportent autant de risques d'incertitudes dans la relation avec le patient que le concept de *sujet hypocondriaque* a pris sa valeur, et notamment chez le sujet âgé. Le DSM-IV fournit la définition suivante de l'hypocondrie : « une préoccupation centrée sur la crainte ou sur l'idée d'être atteint d'une maladie grave, celle-ci étant fondée sur l'interprétation erronée par le sujet des symptômes physiques ressentis. De plus, la préoccupation persiste malgré un bilan médical approprié et rassurant ». Cette austère définition présente un double intérêt. D'une part, dans son existence elle-même, avec ce qu'elle comporte d'apparemment rigoureux, c'est-à-dire avec ce qu'elle offre comme possibilité d'écho à des situations cliniques réelles; d'autre part, dans ce qu'elle suppose de la relation que le sujet et le médecin entretiennent ensemble, chacun de ces protagonistes étant considéré comme impuissant face aux attentes de l'autre. Avec cette attribution, le sujet douloureux n'est en effet plus exclu du discours médical. Il est ramené à une plus juste place : celle, précisément, de ne rien faire connaître ou de ne rien vouloir faire connaître de l'origine de son trouble.

Processus psychosomatiques

Au-delà de ces concepts, la question des *processus psychosomatiques* doit encore être examinée avec l'avance en âge, alors même que la plupart des publications sur ces processus n'envisagent pas le sujet âgé. Diverses considérations d'ordre général pourraient expliquer cette méconnaissance : accroissement des maladies somatiques avec l'âge, difficultés d'abord du sujet au plan psychothérapique, appétence naturelle pour une médecine traditionnelle. Il faut toutefois revenir aussi aux théories qui sous-tendent ces processus. Selon le modèle psychodynamique dit « de l'école de Paris », ils reposeraient sur la notion d'une « structure psychosomatique » qui confinerait le sujet dans une hypernormalité avec suradaptation au réel et idéalisation des relations familiales, tandis que des éléments biographiques trop mobilisants seraient constamment refoulés, et que toute menace d'atteinte à l'intégrité corporelle serait insupportable. Dans ces conditions, l'affection somatique serait présente pour se substituer à l'avance à tout risque d'éclosion d'une souffrance psychique. Chez de tels sujets, on décrit une certaine organisation de la pensée dite « opératoire » qui se caractériserait par sa polarisation excessive vers le réel, la pratique et la logique concrète, tandis que la vie onirique et fantasmatique serait particulièrement appauvrie. C'est dans ce contexte menant à un appauvrissement relationnel que des symptômes organiques surviendraient comme solution d'expression aux conflits inconscients.

Cette conception ne saurait être reconnue selon un modèle mécanique qui voudrait que toute pensée opératoire mène à des symptômes ou à des maladies psychosomatiques. Il faut sans doute en effet une certaine participation de l'interlocuteur, c'est-à-dire du médecin, pour que cette réaction se constitue. On en relativise du coup la notion de *structure* psychosomatique. Chez le sujet âgé, cette dimension psychosomatique est par ailleurs toujours susceptible d'être remise en cause tant il convient de conserver, au moins dans cette clinique, la possibilité d'une lecture plurifactorielle et non exclusive de toute forme de psychogenèse. La validité de la théorie vaut toutefois si elle assure le praticien d'une attitude qui privilégie le doute et l'incertitude comme prérequis de la relation. Les modalités d'intervention les plus adéquates reposent alors sur une reconnaissance pleine et entière de la souffrance en elle-même, sur des capacités à résister à une explicitation de l'origine des troubles et, enfin, sur son intégration dans la perspective plus globale du vieillissement du sujet. Toute forme d'explicitation s'expose en effet à être identifiée par le patient comme un processus précisément opératoire, qui en tant que tel, portera le risque d'un renforcement du symptôme. Toute méconnaissance du vieillissement revient à annuler les opportunités pour le patient de disposer enfin d'un cadre suffisamment représentable pour mentaliser des affects jusque-là refoulés.

LIENS ENTRE DÉPRESSIONS ET DOULEURS

Ayant abordé ces aspects théoriques, la question des liens entre dépressions et douleurs reste encore posée. Leur recoupement dépasse en effet ces élaborations tout comme la vérification sans cesse renouvelée de leur contiguïté symptomatique. Le syndrome du côlon irritable, la migraine, les fibromyalgies, les douleurs dites « idiopathiques » constituent ainsi des exemples où l'individuation fréquente d'une authentique comorbidité anxieuse ou dépressive plaide aussi pour l'existence de phénomènes neurobiologiques autorisant un passage entre l'expression douloureuse de ces troubles et ces manifestations affectives. La compréhension de ces phénomènes est alors éminemment technique. Le raisonnement clinique conduit toutefois à s'en approcher en parcourant les deux modalités de leur lien selon leur causalité.

Dépression secondaire à la douleur

Dans cette hypothèse, on imaginera les conséquences émotionnelles d'une douleur chronique, ce qui est corroboré par divers travaux et par l'écoute des patients. Ces derniers, vieillissants, trouvent pour expliquer leur désarroi le relais de l'incapacité fonctionnelle qui résulte de ces douleurs, la fatigue liée à la mauvaise qualité du sommeil, l'incompréhension de l'entourage, l'éventuelle fluctuation des troubles et leur caractère faiblement prévisible ou encore leur nécessaire orientation vers des conditions de vie plus astreignantes. Le problème posé reste celui de ne pas manquer le diagnostic de dépression dans un contexte où l'association de ces différents facteurs pourrait favoriser l'émergence d'idées suicidaires ou de comportements régressifs aigus. Ce risque est particulièrement accru avec l'avance en âge. Pour expliquer un tel état de fait, on estime que l'appauvrissement de l'estime de soi consécutif à la douleur peut engendrer un véritable désinvestissement du moi. Si une dépression, dont la psychogenèse n'est jamais univoque, est associée, l'évolution torpide ou fluctuante des douleurs peut conduire à un geste de désespoir. Il est probable aussi que certaines conduites suicidaires sont l'expression du choix de refuser, par avance, toute forme de déchéance ou d'atteintes prévisibles, y compris des douleurs physiques particulièrement intenses. Il résulte de ces considérations l'extrême attention qu'il conviendra de porter à toute forme de personnalité ne pouvant pas témoigner d'investissements passés ou actuels suffisamment étayants. Ce sont, en effet, ces capacités avec ce à quoi elles renvoient en terme d'organisation psychique qui sont probablement les plus déterminants dans la majorité des faits même si l'on connaît, naturellement, quelques actes suicidaires parfaitement mis en œuvre chez des personnalités riches et peu suspectes d'une défaillance identificatoire.

Il existe diverses hypothèses biologiques pour expliquer une telle causalité entre douleur et dépression. Le dépôt de cytokines, en particulier d'IL-6, au niveau cérébral et leur conséquence en terme de déplétion sérotoninergique pourraient représenter l'une des suppositions que les chercheurs considèrent comme les plus prometteuses. Une altération de la neurotransmission à des niveaux d'intégration communs à ces deux processus doit cependant être relativisée du fait des nombreuses incertitudes qui pèsent sur l'identification précise des modalités de constitution ou d'entretien du processus dépressif.

Douleur secondaire à la dépression

Des liens laissant envisager qu'un épisode dépressif ou qu'une certaine dépressivité pourraient influer l'évolutivité de processus douloureux ultérieurs ont été souvent discutés. Dans une perspective neurobiologique, les hypothèses sont assez diverses. Elles tentent notamment d'intégrer l'idée que la douleur constitue un symptôme évolutif de la maladie dépressive ou qu'elle peut aussi être secondaire à un abaissement des seuils de perception provoqué par la dépression. Les arguments qui en valident la construction tiennent à la vérification expérimentale ou en clinique que les syndromes algiques apparaissent plus précocement et de façon plus diffuse ou plus intense lorsqu'ils surviennent dans un contexte affectif défavorable. Leur vérification se heurte aux mêmes incertitudes que celles qui ont été évoquées pour envisager une causalité de la douleur dans les phénomènes dépressifs.

Une autre dimension est également intéressante. Envisager la douleur comme un avatar de l'expérience dépressive, c'est placer la douleur et la dépression dans une continuité qu'il est utile de repenser. Le vécu dépressif est naturellement une expérience individuelle. Il est aussi une adresse à un autre qui est supposé pouvoir se saisir de cette expérience pour en proposer une mise en perspective avec l'histoire du sujet. Or, ce qui fait signe n'est précisément pas la dimension de douleur morale et/ou physique. Ce sont les autres paramètres de la dépression, les corollaires de ce vécu exprimés par le sujet et, notamment, les diverses figures de son désinvestissement, qui sont observés car celui qui aura à les observer peut y mettre ses propres repères. L'éprouvé de la douleur se constitue ainsi en marge du discours que le sujet aura de son expérience intime. Il en résulte que la douleur dit à la fois la dépression tout en n'en disant rien. Elle peut être, dans ce sens, considérée comme la figure de l'irreprésentable par le sujet déprimé. Comme interlocuteur du sujet douloureux, nous sommes forcément contraints de n'en savoir que ce qui n'est pas la douleur elle-même. Dans ce sens, l'expérience douloureuse pourrait être la marque de ce qui garantit pour le sujet l'expérience de sa subjectivité. Chez le sujet âgé, cette douleur est peut-être aussi ce qui lui reste pour prouver qu'il est encore en vie.

DOULEUR PSYCHOSOMATIQUE ET RELATION MÉDECIN-MALADE

Les douleurs d'ordre psychosomatique, c'est-à-dire non directement explicables par une maladie organique, constituent une occurrence fréquente dans la relation médecin-malade, que cette douleur inaugure cette relation ou qu'elle en constitue l'un des avatars, la douleur réactualisant alors une forme primitive de cette relation. Lorsque le patient est déprimé ou lorsque la tonalité de sa plainte douloureuse est associée à une douleur morale (explicite ou supposée), la prise en considération de cette plainte en est rendue difficile. Pour expliciter les raisons de ces difficultés, il importe de revenir à ce qui constitue la relation médecin-malade. À son origine, la plainte n'est, en effet, pas autrement considérable que dans sa forme brute, c'est-à-dire comme l'expression que le malade ne peut assurer lui-même sa guérison. La douleur est alors entendue et interprétée par le médecin selon son savoir. Ce dernier peut se tromper dans sa compréhension de cette douleur; il peut aussi ne pas être en mesure d'intervenir immédiatement ou directement sur l'origine de cette douleur. Il peut enfin estimer que dans cette plainte, le sujet le trompe, qu'il feint un éprouvé alors qu'il ne cherche peut-être qu'à accaparer abusivement son attention. Le médecin peut alors choisir de répondre à cette plainte, refuser d'y répondre ou encore y apporter toutes les modulations qu'il connaît, en prenant aussi à témoin l'entourage familial ou soignant. Dans cet échange, l'attitude du médecin est capitale pour l'avenir et l'organisation de la relation. Cette attitude sera conditionnée par ce qu'il considèrera comme recevable, en fonction aussi de ce qu'il tolèrera et, enfin, des voies de détournement qu'il saura aménager. La relation thérapeutique pourra alors se nouer tant que chacun des protagonistes, le sujet malade et son médecin, considéreront que la réponse ou l'attitude de l'autre est acceptable. Ce qui compte est qu'un discours aura émergé. L'enjeu sera alors pour le médecin d'admettre que ce dont le sujet témoigne aussi dans sa douleur est son manque à être, c'est-à-dire ses efforts dans sa recherche d'un objet qui comblerait ce manque. Et, pour le malade, l'enjeu sera d'imaginer que sa plainte est entendue. Or, la clinique dépressive nous apprend aussi que ce qui est à l'œuvre dans la dépression est de l'ordre du manque, du manque des mots pour dire ce qui est perdu. Ce manque peut alors singulièrement résonner avec ce manque à être du sujet douloureux. Dans cette juxtaposition, la demande de soin ne parvient pas forcément à trouver sa voie. Le discours du sujet souffrant, c'est-à-dire sa douleur, se répète inlassablement et rappelle tour à tour ce manque et, dans les moments dépressifs où elle paraît parfois s'amender, son indicibilité. Par sa douleur, le patient peut trouver toutefois les modalités d'une condition : celle d'être reconnu comme douloureux ou, surtout, comme malade. De sorte qu'avec cette condition, il pourra continuer d'exister, et ceci d'autant plus confortablement que le médecin ne sera pas gagné par un désir de guérison qui s'apparenterait, en fait, à un désir de se soustraire à cette relation. Quant au médecin, qui perçoit plus ou moins confusément que c'est son patient, lui-même et dans son histoire, qui détient la clé de cette souffrance, il lui appartiendra d'admettre de réserver ce qu'il pourrait en dire car toute parole comporte toujours le risque d'être comprise comme un déni de la souffrance.

ASPECTS PHARMACOLOGIQUES

Dans le cas de douleurs chroniques, l'effet antalgique de certaines molécules antidépressives est clairement reconnu, y compris chez des patients ne présentant pas *stricto sensu* de maladie dépressive. Ce traitement doit être intégré aux autres mesures à visée antalgique car il pourrait améliorer les éprouvés algiques ou modifier les stratégies utilisées pour faire face à ces expériences.

Diverses méta-analyses montrent que la plupart des molécules antidépressives, et principalement des tricycliques, ont été étudiées. La méthodologie de ces études est généralement considérée comme relativement rigoureuse. Elles comparent des produits actifs à des placebos pour le traitement de symptômes douloureux divers comprenant les céphalées chroniques, les fibromyalgies, les troubles fonctionnels gastro-intestinaux ou les douleurs dites « idiopathiques ». Quoique ces entités posent des questions relatives à leur modalité d'identification, elles concluent pour la plupart au bénéfice des produits actifs par rapport au placebo.

À titre d'exemple, dans diverses douleurs chroniques idiopathiques, ce bénéfice a pu être jugé sur l'amélioration de la douleur elle-même, sur l'utilisation d'autres molécules antalgiques, sur la sensation générale de bien-être ou sur le statut fonctionnel. Ces vertus sont retrouvées moins constamment avec des produits d'autres classes comme les sérotoninergiques ou la miansérine. Comme indication du traitement des céphalées chroniques par exemple, une dizaine de travaux ont évalué l'efficacité de produits sérotoninergiques. Ils montrent une efficacité dans la moitié des cas. Pour cette pathologie, une seule étude contrôle la dépression et plaide en faveur d'une efficacité spécifique de la fluoxétine sur la douleur, indépendamment d'un effet antidépresseur, en comparaison à un placebo. Elle partage en revanche avec la plupart des autres travaux l'importante fréquence des sorties d'essai avec abandon de traitement.

Aucun essai n'a été proposé dans des groupes de sujets âgés et, actuellement, il convient d'apprécier la légitimité des prescriptions à ces populations en extrapolant les travaux menés chez les adultes jeunes. On devra de toute façon considérer que l'utilisation de tricycliques doit rester réservée à un traitement de seconde intention en raison des effets anticholinergiques de ces molécules.

En pratique, on admet que l'effet antalgique est obtenu avec des doses plus faibles que celles requises pour atteindre un effet antidépresseur : il est de l'ordre de la moitié de la dose recommandée. Cet effet est également plus précoce et pourrait survenir

dès la première semaine de traitement. Qu'il s'agisse d'essais ou d'observations cliniques, le bénéfice attendu de ces molécules doit être modulé par la mauvaise compliance des patients pour ces traitements en raison de l'importante fréquence de leurs effets indésirables (dans ces indications).
La perspective opposée, c'est-à-dire celle qui consiste à envisager une efficacité éventuelle de produits antalgiques dans des manifestations affectives est beaucoup moins étudiée, quoiqu'elle subisse aujourd'hui un regain d'intérêt. Citons notamment une étude ancienne évaluant l'effet sur la dépression d'un petit groupe de sujets âgés pour lesquels un traitement par codéine n'avait toutefois montré aucun effet notable (E. Varga et coll.).

EFFETS DES PSYCHOTHÉRAPIES

Dans les douleurs chroniques, les approches psychothérapiques se heurtent à d'assez vives résistances qui limitent leur mise en place. Les modalités décrivant la nature des relations que ces patients entretiennent avec le médecin ou le thérapeute laissent comprendre aisément que la douleur fait en effet un écran à toute forme de mobilisation si celle-ci n'est pas assortie d'une garantie préétablie sur l'efficacité antalgique de ces processus de prise en charge. Il ne saurait naturellement en être question du point de vue du thérapeute, et ce dernier devra se satisfaire, au moins dans un premier temps, d'interventions assez ponctuelles apportant un soutien qui n'est cependant pas négligeable. Ce soutien consistera en une reconnaissance la plus affirmée possible de la douleur et s'attachera à en indiquer des origines pluridéterminées. Lorsque cette douleur comporte quelques bénéfices secondaires auprès de l'entourage, ils seront assez soigneusement explicités pour en permettre une pérennité la plus dénuée possible d'agressivité en retour. Le sujet douloureux trouvera ainsi d'éventuelles ressources pour passer le cap d'une majoration transitoire de ses symptômes.
Quelques auteurs ont insisté sur la valeur des techniques cognitivo-comportementales exerçant leur effet dans le renforcement des capacités pour faire face à la douleur ou sur la modification et l'amélioration des attitudes antalgiques. Ces programmes restent limités chez le sujet âgé, notamment lorsque survient une altération cognitive.

CONCLUSION

Lorsque la douleur est considérée dans une dimension syndromique avec ses déterminants individuels, culturels et symboliques, elle autorise un rapprochement avec les syndromes dépressifs. Les recoupements peuvent alors se modéliser selon trois axes : celui d'un facteur pathogénique commun, qui autorise notamment des recherches génétiques, celui de voies d'intégration communicant entre elles, qui motive la place d'interventions fondées sur des techniques neurobiologiques et, enfin, celui des effets croisés du langage pour parler ces affections, qui justifie leur prise en charge psychothérapique.

Ces approches sont complémentaires pour mieux comprendre ces interactions entre douleur et dépression. Ceci peut paraître utile tant les sujets eux-mêmes, lorsqu'ils sont douloureux et dépressifs, peuvent témoigner de la confusion de leurs éprouvés. Il reste toutefois à espérer que de telles démarches arriveront à contourner en définitive la force avec laquelle ces mêmes sujets peuvent aussi paraître attachés à leurs symptômes.

Pour en savoir plus...

ADLY C., STRAUMARUS J., CHESSON A. Fluoxetine prophylaxis of migraine. *Headache* 1992; **32** : 101-4.

ALLAZ A.F., PIGUET V., DESMEULES J. et coll. Plainte douloureuse chronique : approche multidisciplinaire. *Med Hyg* 1999; **22** : 137-45.

BECH P., JORGENSEN B., NORRELUND N. et coll. Pains as presentation symptoms of depression in liaison psychiatry as evidenced by outcome of clomipramine treatment. *Nord Psykiatr Tidsskr* 1989; **43 :** 89-94.

BLUMER D., HEILBRONN M. Chronic pain as a variant of depressive disease. *J Nerv Ment Dis* 1982; **170** : 381-406.

CANNON R.O., QUIYUMI A., MINCEMOYER R. et coll. Imipramine in patients with chest pain despite normal coronary angiograms. *N Engl J Med* 1995; **332** : 1529-34.

CLAVREUL J. « L'être » en souffrance. Le malade. In : *L'ordre médical.* Paris : Seuil, 1978 : 145-57.

CLÉMENT J.P., BONIN-GUILLAUME S., LÉGER J.M. Faits et recherches sur la dépression du sujet âgé. *Année Gérontol* 1995; **9** : 127-38.

DWORKIN R.H., GITLIN J.M. Clinical aspects of depression in chronic pain patients. *Clin J Pain* 1991; **7** : 79-94.

FEINMANN C., HARRIS M., CAWLEY R. Psychogenic facial pain : presentation and treatment. *BMJ* 1984; **288** : 436-8.

FERREY G. Médecine psychosomatique. In : J.M. Leger, J.P. Clement, J. Wertheimer, ed. *Psychiatrie du sujet âgé*. Paris : Flammarion, 1999 : 243-56.

HENRIKSSON M.M., HARO H.M., MARTUNENN M.J. Mental disorders and comorbidity in suicide. *Am J Psychiatry* 1993; **150** : 935-40.

KEEFE F.J., DUNSMORE J. Behavioral and cognitive behavioral approaches to chronic pain : Recent advances and future directions. *J Consult Clin Psychol* 1992; **60** : 528-36.

MAGNI G. On the relationship between chronic pain and depression when there is no organic lesion. *Pain* 1987; **31 :** 1-21.

MARTY P., DE M'UZAN M., DAVID C. L'investigation psychosomatique. Paris : PUF, 1963, 164 p.

MCQUAY H.J., TRAMER M., NYE B.A. et coll. A systematic review of antidepressants in neuropathic pain. *Pain* 1996; **68** : 217-27.

MULLER-SPAHN F., HOCK C. Clinical presentation of depression in the elderly. *Gerontologie* 1994; **40** : 10-4.

O'MALLEY P.G., JACKSON J. L, KROENKE K. et coll. The value of screening for psychiatric disorders in rheumatology referrals. *Arch Intern Med* 1998; **158** : 2357-62.

O'MALLEY P.G., JACKSON J.L., SANTORO J. et coll. Antidepressant therapy for unexplained symptoms and symptom syndromes. *J Fam Pract* 1999; **48** (12) : 980-90.

ONGHENA P, VAN HOUDENHOVE B. Antidepressant-induced analgesia in chronic non-malignant pain : a meta-analysis of 39 placebo-controlled studies. *Pain* 1992; **40 :** 205-19.

PELICIER Y. Le syndrome de désinvestissement du sujet âgé. *Rev Gériatr* 1981; **6** : 325-8.

PILOWSKY I., HALLET E.C., BASSET D.L. et coll. A controlled study of amitryptilline in the treatment of chronic pain. *Pain* 1982; **14** : 169-79.

SMITH G.R. The epidemiology and treatment of depression when it coexists with somatoform disorders, somatization or pain. *Gen Hosp Psychiatry* 1992; **14** : 265-72.

VARGA E., SUGERMAN A.A., APTER J. The effect of codeine on involutional and senile dementia. *Ann NY Acad Sci* 1982; **398** : 103-5.

WATERLOO K., OMDAL R., HUSBY G., MELLGREN S.I. Emotional status in lupus erythematosus. *Scand J Rheumatol* 1998; **27** : 410-4.

13 Auto-évaluation : possibilités et limites

J.-F. Villard

S'il est un symptôme que chacun présente un jour au cours de sa vie, c'est bien la douleur. Et, paradoxalement, s'il est un symptôme qui a longtemps été négligé et sous-estimé, c'est bien la douleur également. Ce constat englobe tous les âges de la vie, mais encore plus les deux extrêmes que sont la « petite » enfance et le « grand » âge.

La personne âgée est victime d'idées préconçues comme : la douleur s'amenuise avec l'âge, la douleur fait partie du vieillissement, etc. !

Cet état de fait n'est plus de mise, et la douleur, comme tout autre symptôme, voire comme toute autre maladie, dès lors qu'il s'agit d'une douleur chronique, doit être prise en compte dans nos soins, c'est-à-dire recherchée, étudiée (mécanismes physiopathologiques, étiologies, etc.) et traitée.

La rechercher et l'étudier font partie de l'évaluation de la douleur.

Pour une bonne évaluation d'une douleur, il est important de :

- posséder des prérequis concernant la physiologie et la physiopathologie des voies de transmission de la douleur, ainsi que des notions de thérapeutique appropriées;
- croire *a priori* un patient qui dit avoir mal car la source de la mauvaise prise en charge de la douleur est souvent liée à la défiance des soignants face à un malade qui se plaint, aboutissant à un isolement du patient dans sa douleur, coupant ainsi tout dialogue et toute confiance;
- si le patient n'exprime pas spontanément sa douleur, savoir la solliciter;
- ne pas méconnaître le fait que la fonction du soignant interfère sur l'expression de la douleur par le patient. Ainsi une plainte exprimée le matin à l'infirmière ou à l'aide-soignante

lors d'une toilette ou d'un soin peut être « oubliée », voire niée, lors du passage des médecins;
- ne pas mettre en avant le contexte clinique : une volumineuse escarre nécrosée peut être peu douloureuse, et une simple dermabrasion, hyperalgique.

Par définition, la douleur est une expérience, donc un phénomène subjectif. Elle est relative et spécifique à un individu, et donc seule la personne qui vit cette expérience est capable d'en parler. Toutefois, il est toujours difficile de mettre des mots sur les maux. Pour aider le malade dans ce sens, il est nécessaire de lui proposer des outils afin de rendre plus « visible » ce phénomène subjectif.

OBJECTIFS DE L'ÉVALUATION

L'évaluation de la douleur a plusieurs objectifs :
- identifier les malades souffrant d'une douleur, notamment ceux qui ne le disent pas spontanément;
- comprendre les mécanismes physiopathologiques de la douleur en cause et donc adapter le traitement qui sera proposé (aspect qualitatif de la douleur);
- quantifier l'intensité de la douleur des patients afin d'en suivre l'évolution en fonction du traitement proposé et/ou de la progression de la maladie;
- améliorer la communication entre malade et soignant(s) afin d'optimiser la prise en charge au long cours et d'obtenir une relation de confiance.

OUTILS

Les outils décrits ci-dessous sont classiquement utilisés pour effectuer une auto-évaluation de la douleur. Ils s'intègrent dans une démarche globale faisant suite à un entretien, un examen clinique et, éventuellement, des examens complémentaires.

Il est nécessaire que ces outils soient utilisés et complétés par le patient lui-même car il est le seul « expert » de sa douleur.

Outils spécifiques à la douleur

Schéma des zones douloureuses (figure 13.1.)

Ce schéma permet au patient de localiser la ou les zones douloureuses et, selon un code choisi (trait hachuré, trait gras, trait en pointillé, etc.), de donner une notion d'intensité à la douleur perçue.

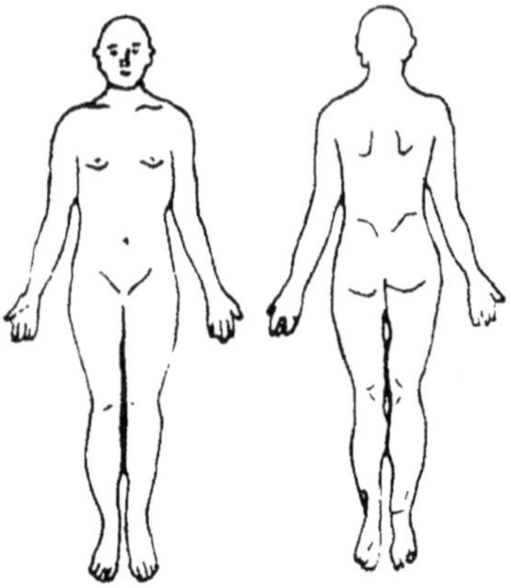

Figure 13.1 Schéma des zones douloureuses

Échelles globales ou unidimensionnelles

Il s'agit d'une évaluation uniquement quantitative de la douleur, dont l'intérêt est important dans une évaluation initiale (« le niveau de base »), mais également dans des évaluations successives afin de s'assurer de la bonne efficacité du traitement prescrit. En pratique courante, trois outils sont retenus du fait de leur validation par la communauté scientifique.

Échelle visuelle analogique (figure 13.2.)

C'est la plus connue et la plus sensible du fait d'une grande possibilité de réponses pour le malade. Elle se présente sous forme écrite ou bien de réglette[1], avec une extrémité signifiant l'absence de douleur et une autre extrémité signifiant la douleur maximale imaginable. Entre ces deux extrêmes, une simple ligne, sans aucune valeur notifiée, permet au malade de se situer un jour donné. Au dos de l'échelle, le soignant peut visualiser une cotation, en millimètres, mais la valeur obtenue ne doit pas être donnée au patient, cela altérerait la grande sensibilité de l'échelle.

---

1. BOUREAU F. Méthodes d'évaluation des analgésiques chez l'homme. In : J.P. Giraud, G. Mathe, G. Meyniel, ed. *Pharmacologie clinique, bases de la thérapeutique*. Paris : Expansion Scientifique Française, 1988 : 801-12.

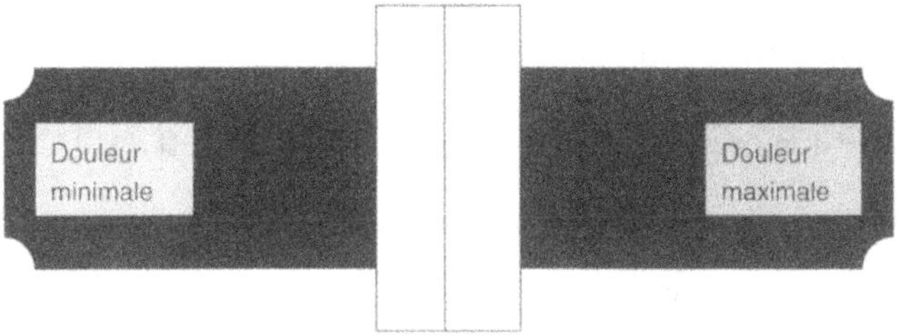

Figure 13.2 Échelle visuelle analogique

Cet outil a été validé dans son utilisation en position horizontale mais, souvent, il est mieux compris par les personnes âgées en position verticale (évoquant ainsi un « thermomètre de la douleur »). Malgré cela, l'échelle visuelle analogique est parfois trop abstraite pour les personnes âgées, qui comprennent difficilement le lien entre leur douleur et un « trait ». D'autre part, les différentes réglettes à notre disposition sont très inégales, certaines comportant des termes à connotation émotionnelle (douleur *atroce*, douleur *insupportable* par exemple, pour l'intensité maximale imaginable) altérant la spécificité de l'outil.

Échelle numérique (figure 13.3)

Cette échelle est à utiliser en seconde intention si l'échelle visuelle analogique n'est pas ou est mal comprise.

Il s'agit d'une valeur numérique généralement comprise entre 0 (absence de douleur) et 10 (douleur maximale imaginable). Réalisable sur support-papier ou réglette, elle peut également se faire oralement[2].

Pas de douleur	0	1	2	3	4	5	6	7	8	9	10	Douleur maximale imaginable

Figure 13.3 Échelle numérique

2. BOUREAU F. Méthodes d'évaluation des analgésiques chez l'homme. In : J.P. Giraud, G. Mathe, G. Meyniel, ed. *Pharmacologie clinique, bases de la thérapeutique.* Paris : Expansion Scientifique Française, 1988 : 801-12.

Le concept est beaucoup moins abstrait que l'échelle visuelle analogique car il fait référence à une note, « comme à l'école ». En revanche, sa sensibilité est moins importante car elle ne propose que onze degrés possibles de douleur (de 0 à 10).

Échelle verbale simple (figure 13.4.)

C'est le moins sensible des trois outils évoqués, n'offrant qu'un nombre de réponses possibles réduit (4 à 5 en général)[3]. L'échelle verbale simple ne sera donc utilisée qu'en dernière intention. Néanmoins, elle reste probablement la plus simple à comprendre, donnant au patient une évaluation plus concrète (des adjectifs lui sont proposés). Toutefois, de même que pour l'échelle visuelle analogique, les termes utilisés ne doivent pas comporter de connotations émotionnelles.

Douleur	0 absente	1 faible	2 modérée	3 intense	4 extrêmement intense

Figure 13.4 Échelle verbale simple

L'intérêt de ces différentes échelles unidimensionnelles repose sur des mesures rapides, faciles à répéter et donc utiles dans le cadre d'un suivi, même rapproché, au long cours.

De façon générale, il importe de connaître quelques règles d'utilisation de ces échelles unidimensionnelles :

- pour un même malade, utiliser toujours le même outil si possible;
- donner des consignes d'utilisation claires et identiques à chaque évaluation;
- les utiliser pour évaluer plusieurs douleurs :
  - la douleur au moment de l'examen;
  - la douleur moyenne des dernières heures ou des derniers jours;

3. JENSEN M.P., KAROW P. Self report scales and procedures for assessing pain in adults. In : O.C. Turk, R. Melzack, ed. *Handbook of pain assessment*. New York : The Guilford Press, 1992 : 135-51.

- la douleur la plus intense et la douleur la moins intense de ces dernières heures ou jours;
- il n'y a pas de lien direct entre la valeur obtenue et le type de traitement antalgique nécessaire;
- la valeur de ces outils est uniquement quantitative;
- le score obtenu n'a d'intérêt que pour la personne qui est évaluée; il ne permet aucune comparaison interindividuelle;
- il y a intérêt à réaliser des cinétiques de scores qui seront conservées dans le dossier soin; corrélées aux prises de traitements antalgiques, ces cinétiques sont très instructives quant à l'efficacité ou non du traitement proposé, sa durée d'action et donc sur les adaptations thérapeutiques à effectuer.

Toutefois, de nombreuses limites existent dans leur utilisation auprès des personnes âgées avec, outre celles déjà évoquées, la nécessité de fonctions sensorielles préservées, notamment pour l'échelle verbale analogique, mais aussi de capacités mnésiques conservées (se souvenir de la douleur à différents moments de la journée ou de la semaine). D'autre part, elles demandent des capacités d'abstraction et de compréhension correctes. Il est souvent constaté un amalgame entre l'évaluation de la douleur et celle de la gêne occasionnée (retentissement fonctionnel, émotionnel, etc.), ce qui parasite une évaluation fine. Enfin, ces outils réduisent la douleur à une seule sensation (intensité) négligeant ainsi ses différentes autres composantes.

Échelles multidimensionnelles ou de vocabulaire

Ce sont avant tout des échelles descriptives de la douleur. Spontanément, la description clinique que fait un patient de sa douleur est pauvre. Si l'interrogatoire est approfondi, il utilisera des adjectifs ou des expressions plus imagées, mettant en évidence des aspects sensoriels de sa douleur (« ça brûle »), mais aussi les répercussions affectives de sa douleur (« c'est pénible, insupportable »).

Afin de standardiser cette description, R. Melzack a élaboré une grille d'évaluation appelée *Mac Gill Pain Questionnaire* (MPQ)[4]. L'adaptation française la plus connue du *Mac Gill Pain Questionnaire* est le Questionnaire douleur Saint-Antoine (*cf.* annexe I),

4. MELZACK R. The Mac Gill Pain Questionnaire : major properties and scoring methods. *Pain* 1975; **1** : 277-99.

comportant 61 qualificatifs répartis en 17 sous-classes (neuf sous-classes de qualificatifs d'ordre sensoriel, sept sous-classes de qualificatifs d'ordre émotionnel et une sous-classe évaluative)[5]. Les qualificatifs sensoriels offrent une orientation diagnostique permettant ainsi de reconnaître certaines douleurs, notamment les douleurs neurogènes. Les qualificatifs émotionnels incitent le patient douloureux à prendre conscience de cette composante de sa douleur et à comprendre la nécessité de la traiter.

Outre l'abord qualitatif de la douleur, cet outil permet une évaluation quantitative, chaque qualificatif proposé pouvant être pondéré selon quatre niveaux d'intensité.

Le Questionnaire douleur Saint-Antoine a été validé dans sa forme complète. Il existe une forme abrégée qui, elle, n'est pas encore validée et qui ne comporte que 16 qualificatifs (neuf d'ordre sensoriel et sept d'ordre affectif)[6].

Cet outil présente de multiples intérêts, à savoir un abord qualitatif et quantitatif de la douleur, mais aussi un abord multidimensionnel (aspect sensori-discriminatif et affectif). Il a ainsi une forte valeur d'orientation diagnostique.

Bien sûr, il présente des limites, notamment la nécessité d'une compréhension et d'une coopération de la part du patient (le langage est parfois mal compris en fonction du niveau culturel du patient) ainsi qu'une durée de remplissage relativement longue, ne permettant pas des mesures répétées de façon rapprochée.

Outils non spécifiques à la douleur

La composante émotionnelle fait partie intégrante de la douleur

Cette composante doit être évaluée au même titre que la composante sensorielle. Classiquement, la douleur aiguë a pour répercussion psychopathologique un stress, une anxiété, alors que la douleur chronique a pour répercussion fréquente une dépression.

---

5. BOUREAU F., LUU M., DOUBRERE J.F., GAY C. Élaboration d'un questionnaire d'auto-évaluation de la douleur par liste de qualificatifs. Comparaison avec le *Mac Gill Pain Questionnaire* de Melzack. *Therapie* 1984; **39 :** 119-29.
6. BOUREAU F., LUU M., DOUBRERE J.F. Comparative study of the validity of four French Mac Gill Pain Questionnaire (MPQ) versions. *Pain* 1992; **50 :** 59-65.

Si le Questionnaire douleur Saint-Antoine incite le patient à prendre en compte cette dimension de sa douleur, il existe des outils plus spécifiques dont le plus connu est l'échelle HAD (*Hospital Anxiety and Depression Scale*)[7] (*cf.* annexe II), incluant l'évaluation de l'anxiété et de la dépression. Sa version française est validée[8].

Les notes de la colonne dépression « D » sont additionnées donnant ainsi le score de la dépression. Il en est de même pour la colonne anxiété « A », donnant le score anxiété. Pour chacun des deux tableaux, un score inférieur ou égal à 7 signe l'absence de perturbation, un score entre 0 et 10 est douteux et un score supérieur ou égal à 11 confirme l'anxiété et/ou la dépression.

Évaluation du retentissement sur le comportement

La manifestation la plus « visible » et donc objective de la présence d'une douleur est probablement son retentissement sur le comportement quotidien. C'est particulièrement vrai dans la douleur chronique, dont l'impact sur la qualité de vie est important.

Le patient doit évaluer ses répercussions sur son comportement.

Il n'existe pas encore d'échelle validée en français, mais deux échelles peuvent être proposées :

- le PCD (Profil comportemental douloureux, *cf.* annexe III)[9] ;
- le QCD (Questionnaire concis sur les douleurs, *cf.* annexe IV)[10], traduction du *Brief Pain Inventory*[11], dans lequel six items sont utiles.

Chacun des items de ces échelles doit être apprécié individuellement. C'est leur évolution dans le temps qui signe une amélioration

---

7. ZIGMOND A.J., SNAITH R.P. The Hospital Anxiety and Depression Scale. *Acta Psychiatr Scand* 1983; **67** : 361-70.
8. LÉPINE J.P., GODCHAU M., BRUN P., LEMPERIÈRE T. Évaluation de l'anxiété et de la dépression chez des patients hospitalisés dans un service de médecine interne. *Ann Med Psychol* 1985; 143 : 175-89.
9. BOUREAU F., DOUBRERE J.F., LUU M. Les méthodes d'évaluation de la douleur clinique. In : L. SIMON, B. ROQUEFEUIL, J. PELISSIER, ed. *La douleur chronique*. Paris : Masson, 1985 : 37-42.
10. BRASSEUR L. *Traitement de la douleur*. Paris : Doin, 1997.
11. DAUT R.L., CLEELAND C.S., FLAVERY R.C. Development of the Wisconsin Brief Pain Questionnaire to the assess pain in cancer and other diseases. *Pain* 1983; **17** : 197-210.

ou une aggravation de la douleur. La limite principale à leur utilisation est l'amalgame fréquent entre douleur, capacité fonctionnelle et handicap, seul le retentissement de la douleur sur le comportement devant être évalué.

CONCLUSION

L'évaluation est une étape incontournable pour une bonne prise en charge de la douleur. Elle doit supplanter la simple estimation, source fréquente d'erreur tant en surestimation qu'en sous-estimation.

L'évaluation ne se limite pas à une mesure de l'intensité douloureuse (dont l'intérêt réside dans le suivi) mais doit permettre d'aborder les différentes dimensions (émotionnelle et sensorielle) de la douleur, ainsi que ses répercussions.

Bien sûr, l'auto-évaluation trouvera son intérêt si elle est suivie d'une sanction thérapeutique adaptée. L'intérêt du traitement doit être réévalué périodiquement (de façon quotidienne, voire pluriquotidienne à la phase initiale, puis plus espacée dès lors que les « marqueurs » de la douleur s'améliorent). Les différents outils présentés dans ce chapitre sont utilisables pour cette réévaluation.

Mais, ces échelles s'adressent à des patients coopérants et capables de faire le lien entre un problème subjectif, la douleur, et une échelle verbale, chiffrée ou... une liste de mots. Les limites à leur utilisation sont donc nombreuses dans la population âgée. Dès lors que cela est nécessaire, il faut utiliser des outils d'hétéro-évaluation qui, eux, ne nécessitent pas une coopération de la part du patient.

Annexe I

Questionnaire douleur Saint-Antoine

Vous trouverez ci-dessous une liste de mots utilisés par certaines personnes pour décrire une douleur.

Afin de préciser la douleur que vous ressentez en général, entourez les mots les plus exacts pour décrire votre douleur et donnez-leur une note de 0 à 4 à l'aide du tableau ci-dessous.

0	Absent	ou	Pas du tout
1	Faible	ou	Un peu
2	Modéré	ou	Moyennement
3	Fort	ou	Beaucoup
4	Extrêmement fort	ou	Extrêmement

A
Battements
Pulsations
Élancements
En éclairs
Décharges électriques
Coups de marteau

B
Rayonnante
Irradiante

C
Piqûre
Coupure
Pénétrante
Transperçante
Coups de poignard

D
Pincement
Serrement
Compression
Écrasement
En étau
Broiement

E
Tiraillement
Étirement
Distension
Déchirure
Torsion
Arrachement

F
Chaleur
Brûlure

G
Froid
Glace

H
Picotements
Fourmillements
Démangeaisons

I
Lourdeur
Sourde
Engourdissement

J
Fatigante
Épuisante
Éreintante

K
Nauséeuse
Suffocante
Syncopale

L
Inquiétante
Oppressante
Angoissante

M
Harcelante
Obsédante
Cruelle
Torturante
Suppliciante

N
Gênante
Désagréable
Pénible
Insupportable

O
Énervante
Exaspérante
Horripilante

P
Déprimante
Suicidaire

Annexe II

Échelle HAD de A.S. Zigmond et R.P.Snaith

NOM ....

PRÉNOM ....

SEXE .... ÂGE .... DATE........................

Les médecins savent que les émotions jouent un rôle important dans la plupart des maladies. Si votre médecin est au courant des émotions que vous éprouvez, il pourra mieux vous aider.
Ce questionnaire a été conçu de façon à permettre à votre médecin de se familiariser avec ce que vous éprouvez vous-même sur le plan émotif. Ne faites pas attention aux chiffres et aux lettres imprimés à la gauche du questionnaire. Lisez chaque série de questions et soulignez la réponse qui exprime le mieux ce que vous avez éprouvé au cours de la semaine qui vient de s'écouler. Ne vous attardez pas sur la réponse à faire : votre réaction immédiate à chaque question fournira probablement une meilleure indication de ce que vous éprouvez qu'une réponse longuement méditée.

	A		Je me sens tendu ou énervé
	3		la plupart du temps
	2		souvent
	1		de temps en temps
	0		jamais
D			Je prends plaisir aux mêmes choses qu'autrefois
0			oui, tout autant
1			pas autant
2			un peu seulement
3			presque plus
	A		J'ai une sensation de peur, comme si quelque chose d'horrible allait m'arriver
	3		oui, très nettement
	2		oui, mais ce n'est pas trop grave
	1		un peu, mais cela ne m'inquiète pas
	0		pas du tout
D			Je ris facilement et vois le bon côté des choses
0			autant que par le passé
1			plus autant qu'avant
2			vraiment moins qu'avant
3			plus du tout
	A		Je me fais du souci
	3		très souvent
	2		assez souvent
	1		occasionnellement
	0		très occasionnellement

D			Je suis de bonne humeur
3			jamais
2			rarement
1			assez souvent
0			la plupart du temps
	A		Je peux rester tranquillement assis à ne rien faire et me sentir décontracté
	0		oui, quoi qu'il arrive
	1		oui, en général
	2		rarement
	3		jamais
D			J'ai l'impression de fonctionner au ralenti
3			presque toujours
2			très souvent
1			parfois
0			jamais
	A		J'éprouve des sensations de peur et j'ai l'estomac noué
	0		jamais
	1		parfois
	2		assez souvent
	3		très souvent
D			Je ne m'intéresse plus à mon apparence
3			plus du tout
2			je n'y accorde pas autant d'attention que je le devrais
1			il se peut que je n'y fasse plus autant attention
0			j'y prête autant d'attention que par le passé
	A		J'ai la bougeotte et n'arrive pas à tenir en place
	3		oui, c'est tout à fait le cas
	2		un peu
	1		pas tellement
	0		pas du tout
D			Je me réjouis d'avance à l'idée de faire certaines choses
0			autant qu'avant
1			un peu moins qu'avant
2			bien moins qu'avant
3			presque jamais
	A		J'éprouve des sensations soudaines de panique
	3		vraiment très souvent
	2		assez souvent
	1		pas très souvent
	0		jamais
D			Je peux prendre plaisir à un bon livre ou à une bonne émission radio ou de télévision
0			souvent
1			parfois
2			rarement
3			très rarement

Maintenant, vérifiez que vous avez répondu à toutes les questions.

Annexe III

Profil comportemental douloureux

Nom : .... Prénom : .... Date : ....

Rempli par :

....

Vous trouverez ci-dessous des énoncés que les gens utilisent pour décrire le retentissement de leur douleur dans la vie quotidienne. Répondez en entourant la réponse correcte.

1	Mon temps de marche, les distances que je peux faire ont diminué	Pas du tout	Un peu	Modéré-ment	Beaucoup
2	Quand je marche, on peut voir que j'ai mal	Presque jamais	Quelque-fois	Souvent	Presque toujours
3	Dans la journée, je reste allongé la plupart du temps	Presque jamais	Quelque-fois	Souvent	Presque toujours
4	Mes activités professionnelles ont diminué	Pas du tout	Un peu	Modéré-ment	Beaucoup
5	Je fais comme d'habitude le travail quotidien à la maison	Presque jamais	Quelque-fois	Souvent	Presque toujours
6	Mon temps de loisirs a diminué (lecture, radio, télévision…)	Pas du tout	Un peu	Modéré-ment	Beaucoup
7	Mes relations avec mes amis ont diminué	Pas du tout	Un peu	Modéré-ment	Beaucoup
8	Je parle de ma douleur avec ma famille, mes amis	Presque jamais	Quelque-fois	Souvent	Presque toujours
9	Je porte souvent la main pour frotter, tenir, protéger ou masser la région de ma douleur	Presque jamais	Quelque-fois	Souvent	Presque toujours
10	Les gens qui m'entourent se rendent compte quand j'ai bien mal	Presque jamais	Quelque-fois	Souvent	Presque toujours
11	Il m'arrive de prendre un médi-cament même si je le sais très peu efficace	Presque jamais	Quelque-fois	Souvent	Presque toujours
12	Je dors bien	Presque jamais	Quelque-fois	Souvent	Presque toujours
13	Je me sens fatigué	Presque jamais	Quelque-fois	Souvent	Presque toujours
14	J'ai bon appétit	Presque jamais	Quelque-fois	Souvent	Presque toujours
15	Mon intérêt pour les choses sexuelles a diminué	Pas du tout	Un peu	Modéré-ment	Beaucoup

Annexe IV

Questionnaire concis sur les douleurs (QCD)

Humeur :

Ne gêne pas	0	1	2	3	4	5	6	7	8	9	10	Gêne complètement

Capacité à marcher :

Ne gêne pas	0	1	2	3	4	5	6	7	8	9	10	Gêne complètement

Travail habituel
(y compris à l'extérieur de la maison et les travaux domestiques) :

Ne gêne pas	0	1	2	3	4	5	6	7	8	9	10	Gêne complètement

Relation avec les autres :

Ne gêne pas	0	1	2	3	4	5	6	7	8	9	10	Gêne complètement

Sommeil :

Ne gêne pas	0	1	2	3	4	5	6	7	8	9	10	Gêne complètement

Goût de vivre :

Ne gêne pas	0	1	2	3	4	5	6	7	8	9	10	Gêne complètement

14 DOLOPLUS 2

Échelle d'évaluation comportementale de la douleur chez la personne âgée ayant des troubles de la communication verbale

B. Wary et
le collectif DOLOPLUS*

Face aux nombreux préjugés, à la forte prévalence de la douleur chez les personnes âgées et aux limites de l'auto-évaluation (tous ces aspects ayant été traités dans les chapitres précédents), le dépistage de la douleur chez les personnes âgées ayant des troubles de la communication verbale doit se faire par une évaluation comportementale.

Pour éviter les approximations, cette hétéro-évaluation de la douleur nécessite des outils standardisés. Face à l'absence d'outils validés sur le plan international, le collectif DOLOPLUS

* Le collectif DOLOPLUS : **WARY B.**, Service régional de Soins palliatifs, CHR Metz-Thionville/**CAPRIZ-RIBIERE F.**, Service de Gériatrie, Hôpital de l'Archet, CHU Nice/**FILBET M.**, Service de Gériatrie et de Soins palliatifs, Hôpital du Val d'Azergues, CHU Lyon/**GAUQUELIN F.**, Service de Gériatrie, Centre hospitalier de Blois/**GENTRY A.**, Centre gérontologique départemental, Marseille/**LEFEBVRE-CHAPIRO S.**, Service de Gériatrie et de Soins palliatifs, Hôpital Paul Brousse, AP-HP, Villejuif/**MICHEL M.**, Service de Gériatrie La Tauvrais, Rennes/**NICOLAS L.**, HAD, Hôpital de la Tronche, CHU Grenoble/**PASSADORI Y.**, Service de Gériatrie, Centre hospitalier général, Mulhouse/**BIZON M.**, Poliger, CHU Genève/**RAT P.**, Service de Gériatrie, Hôpital Houphouet Boigny, CHU Marseille/**REVILLON L.**, Service de Gériatrie et Soins palliatifs, Centre hospitalier de Saint-Malo/**SERBOUTI S.**, QIS Consulting, Lille/**VILLARD J.-F.**, Service régional de Soins palliatifs, CHR Metz-Thionville.

a été la première équipe à mener à bien cette lourde tâche. Ce sont ses travaux qui sont présentés ici.

UN PEU D'HISTOIRE...

S'inspirant des travaux sur la reconnaissance de la douleur chez le jeune enfant cancéreux des docteurs Gauvain-Piquard et Pichard-Léandri de l'institut Gustave-Roussy à Villejuif, B. Wary proposait, dès 1992, une échelle d'évaluation comportementale de la douleur chez la personne âgée non communicante, échelle dénommée « DOLOPLUS ». Cette première échelle était rapidement diffusée, suite à de nombreuses sollicitations externes, mais elle comportait quelques imperfections. Aussi, sous l'impulsion des professeurs C.-H. Rapin et R. Schaerer, le collectif DOLOPLUS se créait-il en 1995 afin d'améliorer l'échelle et de la valider.

ÉCHELLE DOLOPLUS 2 : DESCRIPTION

Après enquêtes multicentriques réalisées auprès de professionnels de la santé, de patients âgés douloureux et non douloureux, et de familles de patients âgés douloureux, sur les 15 items de l'échelle initiale, le collectif n'a retenu que les 10 items les plus représentatifs, conduisant à la nouvelle version baptisée « DOLOPLUS 2 » en 1996.

Regroupés en trois sous-groupes selon leur fréquence d'expression (cinq items somatiques, deux items psychomoteurs, trois items psychosociaux), ils sont cotés selon quatre niveaux d'intensité progressifs et exclusifs (de 0 à 3). Il s'agit donc d'une échelle d'évaluation quantitative de la douleur selon un score variant de 0 à 30, la douleur étant affirmée pour les scores supérieurs ou égaux à 5 sur 30.

NOM
Prénom
Service

Échelle DOLOPLUS 2

Observation comportementale		Dates			
RETENTISSEMENT SOMATIQUE					
1. Plaintes somatiques	• pas de plainte • plaintes uniquement à la sollicitation • plaintes spontanées occasionnelles • plaintes spontanées continues	0 1 2 3	0 1 2 3	0 1 2 3	0 1 2 3
2. Positions antalgiques au repos	• pas de position antalgique • le sujet évite certaines positions de façon occasionnelle • position antalgique permanente et efficace • position antalgique permanente inefficace	0 1 2 3	0 1 2 3	0 1 2 3	0 1 2 3
3. Protection de zones douloureuses	• pas de protection • protection à la sollicitation n'empêchant pas la poursuite de l'examen ou des soins • protection à la sollicitation empêchant tout examen ou soins • protection au repos, en l'absence de toute sollicitation	0 1 2 3	0 1 2 3	0 1 2 3	0 1 2 3
4. Mimique	• mimique habituelle • mimique semblant exprimer la douleur à la sollicitation • mimique semblant exprimer la douleur en l'absence de toute sollicitation • mimique inexpressive en permanence et de manière inhabituelle (atone, figée, regard vide)	0 1 2 3	0 1 2 3	0 1 2 3	0 1 2 3
5. Sommeil	• sommeil habituel • difficultés d'endormissement • réveils fréquents (agitation motrice) • insomnie avec retentissement sur les phases d'éveil	0 1 2 3	0 1 2 3	0 1 2 3	0 1 2 3

RETENTISSEMENT PSYCHOMOTEUR					
6. Toilette et/ou habillage	• possibilités habituelles inchangées • possibilités habituelles peu diminuées (précautionneux mais complet) • possibilités habituelles très diminuées, toilette et/ou habillage étant difficiles et partiels • toilette et/ou habillage impossibles, le malade exprimant son opposition à toute tentative	0 1 2 3	0 1 2 3	0 1 2 3	0 1 2 3
7. Mouvements	• possibilités habituelles inchangées • possibilités habituelles actives limitées (le malade évite certains mouvements, diminue son périmètre de marche, ...) • possibilités habituelles actives et passives limitées (même aidé, le malade diminue ses mouvements) • mouvement impossible, toute mobilisation entraînant une opposition	0 1 2 3	0 1 2 3	0 1 2 3	0 1 2 3
RETENTISSEMENT PSYCHOSOCIAL					
8. Communication	• inchangée • intensifiée (la personne attire l'attention de manière inhabituelle) • diminuée (la personne s'isole) • absence ou refus de toute communication	0 1 2 3	0 1 2 3	0 1 2 3	0 1 2 3
9. Vie sociale	• participation habituelle aux différentes activités (repas, animations, ateliers thérapeutiques) • participation aux différentes activités uniquement à la sollicitation • refus partiel de participation aux différentes activités • refus de toute vie sociale	0 1 2 3	0 1 2 3	0 1 2 3	0 1 2 3
10. Troubles du comportement	• comportement habituel • troubles du comportement à la sollicitation et itératif • troubles du comportement à la sollicitation et permanent • troubles du comportement permanent (en dehors de toute sollicitation)	0 1 2 3	0 1 2 3	0 1 2 3	0 1 2 3
	SCORE				

LEXIQUE

Afin d'éviter les erreurs d'interprétation linguistique et d'améliorer l'efficience de l'échelle, un lexique est proposé définissant de façon plus précise chacun des items.

Plaintes somatiques
Le patient exprime sa douleur par la parole, le geste ou les cris – pleurs – gémissements.

Positions antalgiques
Position corporelle inhabituelle visant à éviter ou à soulager la douleur.

Protection de zones douloureuses
Le malade protège une ou plusieurs zones de son corps par une attitude ou certains gestes de défense.

Mimique
Le visage semble exprimer la douleur au travers des traits (grimaçants, tirés, atones) et du regard (regard fixe, vide, absent, larmes).

Sollicitation
Toute sollicitation quelle qu'elle soit (approche d'un soignant, mobilisation, soins, etc.).

Toilette/habillage
Évaluation de la douleur pendant la toilette et/ou l'habillage, seul ou avec aide.

Mouvements
Évaluation de la douleur dans le mouvement : changement de position – transferts – marche, seul ou avec aide.

Communication
Verbale ou non verbale.

Vie sociale
Repas, animations, activités, ateliers thérapeutiques, accueil des visites, etc.

Troubles du comportement
Agressivité, agitation, confusion, indifférence, glissement, régression, demande d'euthanasie, etc.

CONSEILS D'UTILISATION

Dans un but de cohésion et d'efficacité, le collectif propose des conseils d'utilisation qui éviteront certaines mauvaises interprétations, en particulier pour l'utilisateur néophyte.

L'utilisation nécessite un apprentissage

Comme pour n'importe quel outil nouveau, il est judicieux de l'expérimenter avant de le diffuser. Le temps de cotation de l'échelle diminue également avec l'expérience (quelques minutes au maximum). Lorsque c'est possible, il est utile de désigner une personne référante dans une structure de soins donnée.

Coter en équipe pluridisciplinaire

Que ce soit en structure sanitaire, sociale ou à domicile, la cotation par plusieurs soignants est préférable (médecin, infirmière, aide-soignante, etc.). À domicile, on peut impliquer la famille et les autres intervenants, en s'aidant d'un cahier de liaison, du téléphone, voire d'une réunion au chevet du malade. L'échelle est à intégrer dans le dossier « soins » ou le « cahier de liaison ».

Ne rien coter en cas d'item inadapté

Il n'est pas nécessaire d'avoir une réponse à tous les items de l'échelle, en particulier face à un patient inconnu dont on n'a pas encore toutes les données, notamment sur le plan psychosocial. De même, en cas de coma, la cotation reposera essentiellement sur les items somatiques.

Établir une cinétique des scores

La réévaluation sera biquotidienne jusqu'à sédation des douleurs, puis s'espacera ensuite en fonction des situations. Établir une cinétique des scores en la faisant apparaître sur la feuille de soins (au même titre que la température ou la tension artérielle) sera un argument primordial dans la prise en compte du symptôme et dans la mise en route du traitement.

Ne pas comparer les scores de patients différents

La douleur est une sensation et une émotion subjectives et personnelles. La comparaison des scores entre patients n'a donc aucun sens. Seule l'évolution des scores d'un patient donné nous intéresse.

En cas de doute, ne pas hésiter à faire un test pharmacologique à visée antalgique adapté

On admet aujourd'hui qu'un score supérieur ou égal à 5/30 signe la douleur. Cependant, pour les scores avoisinant ce seuil, il faut laisser le bénéfice du doute au malade. Si le comportement observé change avec la prise d'antalgique, la douleur sera donc incriminée.

L'échelle cote la douleur et non pas la dépression, la dépendance ou les fonctions cognitives.

Il existe de nombreux outils adaptés à chaque situation, et il est primordial de comprendre que l'on cherche à repérer les changements de comportement liés à une éventuelle douleur. Ainsi, pour les items 6 et 7, on n'évalue pas la dépendance ou l'autonomie, mais bien la douleur.

Ne pas recourir systématiquement à l'échelle DOLOPLUS 2

Lorsque la personne âgée est communicante et coopérante, il est logique d'utiliser les outils d'auto-évaluation. Lorsque la douleur est évidente, il est plus urgent de la calmer que de l'évaluer… Cependant, au moindre doute, l'hétéro-évaluation évitera la sous-estimation.

VALIDATION

Tout instrument de mesure, pour être utilisable en pratique, doit être validé. Ce qui revient à vérifier qu'il donne un résultat reproductible, sensible, fiable et spécifique. Chaque instrument fournit un résultat quelque peu différent, soulevant la question de savoir lequel, s'il y en a un, donne la bonne réponse. L'utilisation d'une échelle non validée ou ayant de mauvaises propriétés psychométriques mène à des extrapolations erronées.
La bonne connaissance des caractéristiques psychométriques d'une échelle aidera le clinicien à avoir la vigilance requise pour l'interprétation des résultats et lui permettra d'éviter les fausses interprétations.
Valider est une affaire de spécialistes où le biostatisticien a un rôle fondamental.
La validation de l'échelle DOLOPLUS 2 a nécessité quatre années de travail, de mars 1995 à janvier 1999. Cette étude multicentrique a porté sur 510 patients âgés de plus de 65 ans (82,5 ans en moyenne), répartis sur 15 sites gérontologiques francophones (14 français et un suisse), ce qui représente plus de 1 000 cotations. Les différentes étapes de la validation statistique ont porté sur l'étude de la validité convergente (n = 143), la fiabilité test-retest (n = 83), la fiabilité interjuge (n = 84), la sensibilité (n = 183) et la cohérence interne (n = 510).
Quant à la validation en langues étrangères (anglais, allemand, néerlandais et espagnol dans un premier temps), celle-ci a débuté en décembre 2000 avec la mise en place de groupes d'experts internationaux coordonnés par S. Serbouti et B. Wary.

QUELQUES QUESTIONS SOUVENT POSÉES...

Les utilisateurs néophytes peuvent rencontrer quelques difficultés, et plusieurs questions nous sont parvenues, notamment sur notre site Internet www.doloplus.com.

Qui côte et à quel rythme ?
Tout changement de comportement doit faire évoquer la douleur, et tout soignant peut donc être amené à faire de l'évaluation comportementale. L'outil n'est pas réservé au médecin, la cotation à deux ou trois soignants de professions différentes étant la plus judicieuse. L'évaluation sera biquoti-

dienne jusqu'à sédation des douleurs, puis quotidienne ou plus espacée en cas de stabilisation des comportements. Rappelons l'importance d'établir une cinétique des scores.

Un soignant intervenant seul à domicile peut-il utiliser DOLOPLUS 2 ?

Si la cotation en équipe pluridisciplinaire est souhaitable, l'utilisation par des soignants isolés sera toujours plus précise qu'une simple estimation. On peut alors s'aider des informations recueillies auprès de la famille et des autres intervenants, notamment par un cahier de liaison, des échanges téléphoniques, voire une rencontre programmée au chevet du malade.

Quelle est la durée de cotation ?

Les soignants en gériatrie sont des spécialistes de l'évaluation dont la boîte à outils est souvent bien garnie (*Mini Mental State* de Folstein, catalogue mictionnel, grilles de dépendance, score d'Hamilton, indice de Karnowski, échelles d'auto-évaluation de la douleur, etc.), d'où quelques réticences initiales à rallonger la liste. Pour les soignants « entraînés », la durée de cotation varie de 2 à 5 min au maximum. Si cela débouche sur la prise en charge de la douleur, ce sont des heures de gémissements, cris, agitation et soins fastidieux qui seront évités. Le gain est évident...

Y a-t-il un lien entre le score DOLOPLUS 2 et l'antalgique à prescrire ?

S'il faut dissocier la prescription d'un antalgique de l'étiologie de la douleur (ne pas réserver les morphiniques aux maladies graves mais aux douleurs nociceptives intenses), il faut également dissocier la prescription d'un antalgique du score d'évaluation ; le vécu de la douleur étant strictement individuel, seule la cinétique des scores nous renseignera sur l'adéquation du traitement antalgique.

Un score bas exclut-il la douleur ?

Les échelles d'hétéro-évaluation ont leurs limites et il est bon de laisser le bénéfice du doute aux malades. Pour les scores compris entre 1 et 4/30 en particulier, il est proposé de faire un test pharmacologique à visée antalgique. L'utilisation d'autres outils à la recherche d'une autre étiologie que la douleur aux changements de comportement observés, les traitements d'épreuve et l'évaluation pluridisciplinaire répétitive sont précieux pour poser un diagnostic aussi précis que possible.

Peut-on utiliser l'échelle DOLOPLUS 2 pour d'autres populations?
Non, mais... Actuellement, il n'existe pas d'échelle comportementale pour évaluer la douleur chez l'adulte psychiatrique ou comateux par exemple. Les comportements étant assez spécifiques d'une population donnée, il faudrait réserver l'échelle DOLOPLUS 2 aux malades âgés. Mais, si l'absence d'outil d'hétéro-évaluation pour d'autres populations autorise l'utilisation quelque peu abusive de l'échelle DOLOPLUS 2 pour l'instant, elle doit surtout inciter à la recherche d'outils adaptés à chaque type de population.

PERSPECTIVES

Une fois l'échelle validée, le collectif DOLOPLUS a travaillé sur les outils de diffusion. Il existe aujourd'hui un film en versions française et anglaise disponible dans les différents formats internationaux ainsi qu'un site Internet également bilingue. Ce site est remis à jour une fois par an.
Les versions validées de l'échelle en allemand, anglais, néerlandais et espagnol devraient être disponibles dans les deux années à venir. La création d'une nouvelle échelle spécifique à l'hétéro-évaluation de la douleur aiguë chez la personne âgée ayant des troubles de la communication verbale a débuté en 2001; tout comme pour l'échelle DOLOPLUS, sa validation demandera probablement quelques années.

Vidéothèque

DOLOPLUS 2. Échelle d'évaluation comportementale de la douleur chez la personne âgée non communicante. Septembre 1999 – Durée du film : 15 min. Existe en version française ou anglaise.

Pour commander :
Zid et Zen Communication, 30 rue E.-Cavell, 92411 Courbevoie cedex, France.
Site Internet : www.doloplus.com

Bibliographie

AGENCE NATIONALE POUR L'ACCRÉDITATION ET L'ÉVALUATION EN SANTÉ. Évaluation et prise en charge thérapeutique de la douleur chez les sujets âgés non communicants. 2000.

AMERICAN GERIATRICS SOCIETY PANEL ON CHRONIC PAIN IN OLDER PERSONS. The management of chronic pain in older persons. *J Am Geriatr Soc* 1998; **46** : 635-51.

BOUREAU F. Douleur : pourquoi et comment évaluer son intensité ? *Rev Praticien-Méd Gén* 1998; **44.**

EBENER K. Older Adults Living with Chronic Pain : An Opportunity for Improvement, *J Nurs Care Qual* 1999; **13** (4) : 1-7.

GAGLIESE L., MELZACK R. *Chronic pain in elderly people. Pain* 1997; **70** : 3-14.

GAUVAIN-PIQUARD A., MEIGNER M. *La douleur de l'enfant*. Paris : Calmann Lévy, 1993.

WARY B. À propos des échelles d'évaluation de la douleur chez les personnes âgées ayant des troubles de la communication verbale; intérêt, limites et conseils pratiques. *Gerontologie* 2001; **117** (1) : 35-9.

WARY B., SERBOUTI S. Doloplus 2 : validation d'une échelle d'évaluation comportementale de la douleur chez la personne âgée. *Douleurs* 2001; **2** : 1.

WARY B. Ce vieillard a-t-il mal ? In : *Douleur et antalgie.* Les Annales de soins palliatifs, « Amaryllis », 1993.

WARY B. Plaidoyer pour l'évaluation de la douleur chez les sujets âgés. *Gérontol & Soc* 1997; **78** : 83-94.

15 L'hétéro-évaluation de la douleur du sujet âgé en institution gériatrique : l'échelle ECPA

A. Jean
et le groupe ECPA

Les buts de l'évaluation d'une douleur sont bien connus. Il s'agit d'une part d'apprécier l'importance et la sévérité de cette douleur, d'autre part d'apprécier la contribution respective de chacune des composantes du phénomène douleur. Dans une perspective plus dynamique, il faut rappeler l'intérêt des évaluations réitérées afin d'adapter les posologies des médications antalgiques, étant entendu ici que l'évaluation de la douleur n'a pas pour objet de contribuer à son diagnostic étiologique.

Deux principes généraux permettent de comprendre l'incontestable supériorité de l'auto-évaluation douloureuse sur toute autre forme d'évaluation.

Le premier, que doit s'approprier tout médecin ou soignant désireux de prendre en charge un patient douloureux, est l'aphorisme « Le malade douloureux est le meilleur expert de sa douleur ».

Le second principe, qui est intimement intriqué au premier, est lié au caractère complexe du phénomène douloureux. Celui-ci admet plusieurs composantes : sensorielle, émotionnelle, comportementale et cognitive.

L'intérêt des échelles d'auto-évaluation de la douleur, comme l'EVA (échelle visuelle analogique) qui est largement répandue et utilisée, est de réaliser une intégration complexe de facteurs variés, sensoriels mais aussi affectifs et cognitifs. Une échelle telle que l'EVA doit donc être considérée comme une échelle d'estimation globale de la douleur. Une échelle d'hétéro-évaluation de la douleur, quelle qu'elle soit, ne pourra jamais prétendre estimer globalement la douleur. Si, pour une raison ou pour une autre, on ne peut pratiquer l'auto-évaluation, force est alors de recourir à l'hétéro-évaluation mais il faut d'emblée en admettre une capacité évaluative beaucoup plus restreinte.

À ce stade de la discussion, deux questions se posent :

- qu'est-ce qui est évalué de la douleur dans une procédure hétéro-évaluative ?
- où se situe la frontière entre la possibilité et l'impossibilité de pratiquer une auto-évaluation pour un patient douloureux ? Autrement dit, quel est le seuil d'impraticabilité de l'auto-évaluation qui oblige à avoir recours à l'hétéro-évaluation ?

1RE QUESTION : QU'EST-CE QUE L'HÉTÉRO-ÉVALUATION ÉVALUE ?

L'hétéro-évaluation évalue un comportement douloureux mais, en réalité, seulement une partie de la composante comportementale : celle-ci se décompose, en effet, en manifestations visibles (non verbales) et audibles (verbales). Pour les premières, mentionnons la mimique douloureuse, le faciès crispé avec l'Ω frontal, les postures et les gestes douloureux en diverses circonstances, une agitation ou au contraire une immobilité, voire la non-utilisation d'un segment de membre. Pour les secondes, mentionnons les plaintes, les propos spontanés ou sollicités se rapportant à la douleur, parfois des gémissements ou des silences.

Chez le patient âgé institutionnalisé dont la difficulté de communiquer, quelle qu'en soit la cause, rend l'auto-évaluation douloureuse impossible, ce dont l'hétéro-évaluation rend compte, ce sont, à l'évidence, plutôt des manifestations non verbales du comportement douloureux.

Par ailleurs, la composante comportementale de la douleur admet des intrications avec les autres composantes du phénomène douleur. Francis Keefe, par exemple, rend bien compte des relations entre les aspects comportementaux et cognitifs de la douleur et des désaccords théoriques des différentes écoles qui travaillent sur ce sujet.

Le sujet âgé institutionnalisé, y compris celui qui présente de graves détériorations intellectuelles, est très souvent atteint d'un syndrome dépressif dont les causes peuvent être variées (y compris la douleur chronique non reconnue, donc non prise en charge) et dont la prévalence est très lourde.

On peut faire l'hypothèse, lorsque l'on hétéro-évalue un sujet âgé douloureux, qu'on évalue au-delà de son comportement (essentiellement non verbal) une éventuelle composante sensorielle dépressive intriquée et une supposée mémoire des corrélations anciennes cognitivo-comportementales du phénomène douleur dont la seule trace subsiste dans un comportement acquis.

2E QUESTION : OÙ SITUER LA FRONTIÈRE ENTRE AUTO- ET HÉTÉRO-ÉVALUATION ?

Bruce Ferrell a publié fin 1995 une étude portant sur quelques centaines d'individus âgés institutionnalisés aux fonctions intellectuelles altérées. Il y montre qu'une proportion importante d'entre eux est à même d'utiliser une échelle d'auto-évaluation. Ceci doit nous amener à réfléchir : jusqu'où peut-on repousser les limites de l'auto-évaluation douloureuse ? N'a-t-on pas en milieu institutionnel gériatrique l'hétéro-évaluation douloureuse « trop facile » ? N'est-il pas plus informatif, mais également plus « lourd », de recueillir auprès d'un patient « limite » une auto-évaluation de sa douleur ?
La douleur chronique en institution gériatrique n'en demeure pas moins un problème de santé publique par sa fréquence et sa prise en charge insuffisante.
Ce problème de santé publique trouve son explication dans l'altération de la communication verbale dont sont atteints beaucoup de vieillards institutionnalisés en service gériatrique. Le diagnostic et l'évaluation de la douleur chronique en sont rendus difficiles.
On a souligné plus haut la difficulté d'utilisation des outils d'auto-évaluation douloureuse dans cette population âgée, fragilisée et institutionnalisée (*frail elderly people*), qu'il s'agisse des échelles unidimensionnelles (EVA, échelle visuelle simple, échelle numérique) ou multidimensionnelles (*Mc Gill Pain Questionnaire* et sa traduction française : le questionnaire douleur Saint-Antoine).
La question que s'est posée le groupe ECPA (échelle du comportement douloureux de la personne âgée) a été celle de l'élaboration d'une échelle comportementale multidimensionnelle d'hétéro-évaluation. Le but d'une telle échelle est de quantifier la douleur des patients qui nous sont confiés : grands vieillards institutionnalisés dont la polypathologie s'organise le plus souvent autour d'une pathologie démentielle quelle qu'en

soit la cause (conséquences d'un accident vasculaire cérébral ou d'une maladie d'Alzheimer). De ce point de vue, d'autres échelles d'hétéro-évaluation sont certainement à élaborer : pour le vieillard qui arrive aux urgences de l'hôpital général ou qui est hospitalisé en service de médecine aiguë, etc.

Dans notre travail d'élaboration de l'échelle d'hétéro-évaluation ECPA nous nous sommes appuyés sur quelques principes et constats :

- notre échelle n'est pas destinée aux patients âgés lucides pas plus qu'à ceux qui présentent un état végétatif chronique ou comateux;
- elle s'adresse aux patients ayant un trouble de la communication (dans le cadre d'un syndrome démentiel, des suites d'un accident vasculaire cérébral, d'un trouble sensoriel important);
- les soignants (aides-soignants en particulier) sont, dans les services de long et moyen séjours, ceux qui sont les plus proches des patients. Leurs gestes quotidiens (toilette, habillage, lever et coucher) sont de façon inévitable souvent générateurs de douleur. De ceci, les soignants informent le médecin. Il est naturel que les soignants maîtrisent les mots et l'utilisation d'une échelle car ils sont au cœur de la procédure d'hétéro-évaluation de la douleur;
- la phase inaugurale d'élaboration de l'échelle ECPA a été de constituer un thésaurus des mots utilisés par les soignants d'un service gériatrique pour parler de la douleur de leurs patients. Sur 50 soignants interrogés, lorsqu'un mot était utilisé au moins huit fois, il était retenu;
- les versions ultérieures d'ECPA ont résulté de nombreuses confrontations et discussions entre soignants et médecins, ainsi que du travail des méthodologistes;
- une douzaine de centres gérontologiques, en région parisienne et en province, ont été impliqués dans ce travail.

ÉCHELLE DE COMPORTEMENT DOULOUREUX DE LA PERSONNE ÂGÉE (ECPA)

C'est une échelle ordinale à cinq niveaux, comprenant deux domaines de définition de la douleur (observation 5 min avant les soins *et* observation pendant les soins) et huit items répartis également entre les deux domaines de définition.

Observation 5 min avant les soins

I. Expression du visage : regard et mimique

0. Visage détendu
1. Visage soucieux
2. Le sujet grimace de temps en temps
3. Regard effrayé et/ou visage crispé
4. Expression complètement figée

II. Position spontanée au repos

(Recherche d'une attitude ou position antalgique)

0. Aucune position antalgique
1. Le sujet évite une position
2. Le sujet choisit une position antalgique
3. Le sujet recherche sans succès une position antalgique
4. Le sujet reste immobile, comme cloué par la douleur

III. Sur les mouvements

(Quand les circonstances permettent au patient de bouger)

0. Le sujet se mobilise comme d'habitude
1. Le sujet bouge comme d'habitude mais évite certains mouvements
2. Lenteur, rareté des mouvements
3. Immobilité
4. Prostration ou agitation

IV. Sur la relation à autrui

(Si le malade la souhaite habituellement)

0. Présence d'un contact immédiat
1. Contact difficile à établir
2. Évite la relation
3. Absence de tout contact
4. Indifférence totale

Observation pendant les soins

V. Anticipation anxieuse des soins

0. Le sujet ne montre pas d'anxiété
1. Angoisse du regard, impression de peur
2. Sujet agité
3. Sujet agressif
4. Cris, soupirs, gémissements

VI. Réactions pendant la mobilisation

0. Le sujet se laisse mobiliser ou se mobilise sans y accorder une attention particulière
1. Le sujet a un regard attentif et semble craindre la mobilisation et les soins
2. Le sujet retient de la main ou guide les gestes lors de la mobilisation ou des soins
3. Le sujet adopte une position antalgique lors de la mobilisation ou des soins
4. Le sujet s'oppose à la mobilisation ou aux soins

VII. Réactions pendant les soins des zones douloureuses

0. Aucune réaction pendant les soins
1. Réaction pendant les soins, sans plus
2. Réaction au *toucher* des zones douloureuses
3. Réaction à l'*effleurement* des zones douloureuses
4. L'approche des zones est impossible

VIII. Plaintes exprimées pendant le soin

0. Le sujet ne se plaint pas
1. Le sujet se plaint si l'on s'adresse à lui
2. Le sujet se plaint en présence de quelqu'un
3. Le sujet gémit ou pleure silencieusement de façon spontanée
4. Le sujet crie ou se plaint violemment de façon spontanée

Pour en savoir plus...

American Psychological Association Standards for Educational and Psychological Testing (APA). Washington DC, 1985.

BOUREAU F., KOSKAS SERGENT A.S. Pratique du traitement de la douleur. Paris : Doin, 1988.

FERMANIAN J. Évaluer correctement la validité d'une échelle; les nombreux pièges à éviter. *Rev Épidémiol Santé publique* 1996; **44** : 278-86.

FERMANIAN J. Mesure de l'accord entre deux juges. *Rev Épidémiol Santé publique* 1984; **32** : 140-7.

FERRELL B. Pain in elderly people. *J Am Geriatr Soc* 1991; **39** : 64-73.

FERRELL B. et coll. Pain in Cognitively Impaired Nursing Home Patients. *J Pain Symptom Management* 1995; **8** : 591-8.

FERRELL B. et coll. Pain in the nursing home. *J Am Geriatr Soc* 1990; **38** : 409-14.

KEEFE F.J. Behavioral Measurement of Pain in Issues. In : C.R. Chapman, J.D. Loeser, ed. *Pain Measurement*. New York : Raven Press Ltd, 1989.

PARMELEE P.A., KATZ I.R., POWELL LAWTON M. The Relation of Pain to Depression Among Institutionalized Aged. *J Gerontol Psychol Sci* 1991; **46** : 15-21.

Annexe I

Méthodologie

Type d'étude

Pour éviter tout biais de méthode, il a été décidé une étude prospective et multicentrique : douze centres se sont associés. Chaque centre comptait un référent, des réunions régulières réunissaient les centres, les données étaient centralisées pour vérification et saisie finale informatique. Deux centres de méthodologie intervenaient en tandem avec la clinique : l'un exploitant les données après vérification et conseil de l'autre.

Les différentes phases de validation

En l'absence de *Gold Standard*, étalon auquel on peut se comparer, la validité d'une échelle se compose d'une validité interne et d'une validité externe.

La *validité interne* comprend la validité du contenu, la validité du construit avec la fidélité, la fiabilité, la sensibilité.

La *validité externe* comporte la validité convergente et la validité divergente. La validité du contenu est appréciée par un collège d'experts. Utiles pour l'élaboration, les dires d'expert ne peuvent servir de preuves indubitables. La validité du construit est une étude mathématique codifiée par l'APA (*American Psychological Association*). L'analyse factorielle dite « en composantes principales », avec rotation VARIMAX, permet de repérer toutes les dimensions de l'échelle, les degrés de recouvrement ou d'indépendance des items et des dimensions.

À l'intérieur de chaque item, on étudie l'utilisation logique, claire et distincte de chaque degré d'intensité.

La *fidélité* s'appuie par la variabilité entre deux juges. Notons que la variabilité entre deux juges est le seul critère de fidélité; la variabilité pour un même juge ou reproductibilité est toujours incluse dans la fidélité.

La *sensibilité* est une qualité utile mais non capitale pour un instrument de mesure. Sa valeur est limitée, elle se mesure en dernier et ne saurait représenter la validité à elle seule.

La validité externe fait appel aux validités convergente et divergente. La *validité divergente* est irréalisable quand on sait que la douleur retentit sur l'organisme entier. Seule la *validité convergente* peut se rechercher : elle analyse deux phénomènes simultanés qui sont dus à la même cause et qui doivent varier ensemble. Cette étude est indispensable pour la validité finale.

Validité statistique

Suivant les temps et les cotateurs, l'analyse en composantes principales a permis d'individualiser trois à quatre valeurs propres : la première ayant toujours une valeur supérieure à 3, les autres comprises entre 1,2 et 1,5. Ces résultats expliquent plus de 65 % de la variance expliquée. Ils ont conduit à reconsidérer le nombre de dimensions de l'échelle (trois à l'origine) ainsi que les libellés de certains items.

Le coefficient α de Cronbach a toujours été supérieur à 0,70 (voire plus de 0,80), reflet d'une bonne homogénéité interne entre les items et d'une appartenance à un même domaine, celui de la douleur.
L'étude de la concordance (test Kappa) entre cotateurs vis-à-vis d'un même patient pour chaque item pris individuellement a montré la difficulté à évaluer le retentissement de l'intensité douloureuse sur le sommeil et l'appétit.
L'ECPA a donc été remaniée (huit items, deux dimensions, nouvelle formulation, avertissement pour une bonne utilisation, etc.).
La validité de cette nouvelle version est confortée par une meilleure prise en compte de la connaissance théorique de la douleur chronique et de la pratique objective des équipes soignantes impliquées.
L'étude de la validité convergente, réalisée sur une sous-population de patients douloureux pouvant s'auto-évaluer, a montré une liaison significative entre l'ECPA et l'EVA (échelle visuelle analogique de Pearson = 0,58, $p < 0,0001$]).
Le coefficient interclasse est de l'ordre de 0,90, reflet d'une très bonne fidélité intercotateurs.
La sensibilité au changement, avant et après traitement, est significative ($p < 0,001$).

Validité clinique

L'interprétation du vocabulaire n'a pas posé de problème aux soignants cotateurs de tous les centres. Les mots et expressions ont été considérés comme simples et non ambigus. La seule réelle difficulté fut de faire coter avant les soins ce qui est avant les soins et non de coter de mémoire, après ceux-ci, pour ne pas perdre de temps. La douleur due aux soins pollue toujours le souvenir du soignant.
Le temps de cotation varie beaucoup selon l'entraînement. Environ 10 min à l'introduction de l'échelle et 2 min actuellement.
L'abandon forcé des items sur le sommeil et l'appétit nous a préoccupé. Si les troubles du sommeil et de l'appétit sont de valeur certaine, force est de reconnaître qu'ils sont trop rarement notés, quel que soit le centre, pour être une variable permanente d'échelle.
Le grand diagnostic différentiel et biais clinique de la douleur chez les patients non communicants réside dans la douleur du soignant. Si elle reste méconnue, elle conduit aux pires errements diagnostiques et thérapeutiques. Un bon instrument de mesure doit être le plus indépendant possible de l'opérateur et donc une bonne échelle de la douleur ne devrait dépister que la douleur du soigné. Sous couvert d'études ultérieures, nous avons l'impression que l'ECPA répond à ce critère, au moins dans une de ses dimensions.

16 Conséquences de la douleur non soulagée

M.-P. Hervy

Les raisons pour lesquelles une douleur d'un malade âgé n'est pas soulagée sont de plusieurs faits :

- méconnaissance de la sémiologie douloureuse chez le malade âgé non ou peu verbalisant ou certain fatalisme de la personne âgée pensant que de toute façon on ne pourra pas la soulager;
- circonstances de déclenchement; il est plus facile de calmer la douleur au repos que la douleur déclenchée par la mobilisation ou les soins;
- pathologies douloureuses pour lesquelles toutes les thérapeutiques sont encore insuffisantes, malgré le respect des indications et des posologies (les douleurs neurogènes sont plus fréquemment en cause).

Mais, quelles que soient les raisons de la persistance de la douleur, les conséquences sont multiples, d'abord pour la personne souffrante, mais aussi pour son entourage personnel ainsi que les soignants et les médecins qui s'en occupent.

CONSÉQUENCES PHYSIQUES

La douleur augmente le taux de morbidité et de mortalité chez les patients âgés par le biais de l'activation du système sympathique, l'augmentation des taux d'hormones associées au stress (adrénaline, cortisol, vasopressine) pouvant aggraver une insuffisance ou une arythmie cardiaque et majorer les processus de catabolisme[1].

1. D.B. Reuben, T.T. Yoshikawa, R.W. Besdine, ed. *Geriatric Review Syllabus : A Core Curriculum in Geriatric Medicine Syllabus Geriatrique*, Livre I. Paris : IPSEN, 1998, 464 p.

La persistance de la douleur ne fera qu'accentuer les signes considérés comme des équivalents douloureux chez le patient âgé et, malheureusement, comme souvent en gériatrie, générant eux-mêmes d'autres complications pouvant aboutir à un tableau d'immobilisation progressif et irréversible.

Ainsi, l'anorexie, souvent provoquée par la douleur, aura pour conséquence une dénutrition, pathologie déjà très fréquente dans la population âgée malade et hospitalisée (50 % dans un service hospitalier, 40 % en institution), de mécanismes exogène par manque d'apport et endogène par augmentation du catabolisme protidique (en présence d'un syndrome inflammatoire par exemple). Par exemple, une escarre douloureuse sera responsable d'une dénutrition par ces deux mécanismes, et la cicatrisation sera mise en péril par la persistance de l'anorexie. Le soulagement complet de la douleur aura bien évidemment un effet sur le confort du patient, mais favorisera aussi la cicatrisation de la plaie par la reprise d'une alimentation correcte.

Les troubles du sommeil du malade âgé, autre symptôme provoqué par la douleur, sont potentiellement sources de complications propres (asthénie, diminution de la mobilité, de la vigilance) majorant la perte d'autonomie.

Enfin, le syndrome confusionnel, lié à la douleur, entraîne une souffrance morale avec une anxiété intense[2] mais génère aussi une déshydratation par manque d'apport en eau et une dénutrition. S'il perdure, en l'absence de soulagement de la cause initiale, il peut être nécessaire de prescrire des psychotropes, pouvant eux-mêmes avoir des effets secondaires délétères pour la validité du patient.

CONSÉQUENCES PSYCHOLOGIQUES

Les conséquences psychologiques sont une grande souffrance morale liée au doute qui s'installe sur l'authenticité de l'écoute du malade que les soignants et les médecins peuvent avoir (« Ils s'en fichent, ils ne m'écoutent pas! »), mais aussi sur l'intérêt qu'ils portent à la douleur (« Ça se voit que c'est pas eux qui souffrent! »), voire sur leur niveau de compétence (« Ils n'y

2. LAFORESTRIE R. Voyage au cœur de la confusion. *Rev Gériatr* 1996; **5** : 345-50.

connaissent rien! »), d'où un certain nomadisme médical, à la recherche de celui qui pourra les soulager.

Mais, ce doute peut se retourner contre le patient qui souffre : celui-ci se sent dévalorisé d'être aussi peu intéressant (« Je ne vaux pas la peine qu'on s'intéresse à moi! »), voire se sent franchement persécuté (« Ils font exprès de me laisser souffrir parce qu'ils m'en veulent! »).

Cette souffrance morale se traduit soit par une angoisse profonde (et le danger est de penser que la douleur est le moyen d'exprimer l'angoisse, donc de nier encore plus la douleur initiale) associée à un désir de mort plus ou moins exprimé, soit par des troubles du comportement à type de repli ou, au contraire, d'agitation. L'ensemble de ces éléments permet de poser un diagnostic de dépression nécessitant un traitement spécifique, mais il est fondamental de ne pas « oublier » le *primum movens* derrière cette pathologie « écran ».

CONSÉQUENCES DE PRISE EN CHARGE POUR LE MALADE

La prise en charge de la douleur va être modifiée à cause des difficultés d'évaluation. La douleur n'étant pas soulagée, le patient va modifier sa plainte :

- soit celle-ci sera majorée car le patient a le sentiment de n'avoir pas été entendu : plaintes douloureuses, demandes incessantes d'antalgiques à différents interlocuteurs, etc.;
- soit elle sera minimisée, voire tue, par fatalisme, le patient pensant que, de toute façon, « On ne peut rien faire ». C'est surtout dans ce cas que les symptômes provoqués par la douleur sont les plus fréquents.

La prise en charge de ces troubles associés (anorexie, troubles du sommeil, confusion, angoisse) va s'intriquer avec celle de la douleur, rendant l'évaluation des thérapeutiques plus compliquée. Dans la pratique, il n'est pas toujours facile de savoir ce qui a été réellement efficace dans le soulagement obtenu. C'est la raison pour laquelle, lorsqu'il y a une amélioration, l'arrêt des différents médicaments prescrits doit se faire de façon progressive et classe par classe.

CONSÉQUENCES POUR L'ENTOURAGE FAMILIAL

Pour l'entourage familial, cette douleur toujours présente est responsable d'une souffrance morale, dont les mécanismes sont superposables à ceux vus plus haut pour le patient, et va générer aussi des réactions de colère et d'agressivité vis-à-vis de ces soignants et médecins vécus comme « incompétents ».

Une fois ces réactions passées, la persistance de la douleur peut être tellement insupportable qu'elle aura pour conséquence le rejet du parent, avec un espacement des visites, une diminution du temps qui leur est consacré, pouvant aller jusqu'à une demande d'euthanasie, même si celle-ci n'est pas exprimée par la personne elle-même.

CONSÉQUENCES POUR LES SOIGNANTS

Le « non-soulagement » de la douleur d'un patient retentit aussi sur les soignants qui le prennent en charge.

La souffrance morale des soignants les renvoie à un sentiment d'impuissance et de colère vis-à-vis de la douleur et d'eux-mêmes. Les limites avec la maltraitance peuvent ici devenir floues! Si la toilette ou le change des protections pour incontinence sont si douloureux plusieurs fois par jour, est-il bénéfique que l'on continue à faire ces soins? Mais, ne pas effectuer des soins aussi basiques que ceux-ci, n'est ce pas de la maltraitance par négligence? Peut-on définir une graduation dans la maltraitance? Par nature, aucun soignant ne peut accepter un acte de maltraitance, quel qu'il soit

La seule façon de sortir de ce dilemme est alors de fuir le patient ou de demander avec force son transfert dans un autre service (ce qui revient au même).

Cette situation « impossible du soignant ne pouvant plus soigner »[3] n'est gérable que si la cohésion de l'équipe est forte, centrée sur la qualité de la prise en charge en général, d'un projet de soins individualisés pour chaque malade en particulier. Le soutien psychologique des aidants est aussi nécessaire que pour la personne âgée souffrante et sa famille. Malheureusement, dans les services hospitaliers prenant en charge des malades âgés au long cours, ce type de soutien fait souvent cruellement défaut...

3. BLANCHARD F. et coll. Le vieillard âgé dément en fin de vie et le refus de soins. ASP Liaisons, 2000, 8-11.

CONSÉQUENCES POUR LE MÉDECIN

Le médecin responsable du patient n'est pas épargné par les conséquences de cette douleur qui perdure.

Il partage avec les soignants ce sentiment d'impuissance et de colère face à cette douleur « incontrôlable ». Mais, en tant que prescripteur, se mêle un sentiment d'échec. Dans le climat actuel où il est sous-entendu pour le public que « toute douleur dont on s'occupe est soulagée », la persistance de la douleur malgré une évaluation correcte, malgré l'application des médications adéquates est d'abord ressentie comme un manque de compétences.

À ce sentiment d'échec, s'ajoute un sentiment de culpabilité face à la souffrance du patient, mais aussi à celle de sa famille et de l'équipe soignante.

Ce vécu douloureux pour le médecin peut entraîner deux types de réactions paradoxales :

- rejet du patient soit en demandant un transfert pour des raisons peu fondées, soit en fuyant le patient, en l'« oubliant » lors de la visite ;
- prescriptions désordonnées, « urgentes », plus ou moins raisonnées mais correspondant au besoin de « faire quelque chose » face à cette situation « intenable ».

Pour le ou les médecin(s) impliqué(s), la clarté des objectifs fixés pour chaque patient, la cohésion de l'équipe, la possibilité de partager la souffrance induite, sont les garanties d'un bon fonctionnement.

CONSÉQUENCES POUR L'INSTITUTION

On entend par « institution » toute structure et organisation de prise en charge. De nombreuses institutions prennent en charge des malades âgés que ce soit à l'intérieur de l'hôpital ou dans la communauté.

Quel que soit le mode institutionnel, la présence de malades douloureux, souffrant, non soulagés malgré les efforts de tous, remet en cause les objectifs de qualité de vie et de qualité de soins qu'affichent toutes les institutions de soins et d'hébergement des personnes âgées malades et/ou dépendantes.

Cette remise en cause passe par les discussions sur les moyens mis à disposition et les moyens jugés nécessaires. Or, peu de

structures prenant en charge des malades âgés peuvent se targuer d'avoir tous les moyens nécessaires!
La persistance d'un ou deux patients douloureux, souffrant, peut entraîner des situations de crise institutionnelle sérieuses qui souvent cristallisent un malaise antérieur.
Pendant cette crise, et tant qu'elle n'a pu être résolue, le malaise est présent chez tous les membres du personnel et peut retentir sur la qualité des soins accordés aux malades en général, voire au malade douloureux en particulier.

CONCLUSION

Si toutes les douleurs ne peuvent être soulagées à l'aube du vingt et unième siècle, elles doivent toutes être prises en charge. Un soutien psychologique basé sur l'écoute, l'empathie, le partage clair d'informations, permet de diminuer la souffrance induite par la persistance de cette douleur, tant pour le patient âgé que pour sa famille et le personnel qui le prend en charge

IV

Possibilités thérapeutiques

17 Implication des modifications pharmacocinétiques et pharmacodynamiques liées au vieillissement dans la prescription des antalgiques

C. Trivalle

Avant de prescrire un traitement antalgique à une personne âgée, comme pour toute autre thérapeutique, il est important de bien connaître les modifications pharmacocinétiques (effets de l'organisme sur le médicament) et pharmacodynamiques (effets du médicament sur l'organisme) liées à l'âge. En effet, ces modifications entraînent le plus souvent un risque de surdosage et donc de iatrogénie. Bien connaître ces modifications permet d'ajuster les posologies en fonction des besoins de chaque malade [10, 12, 16].

DÉFINITIONS

La *pharmacocinétique* étudie les mécanismes déterminant la concentration d'un médicament au niveau du site de son action, alors que la *pharmacodynamique* étudie les variations de l'effet du médicament sur son site d'action. Chaque antalgique à un site d'action qui lui est particulier, ce qui explique qu'on peut souvent les associer. Ainsi, l'effet antalgique de la morphine peut s'ajouter à celui du paracétamol [2, 6].

Pour ce qui est de la pharmacocinétique, on distingue quatre étapes principales (absorption, distribution, métabolisation et excrétion) qui peuvent être étudiées par des paramètres spécifiques : biodisponibilité, pic de concentration, volume de distribution, clairance hépatique ou rénale, et demi-vie d'élimination. Tous ces paramètres (tableau 17.I) interviennent sur la concentration plasmatique à l'état d'équilibre et sur l'effet du médicament. Ils sont importants à connaître car ils vont conditionner les modalités d'administration des médicaments (posologie, nombre de prises, intervalle entre les prises, etc.).

Tableau 17.I Définitions

- **Biodisponibilité** : c'est la fraction de la dose administrée qui atteint la circulation générale. Elle est par convention de 100 % pour la voie intraveineuse.
- **Clairance** : volume sanguin totalement épuré d'une substance, par unité de temps.
- **Demi-vie d'élimination** (T1/2) : temps nécessaire pour que la concentration plasmatique d'un médicament diminue de moitié.
- **État d'équilibre** : c'est la concentration plasmatique stable obtenue après prises de doses répétées. En moyenne, il faut attendre cinq demi-vies d'élimination (5 x T1/2).
- **Galénique** : c'est la présentation du médicament qui conditionne la libération du principe actif (immédiate, retardée, etc.).
- **Pic de concentration** ou C max (concentration plasmatique maximum) : il est observé à la fin de la phase d'absorption alors que la phase d'élimination a déjà débuté. Le T max correspond à l'intervalle de temps nécessaire pour que la concentration plasmatique atteigne son maximum.
- **Premier passage hépatique** : après absorption orale, une fraction des médicaments est métabolisée par le foie. Seule la fraction non métabolisée atteint la circulation générale (biodisponibilité).
- **Volume de distribution** : volume fictif dans lequel le médicament est censé se diluer pour se trouver à la même concentration mesurable dans le plasma. Exemples : petit volume (3 l) pour l'aspirine, grand volume (fixation tissulaire importante) pour les benzodiazépines (50 à 200 l) et la digoxine (200 à 1 000 l).

Pour la morphine par exemple, il existe chez le sujet âgé une augmentation nette du pic de concentration (C max) par rapport au sujet jeune [1]. Si on donne 10 mg de morphine à libération immédiate, le C max moyen est de 7,5 ng/ml chez l'adulte jeune contre 15 ng/ml chez le sujet âgé. Il en est de même pour la morphine à libération prolongée, ce qui explique en partie le risque de surdosage et d'effets secondaires si on n'a pas adapté la posologie. Le temps maximum (T max) pour obtenir le pic de concentration, après une prise unique, varie, lui, avec la voie d'administration utilisée. Pour la morphine, il est de 20 min après une injection intraveineuse, de 30 à 60 min après une injection intramusculaire, de 45 à 90 min après une injection sous-cutanée et de 60 à 90 min après administration orale pour les formes d'action rapide.

Il faut aussi savoir que certains médicaments ont un « effet plafond » au-delà duquel on n'augmente plus l'effet antalgique même si on augmente la posologie. C'est le cas pour l'aspirine, le paracétamol, les anti-inflammatoires non stéroïdiens (AINS) et la buprénorphine.

En ce qui concerne la demi-vie, il faut utiliser des médicaments à demi-vie courte pour obtenir un effet antalgique plus rapide. Et il faut également que l'administration soit régulière (toutes les 4 h) et non à la demande, afin de maintenir des concentrations plasmatiques efficaces. Cependant, il faut se méfier des médicaments comportant deux principes actifs qui ont des demi-vies différentes. C'est le cas du *Diantalvic*, qui associe du paracétamol (demi-vie : 1 à 3 h) et du dextropropoxyphène (demi-vie 3 à 15 h), ce qui implique un risque d'accumulation du dextropropoxyphène et, donc, de sédation.

Un autre élément à prendre en compte concerne la galénique. Ainsi, il a bien été démontré pour l'aspirine et pour le paracétamol qu'on obtenait des concentrations plasmatiques plus élevées avec les formes effervescentes qu'avec les formes simples.

MODIFICATIONS PHARMACOCINÉTIQUES

Les modifications liées à l'âge concernant les principales étapes de la pharmacocinétique sont présentées dans le tableau 17.II.

Tableau 17.II Principales modifications pharmacocinétiques liées à l'âge et leurs conséquences

Étape pharmacocinétique	Modifications	Conséquences
Absorption	Hypochlorydrie	↓ absorption des acides faibles (aspirine, AINS) ↑ absorption des bases faibles (codéine)
	↓ débit sanguin gastro-intestinal	↑ délai
	↓ motricité gastro-intestinale	↑ absorption
	↓ surface d'absorption	↓ absorption

Tableau 17.II Principales modifications pharmacocinétiques liées à l'âge et leurs conséquences (*suite*)

Étape pharmacocinétique	Modifications	Conséquences
Distribution	1 – ↓ masse corporelle totale : • ↓ eau corporelle • ↓ masse graisse • ↑ masse grasse	↓ VD des médicaments hydrosolubles avec ↑ pic sanguin avec action brutale et ↑ du taux sérique (paracétamol, morphine) ↑ VD des médicaments liposolubles avec retard à l'état d'équilibre et ↓ du taux sérique, et risque d'accumulation (benzodiazépines, buprénorphine, fentanyl)
	2 – ↓ albumine (d'autant plus que insuffisance hépatique, insuffisance rénale, inflammation, dénutrition)	↑ fraction libre avec ↑ activité et risques d'interactions par compétition avec AVK et sulfamides (aspirine, AINS, buprénorphine)
Métabolisation	↓ métabolisme hépatique : – masse hépatique (↓ 35 %) – activité enzymatique (acétylation, oxydation[cyt P450], conjugaison) – débit sanguin hépatique (↓ 45 %) – premier passage hépatique	↓ clairance hépatique ↑ biodisponibilité
Élimination	Excrétion rénale : – ↓ filtration glomérulaire – ↓ sécrétion et résorption tubulaires	↓ clairance rénale (AINS, opioïdes)

Absorption

Voie orale

Pour la voie orale, les modifications liées à l'âge n'ont pas de conséquences particulières en ce qui concerne les antalgiques. Cependant, la biodisponibilité de la morphine *per os* est faible (généralement inférieure à 30 %), avec une grande variabilité interindividuelle, ce qui justifie la pratique de la titration pour déterminer la dose utile chez la personne âgée. Cette faible biodisponibilité s'explique par un important effet de premier passage hépatique, et une insuffisance hépatique sévère peut ramener la biodisponibilité de la morphine orale à une valeur proche de celle de la voie parentérale. Par voie orale, les seules précautions à prendre concernent le respect de la forme galénique (par exemple, si le malade a des difficultés pour avaler ou pour une sonde naso-gastrique, il faut savoir que les comprimés de *Moscontin* ne peuvent pas être écrasés, alors que les gélules de *Skénan* peuvent être ouvertes). Par ailleurs, il faut toujours éviter de donner un traitement antalgique en même temps qu'un pansement gastrique, un anti-histaminique 2 ou de l'huile de paraffine.

Avec l'âge, il y a peu de modifications concernant la résorption pour les autres voies d'administration.

Voie intraveineuse

Pour la voie intraveineuse, il n'y a pas de modification, le seul problème est qu'elle est parfois d'utilisation difficile en raison d'un mauvais état veineux. Elle est surtout utilisée pour le *Pro-Dafalgan* lorsqu'il existe déjà une perfusion et, très rarement en gériatrie, pour la morphine.

Voie intramusculaire

En ce qui concerne la voie intramusculaire, il existe avec l'âge une diminution de la masse musculaire mais qui a peu de conséquences sur la résorption. On utilise plus volontiers la voie *sous-cutanée* qui est très utile en gériatrie [17]. Cette voie sert surtout pour la morphine. Elle est possible aussi pour la buprénorphine, le tramadol et le *Profénid*.

Voie rectale

La voie rectale est également utilisable mais il existe de grandes variations concernant l'absorption, ce qui fait qu'elle n'est pas recommandée en pratique quotidienne. De plus, elle n'est pas facile à utiliser chez le malade très âgé vivant seul, et il existe toutes les difficultés liées aux troubles du transit, très fréquents dans cette population : constipation avec fécalomes ou diarrhée, incontinence. Elle est surtout utilisée pour le paracétamol et éventuellement pour la morphine. Pour le *Diantalvic*, il existe un risque de rectite important en cas d'utilisation prolongée. L'intérêt éventuel de cette voie est que le drainage veineux du plexus hémorroïdaire inférieur se faisant directement vers la veine cave inférieure, il n'y a pas de premier passage hépatique. Cependant, il existe souvent des variations anatomiques de ces plexus hémorroïdaires.

Voie sublinguale

La voie sublinguale est également possible. Elle était surtout utilisée pour la buprénorphine, qui est un médicament que l'on utilise peu actuellement, car c'est une molécule qui a un effet agoniste-antagoniste rendant difficile le relais ultérieur par la morphine qui a un « effet plafond » et de nombreuses interactions médicamenteuses.

Voie transdermique

La voie transdermique est actuellement utilisée pour le fentanyl (*Durogésic*). Avec cette voie, il existe une grande variabilité interindividuelle de la quantité de principe actif absorbée. Pour ce produit, le délai d'apparition de l'efficacité à l'initiation du traitement est de 8 à 16 h et la « queue d'effet », en cas d'arrêt, est de 12 à 24 h, souvent même supérieure à 30 h chez le sujet âgé [7]. Par ailleurs, l'équi-analgésie par rapport à la voie orale est très difficile à préciser. La dose minimale initiale (25 µg/h) correspondrait déjà, en moyenne, à 60-90 mg de morphine *per os* quotidienne.

Autres voies d'abord

Il existe de nombreuses autres voies d'administration, en particulier pour la morphine (péridurale, intrathécale, intraventriculaire), mais elles ne sont utilisées qu'en milieu très spécialisé.

Distribution

Pour la distribution, il existe avec l'âge une augmentation relative de la masse grasse. La proportion du tissu adipeux augmente de 18 % à 36 % chez l'homme et de 36 % à 48 % chez la femme [4, 8]. De plus, entre 20 et 80 ans, la proportion de l'eau corporelle totale diminue de 15 %. Ceci a pour conséquences une augmentation du volume de distribution (VD) des médicaments liposolubles (benzodiazépines, buprénorphine, fentanyl) et une diminution du volume de distribution des médicaments hydrosolubles (paracétamol, morphine) (tableau 17.II). La diminution du VD peut être responsable d'une augmentation du pic sanguin, avec un risque d'action trop brutale. La diminution du VD entraîne un risque d'accumulation.

De plus, du fait de l'âge, de la dénutrition fréquente et de multiples autres facteurs, il peut exister une diminution de l'albumine plasmatique, ce qui a pour conséquence une augmentation de la fraction libre active des médicaments fortement liés à l'albumine (aspirine, AINS, buprénorphine). Il existe alors un risque de surdosage et d'interaction médicamenteuse, en particulier avec les anticoagulants (AVK), les sulfamides hypoglycémiants et de nombreux médicaments fortement liés à l'albumine (tableau 17.III).

Tableau 17.III Principaux médicaments fortement liés à l'albumine

Warfarine	99 %	Chlorothiazide	95 %
Dicoumarol	99 %	Nortriptyline	95 %
Naproxène	99 %	Érythromycine	93 %
Phénylbutazone	99 %	Phénytoïne	93 %
Acide tiénilique	99 %	Probénicide	93 %
Furosémide	98 %	Propanolol	93 %
Tolbutamide	98 %	Digitoxine	91 %
Indométacide	97 %	Chlorpromazine	90 %
Clofibrate	97 %	Rifampicine	89 %
Imipramine	96 %	Acide salicylique	81 %

Métabolisation

En ce qui concerne le métabolisme hépatique, il existe probablement de nombreuses modifications liées au vieillissement mais il n'y a pas de moyen simple pour les dépister [14]. Il existe avec l'âge (entre 20 et 80 ans) une diminution de la masse hépatique de

25 à 35 % et une diminution du débit sanguin hépatique de 45 %. Ceci concerne également l'effet de premier passage hépatique, qui est diminué avec l'âge, ce qui peut entraîner une augmentation des concentrations sériques (morphine, β-bloquants et inhibiteurs calciques). En ce qui concerne les modifications des activités enzymatiques (acétylation, oxydation et conjugaison), elles sont très complexes et il est difficile d'en définir avec certitude les modifications liées à l'âge, en particulier en ce qui concerne le système des cytochromes P450 (CYP1A2, 2C9, 2C19, 2D6, 2E1, 3A4), dont l'activité est probablement diminuée avec l'âge.

Pour avoir une idée de la complexité du métabolisme hépatique, on peut prendre comme exemple la morphine. Celle-ci subit à la fois une méthylation qui la transforme en codéine, une N-déméthylation qui la transforme en normorphine active et une glycuroconjugaison qui la transforme en morphine-3-glucuronide (M3G) inactive (40 %) et en morphine-6-glucoronide (M6G) active (5-10 %) [11, 13]. La M6G a une action antalgique très supérieure à la morphine et serait responsable de la plupart des effets indésirables liés à la morphine. De plus, son élimination est urinaire et il y a un risque important d'accumulation en cas d'insuffisance rénale. Ce risque serait évité par l'utilisation d'un dérivé semi-synthétique de la morphine, l'hydromorphone, qui ne se métabolise pas par glucuronidation en position 6.

Par ailleurs, il existe de nombreuses interactions médicamenteuses par le biais des cytochromes. On peut ainsi prendre l'exemple du fentanyl dont la voie métabolique majeure passe par le CYP3A4 (tableau 17.IV). Les médicaments inhibant ce cytochrome risquent d'entraîner une accumulation du fentanyl, et les médicaments inducteurs une diminution de son efficacité.

Tableau 17.IV Fentanyl et isoforme 3A4 du cytochrome P450. Liste des principaux médicaments inhibiteurs et inducteurs du CYP3A4

Inhibiteurs	Inducteurs
Amiodarone	Carbamazépine
Cimétidine	Lansoprazole
Ciprofloxacine	Phénobarbital
Diltiazem	Phénitoïne
Fluconazole	Primidone
Méthylprednisolone	Rifampicine
Métronidazole	

Élimination

Enfin, pour ce qui est de l'excrétion, il existe avec l'âge une diminution de la filtration glomérulaire et une diminution de la sécrétion et de la résorption tubulaires. Seuls 30 % des sujets âgés ont une fonction rénale normale. En effet, la clairance de la créatinine moyenne dans une population de 539 malades âgés hospitalisés (âge moyen 85 ans) est de 33 ± 14 ml/min [3]. Du fait de la diminution de la masse musculaire avec l'âge, la créatininémie ne reflète pas la fonction rénale chez le sujet âgé. Il faut donc toujours calculer la clairance de la créatinine par la formule de Cockcroft [5] avant de prescrire un médicament chez un sujet âgé, en particulier des AINS ou des opioïdes :

$$\text{Clairance de la créatinine (ml/min)} = \frac{(140 - \text{âge}) \times \text{poids}}{0{,}8 \times \text{créatininémie } (\mu\text{mol/l})} \quad (\times\, 0{,}85 \text{ pour la femme})$$

Pour la morphine, il est très important d'adapter les doses initiales à la clairance de la créatinine calculée, afin de minimiser le risque de surdosage.

MODIFICATIONS PHARMACODYNAMIQUES

En ce qui concerne les modifications pharmacodynamiques, elles sont moins bien connues et il existe essentiellement une augmentation de la sensibilité des récepteurs aux opioïdes avec un risque plus important de dépression respiratoire. Ceci justifie de débuter le traitement à des posologies plus faibles (1/4 à 1/2 ampoule de morphine à 10 mg, soit 2,5 à 5 mg toutes les 4 à 6 h en fonction de la clairance de la créatinine) par rapport à celles des adultes jeunes. De même, il existe une augmentation des récepteurs et de la sensibilité aux benzodiazépines [4].

EFFETS INDÉSIRABLES

Il semble que le risque d'effet indésirable soit deux à trois fois plus important chez le sujet âgé par rapport au sujet jeune. L'incidence des effets indésirables rapportés aux médicaments passe de 2 à 10 % chez le sujet jeune à 20-25 % chez le sujet âgé [4, 14]. Les facteurs de risque qui ont été identifiés dans la littérature, en plus de l'âge, sont les suivants : sexe féminin, petite taille, insuffisance hépatique ou rénale, nombre de médicaments utilisés et existence d'un antécédent d'effet indésirable [14]. Un autre facteur à prendre en compte est l'existence de pathologies associées qui peuvent elles-mêmes modifier les paramètres pharmacocinétiques et entraîner des effets indésirables. Par exemple, en cas d'insuffisance cardiaque, il y a une diminution du débit sanguin rénal et hépatique, ce qui peut avoir une conséquence sur les médicaments éliminés par le rein ou métabolisés par le foie [14].

De toute façon, il faut toujours se méfier des effets indésirables les plus fréquents ou les plus graves de chaque classe médicamenteuse : toxicité rénale (AINS), hépatique (paracétamol), hématologique (aspirine), gastrique (AINS, aspirine), risque de confusion (morphine), etc. Pour les AINS, 75 % des cas d'hémorragies digestives concernent des personnes de plus de 60 ans. Le risque hémorragique passe de 1 % avant 60 ans à 3-4 % après 60 ans [6]. Cette toxicité serait peut être moins importante avec les inhibiteurs sélectifs des COX-2, mais on manque de données chez le sujet âgé [9]. Par ailleurs, avec la codéine, le *Diantalvic* et la morphine, il faut toujours donner un traitement laxatif, afin de prévenir systématiquement le risque de constipation qui est constant.

INTERACTIONS MÉDICAMENTEUSES

Compte tenu de la polypathologie (en moyenne : trois à cinq maladies par personne âgée de plus de 70 ans) et de la polymédication (en moyenne : quatre à six médicaments par personne âgée de plus de 70 ans), il est très important de prendre en compte le risque d'interactions médicamenteuses, en particulier avec les anticoagulants oraux (aspirine, AINS, dextropropoxyphène), les antidiabétiques (aspirine, AINS, dextropropoxyphène) et les antiépileptiques (risque de surdosage en carbamazépine lors d'un traitement par le dextropropoxyphène). Pour le tramadol, il existe un risque d'interaction avec les antidépresseurs (tricycliques ou inhibiteurs de la recapture de la sérotonine) et les neuroleptiques [15], ainsi qu'avec les AVK. Les risques d'interaction sont donc multiples et nombreux chez le sujet âgé, et il faut toujours consulter le dictionnaire *Vidal* avant d'introduire un nouveau médicament.

Comme nous l'avons déjà vu, de nombreuses interactions passent par les cytochromes P450.

CONCLUSION

Le choix d'un antalgique chez la personne âgée se fera en fonction du type de douleur, des paliers de l'Organisation mondiale de la santé (OMS), des effets secondaires potentiels (toxicité rénale, hépatique, hématologique, gastrique, etc.), du risque d'interaction médicamenteuse et des modifications pharmacocinétiques et pharmacodynamiques. Les principaux éléments à prendre en compte sont le poids, le taux d'albumine plasmatique et la clairance de la créatinine du malade. En règle générale, à l'introduction du traitement, on utilisera des antalgiques à demi-vie courte, en débutant par des posologies faibles et en augmentant progressivement en fonction des besoins du malade (*start low and go slow*). Compte tenu de ces recommandations, les antalgiques les plus utilisés chez la personne âgée sont le paracétamol, la codéine et la morphine. Enfin, il faut savoir qu'un certain nombre de douleurs sont neurogènes ou mixtes et qu'il faut alors avoir recours à d'autres thérapeutiques, comme l'amitriptyline, le clonazépam et la gabapentine.

Pour en savoir plus...

[1] BAILLIE S.P., BATEMAN D.N., COATES P.E., WOODHOUSE K.W. Age and the pharmacokinetics of morphine. *Age Ageing* 1989; **18** : 258-62.

[2] BEAVER W.T. Combination analgesics. *Am J Med* 1984; **77** : 38-53.

[3] CHARMES J.P., MERLE L. Les conséquences du vieillissement rénal en thérapeutique. *Rev Gériatr* 1996; **21** : 447-52.

[4] CHUTKA D.S., EVANS J.M., FLEMING K.C., MIKKELSON K.G. Drug prescribing for elderly patients. *Mayo Clin Proc* 1995; **70** : 685-93.

[5] COCKCROFT D.W., GAULT M.H. Prediction of creatinine clearance from serum creatinine. *Nephron* 1976; **16** : 31-41.

[6] DRAGE M.P., SCHUG S.A. Analgesia in the elderly. Practical treatment recommendations. *Drugs Aging* 1996 : 311-8.

[7] ESTÈVE M. Pharmacologie des morphiniques : voies orale et transdermique. *Méd Thérapeutique* 1995; **1** : 659-71.

[8] FORBES G.B., REINA J.C. Adult lean body mass declines with age : some longitudinal observations. *Metabolism* 1970; **19** : 653-63.

[9] GLOTH III F.M. Pain management in older adults : prevention and treatment. *J Am Geriatr Soc* 2001; **49** : 188-99.

[10] LEFEBVRE-CHAPIRO S., TRIVALLE C., LEGRAIN S., FETEANU D., SEBAG-LANOË R. Particularités de la douleur et de sa prise en charge chez les personnes âgées. *Presse Med* 2000; **29** : 333-9.

[11] MERCADENTE S. The role of morphine glucuronides in cancer pain. *Palliat Med* 1999; **13** : 95-104.

[12] MONTAMAT S.C., CUSACK B.J., VESTAL R.E. Management of drug therapy in the elderly. *N Engl J Med* 1989; **321** : 303-9.

[13] OSBORNE R., JOEL S., TREW D., SLEVIN M. Morphine and metabolite behavior after different routes of morphine administration : a demonstration of the importance of the active metabolite morphine-6-glucoronide. *Clin Pharmacol Ther* 1990; **47** : 12-9.

[14] POPP B., PORTENOY R.K. Management of chronic pain in the elderly : pharmacology of opioids and other analgesic. In : B.R. Ferell, B.A. Ferrell, ed. *Pain in the elderly.* Seattle : IASP Press, 1996 : 21-34.

[15] Tramadol – Follow up. *WHO Pharmaceuticals Newsletter* 2000; **2** : 12.

[16] TRIVALLE C. Les modifications pharmacocinétiques chez la personne âgée. *Génér Gérontol* 1998; **42 :** 22-7.

[17] TRIVALLE C., FETEANU D., LEFEBVRE-CHAPIRO S. Les médicaments utilisables par voie sous-cutanée. *NPG* 2001, *5*, 46-7.

18 Thérapeutiques médicamenteuses et protocoles

S. Lefebvre-Chapiro

Avant de prescrire un traitement contre la douleur, il est indispensable de faire une évaluation clinique rigoureuse :

- de son intensité ;
- de ses caractéristiques : localisation, sensation, périodicité, horaires, facteurs déclenchants, etc., permettant ainsi de préciser son origine nociceptive, neurogène ou mixte ;
- de son retentissement sur la vie quotidienne du malade ;
- des thérapeutiques déjà mises en œuvre pour la soulager et de leur efficacité ;
- de la fonction rénale du malade, à l'aide de la formule de Cockcroft et Gault[1] ;
- des capacités de la personne âgée pour choisir la galénique la plus adaptée ;
- des risques potentiels d'interactions médicamenteuses et d'effets secondaires.

Cette évaluation permet de choisir le ou les médicament(s) le(s) plus adapté(s) parmi les produits des trois paliers de l'Organisation mondiale de la santé (OMS) et/ou des co-analgésiques.

PALIER 1

Il est généralement réservé aux douleurs de faible intensité. Chez la personne âgée, il est préférable d'utiliser le paracétamol à la dose de 500 mg toutes les 4 h car il ne présente pas de risque gastrique.

---

1. $$\text{Clairance de la créatinine (ml/min)} = \frac{(140 - \text{âge}) \times \text{poids}}{0{,}8 \times \text{créatininémie } (\mu\text{mol/l})} \text{ (x 0,85 pour la femme)}$$

Mais, les douleurs d'origine inflammatoire répondent mieux aux AINS. On les prescrit alors en association à un protecteur gastrique, type inhibiteur de la pompe à protons, en raison du risque accru de toxicité gastrique chez la personne âgée. Plus récemment commercialisés, les AINS inhibiteurs sélectifs de la cyclo-oxygénase-2 (COX-2) ont une toxicité gastrique moindre et ne nécessitent donc pas de prévention systématique. Il faut également surveiller la fonction rénale, surtout si le patient est sous traitement diurétique ou inhibiteur de l'enzyme de conversion, ou s'il présente des risques de déshydratation. L'association AINS-anticoagulants doit être prudente et surveillée.

PALIER 2

Il s'adresse aux douleurs d'intensité modérée résistant aux produits du palier 1. Il est très utilisé en gériatrie. Il est donc important de connaître les caractéristiques de ces antalgiques.

Codéine (+/- paracétamol)

La métabolisation de la codéine se fait en partie par l'action du cytochrome P450 au niveau hépatique. Ce mécanisme oxydatif est parfois altéré dans le grand âge, ce qui pourrait peut-être expliquer une moindre efficacité chez certaines personnes âgées et une relation dose équivalente entre la codéine et la morphine différente de celle des personnes plus jeunes. En effet, on considère classiquement que 100 mg de codéine équivalent à 10 mg de morphine. En pratique, on constate souvent qu'un malade âgé douloureux sous 180 mg de codéine par jour (par exemple, six *Efferalgan codéiné* par jour) se trouve soulagé par 15 mg de morphine orale par jour.

Pour une meilleure antalgie, on recommande la prescription d'un comprimé toutes les 4 h en cas d'utilisation d'une codéine à action immédiate (par exemple, *Efferalgan codéiné*, *Dafalgan codéiné*) plutôt que deux comprimés toutes les 8 h.

En cas de contre-indication du paracétamol, il existe une forme de codéine non associée, à libération prolongée, s'administrant toutes les 12 h (dihydrocodéine : *Dicodin*).

La codéine entraîne une constipation qu'il faut systématiquement prévenir.

Dextropoxyphène (+/- paracétamol)

On répartit la posologie quotidienne en quatre à six prises par 24 h. Ses effets indésirables potentiels (constipation, nausées, somnolence, hypoglycémie) et interactions médicamenteuses (AVK, sulfamides hypoglycémiants, carbamazépine) sont à connaître.
En cas d'insuffisance rénale importante, il peut y avoir accumulation d'un métabolite toxique.

*Tramadol (*Topalgic *50, 100 LP, 150 LP, 200 LP –* Zamudol *50 LP, 100 LP, 200 LP)*

C'est un antalgique d'action centrale, éliminé par le rein. Il nécessite donc le plus souvent une adaptation de la posologie chez le sujet âgé.
Des effets secondaires à type de nausées et/ou vomissements (5 à 20 % selon les études) en limitent parfois l'utilisation mais il entraînerait moins de constipation que la codéine.
Les formes à libération prolongée sont souvent mieux tolérées que les formes à action immédiate. Il existe une forme iv (100 mg/2 ml) que l'on peut utiliser par voie sous-cutanée également.
Chez la personne âgée dont la fonction rénale est altérée, on débutera le traitement par 100 mg/j de tramadol à libération prolongée. On adapte ensuite la posologie à la réponse clinique et à la tolérance. La dose maximum est de 400 mg/j.
Certains cliniciens ont décrit une relative efficacité du tramadol dans les douleurs de type neurogène mais cette indication ne fait pas partie de l'autorisation de mise sur le marché (AMM) du produit.

PALIER 3 (DOULEUR INTENSE, RÉSISTANT AUX PRODUITS DES PALIERS INFÉRIEURS)

Morphine

La morphine en est le chef de file.
Le recours au palier 3 n'est pas dicté par la maladie responsable de la douleur mais par l'intensité de celle-ci. En effet, la morphine n'est pas réservée aux douleurs d'origine cancéreuse ou à celles qui surviennent en fin de vie. Elle peut s'utiliser dans d'autres contextes hyperalgiques comme par exemple un

tassement vertébral ou une escarre dont la douleur est insuffisamment soulagée par les autres thérapeutiques. Il n'y a pas de risque de toxicomanie; il est simplement nécessaire de diminuer progressivement les doses afin d'éviter un syndrome de sevrage lors de son arrêt.
Quand on a recours au palier 3, il est souhaitable de titrer la dose efficace avec une morphine orale d'action immédiate (solution de chlorhydrate de morphine en ampoules de 10 mg, gélules d'*Actiskenan* à 5, 10, 20, 30 mg ou comprimés sécables de *Sevredol* à 10 et 20 mg).

Posologie

Chez les personnes très âgées, dont la fonction rénale est généralement altérée, on débute par une faible posologie : 2,5 mg toutes les 4 h soit 15 mg/j.
Pour éviter la prise de milieu de nuit, et donc le réveil du malade, il est possible, lors de la dernière prise du soir, de donner 1,5 voire 2 fois la dose administrée toutes les 4 h.
On respecte un délai de 8 h entre deux majorations de dose (de 25 à 50 %).
Il faut prévoir la possibilité d'interdoses, équivalentes à 25 %, voire 50 %, de la dose administrée toutes les 4 h, en cas d'accès douloureux aigus, spontanés ou provoqués par un soin (pansement, toilette, etc.). S'il s'agit d'une prémédication avant un acte douloureux, il est important de respecter un délai de 45 minutes environ entre l'administration de l'interdose et le soin. Celui-ci ne devra pas être réalisé au-delà de 2 h après la prise car l'efficacité de la prémédication commence alors à décroître.
L'intérêt de recourir à une morphine d'action immédiate lors de la phase de titration est triple :
- évaluation régulière (au minimum toutes les 4 h) de l'intensité de la douleur et de la tolérance du traitement;
- adaptation plus rapide des posologies en fonction de la réponse clinique, et faible risque d'accumulation du produit;
- passages fréquents des soignants, qui contribuent au soutien psychologique du malade douloureux.

Mais, s'il est nécessaire de débuter un traitement morphinique de façon prudente et progressive, il n'existe pas de dose maximale à ne pas dépasser chez la personne âgée : c'est l'intensité de la douleur qui détermine la dose efficace.

Quand celle-ci est établie et stable, le relais par un morphinique à libération prolongée est possible en répartissant alors la posologie en deux prises espacées de 12 h (*Moscontin, Skenan*) ou en une prise par 24 h (*Kapanol*). Lors du relais, on fait correspondre la dernière prise de morphine à action immédiate avec la première prise du morphinique à libération prolongée.
La possibilité de recourir à des interdoses de morphine à action immédiate reste identique et suivant le principe précédemment décrit.
Si le lieu de vie du malade ne permet pas d'utiliser des morphiniques d'action immédiate pour titrer la dose efficace, on peut bien sûr prescrire en première intention du *Moscontin* ou du *Skenan* mais à la dose de 10 mg toutes les 12 h, pour débuter.

Voies d'administration

La voie orale est toujours privilégiée mais on doit parfois recourir à la voie sous-cutanée. C'est le cas pour :

- les troubles de la déglutition;
- les occlusions intestinales ou la constipation sévère malgré un traitement adapté;
- les troubles de la conscience, etc.

Il faut alors diviser la dose orale quotidienne par 2.
L'*administration sous-cutanée* peut être discontinue – une injection toutes les 4 h à l'aide d'un *buterfly* qui reste en place entre deux administrations (cela évite au malade d'être « piqué » toutes les 4 h) – ou continue (seringue électrique ou pompe portable).
La *voie intraveineuse* est peu utilisée dans le grand âge car le réseau veineux est souvent altéré. Cependant, dans le cadre de cancers évolués, le malade dispose parfois d'une chambre implantée. L'administration de la morphine par injection intraveineuse (iv) peut alors se faire à l'aide d'une seringue électrique, en divisant bien la dose orale quotidienne par 3. Cette voie d'administration peut être intéressante en cas d'œdèmes généralisés ou de thrombopénie majeure qui contre-indiquent la voie sous-cutanée.
La *pompe autocontrôlée* a l'avantage de permettre au malade de s'auto-administrer des interdoses de morphine (par voie sous cutanée ou intraveineuse). Mais, en pratique, on observe souvent une certaine réticence des personnes âgées à recourir à cette possibilité, et ce, même lorsque leurs fonctions cognitives sont

conservées. Cependant, l'âge en soi n'est pas une contre-indication à l'utilisation des pompes autocontrôlées.

Effets secondaires

Avant la prescription de morphine, il est recommandé de faire une évaluation rigoureuse des symptômes présentés par le malade afin que ceux-ci ne soient pas faussement imputés à la morphine, et donc une cause possible de son arrêt. Nous pensons particulièrement à la somnolence, aux troubles cognitifs et à la fréquence respiratoire.

Les effets secondaires de la morphine sont les mêmes chez la personne âgée que chez l'adulte plus jeune.

La *constipation* est constante et persistante pendant toute la durée du traitement. Il ne faut donc pas oublier, dès l'introduction d'un morphinique, de prescrire un traitement laxatif ou de le renforcer s'il préexiste. La survenue d'une diarrhée au cours d'un traitement par la morphine doit faire penser en premier lieu à une fausse diarrhée secondaire à un fécalome.

Les *nausées et/ou vomissements* sont le plus souvent contrôlés avec un traitement par dompéridone (*Motilium*) ou métoclopramide (*Primperan*). Ils sont éventuellement associés, s'ils sont insuffisants, à de faibles doses d'halopéridol (*Haldol*) qui agit sur le centre encéphalique du vomissement. Il est intéressant de savoir que le métoclopramide et l'halopéridol peuvent s'administrer par voie sous-cutanée. Ces effets secondaires s'épuisent généralement au bout d'une dizaine de jours et leur traitement peut être interrompu.

Une *somnolence* est possible en début de traitement. Il s'agit le plus souvent d'une phase de « récupération » pendant laquelle le douloureux chronique se repose « enfin » après des nuits de mauvais sommeil. Si elle persiste plus de quelques jours ou si elle est trop importante d'emblée, il faut vérifier que la dose initiale utilisée est adaptée à la fonction rénale du malade. Il peut être également nécessaire de diminuer, voire d'arrêter, les autres psychotropes pris par le malade (benzodiazépines, neuroleptiques, etc.) dont les effets sédatifs s'ajoutent à celui de la morphine.

Si une somnolence apparaît en cours de traitement par la morphine, le raisonnement reste le même : avant de l'imputer à la morphine, il faut vérifier la fonction rénale, éliminer une interaction médicamenteuse, une augmentation trop rapide de la posologie et les autres causes médicales possibles de somnolence (troubles ioniques, etc.).

Une *rétention d'urines* peut survenir et justifie une surveillance spécifique. Le risque est majoré par la constipation non contrôlée (fécalome) et la coprescription de médicaments aux propriétés anticholinergiques.

La *confusion*, les *hallucinations* sont décrites mais ne sont pas plus fréquentes que chez le sujet plus jeune dans notre expérience. Là encore, avant d'incriminer la morphine, il faut éliminer un trouble ionique, une déshydratation, un globe vésical, une interaction médicamenteuse, etc. Sinon, de faibles doses d'halopéridol permettent le plus souvent de contrôler les hallucinations.

Les *myoclonies* sont le plus souvent symptomatiques d'un surdosage.

Le *prurit* est rare. On peut prescrire un antihistaminique et hydrater la peau, avec une efficacité variable selon les cas.

La *dépression respiratoire* n'est pas à craindre avec le schéma thérapeutique décrit ci-dessus.

La morphine peut être utilisée chez l'insuffisant respiratoire chronique douloureux; une surveillance et une prudence renforcées sont simplement nécessaires lors de l'introduction et de la progression des doses. De nombreuses équipes de soins palliatifs ont d'ailleurs observé un meilleur confort respiratoire chez les insuffisants respiratoires recevant de faibles doses de morphine.

Fentanyl transdermique (Durogesic)

Depuis plusieurs mois maintenant en France, nous disposons de cet opiacé qui a l'avantage de pouvoir être administré par voie transdermique. Son AMM actuelle le destine aux douleurs d'origine cancéreuse mais une extension aux douleurs rhumatologiques intenses est souhaitée par le laboratoire.

Il se présente sous forme de patchs efficaces pendant 72 h et dosés à 25, 50, 100 ou 150 µg/h.

Son utilisation chez la personne âgée doit être prudente pour plusieurs raisons :

- c'est une molécule liposoluble, qui présente donc un risque accru d'accumulation dans le grand âge;
- la qualité de la peau se modifie avec l'âge et la résorption du produit également;

- le patch le plus faiblement dosé, c'est-à-dire libérant 25 µg/h de fentanyl, équivaut déjà à une dose de morphine orale de 60, voire 90 mg/j.

Aussi ne recommandons-nous pas d'utiliser le *Durogesic* pour initier un traitement de palier 3 chez une personne âgée. Il est préférable de l'utiliser en relais de la morphine, quand la dose orale de celle-ci est supérieure ou égale à 60 mg/j.

Posologie

Lors de la première application, il faut en moyenne 12 à 24 h pour obtenir l'effet antalgique maximum du patch : pendant cet intervalle de temps, il est donc nécessaire de coprescrire un morphinique d'action courte pour soulager le malade.

Pendant la durée du traitement par *Durogesic*, il est possible d'administrer au malade des interdoses de morphine à action immédiate en cas d'accès douloureux spontané ou provoqué.

Si l'on souhaite faire un relais par la morphine chez un malade déjà traité par *Durogesic*, il faut attendre la 12e, voire la 15e, heure après le retrait du patch pour l'introduire (selon que l'on utilise une morphine à libération prolongée ou à action immédiate). L'équipe du Dr Lassaunière à l'Hôtel-Dieu recommande la conversion de la posologie du fentanyl en morphine selon le schéma suivant :

Patch à 25 µg/h → 60 mg/j de morphine orale.
Patch à 50 µg/h → 120 mg/j de morphine orale.
Patch à 75 µg/h → 180 mg/j de morphine orale.
Patch à 100 µg/h → 240 mg/j de morphine orale.

Il faut savoir qu'une fièvre non contrôlée augmente la pénétration transcutanée du produit, avec un risque de surdosage.

Effets secondaires

Les effets secondaires potentiels du *Durogesic* sont les mêmes que ceux décrits pour la morphine mais ils peuvent être différents pour un même malade.

Il est donc parfois intéressant de passer de la morphine au *Durogesic* (ou *vice versa*) en cas d'effets secondaires gênants non contrôlés (sous réserve que la dose quotidienne de morphine soit ≥ 60 mg/j).

Chlorhydrate d'hydromorphone (Sophidone *LP*)

Son indication (AMM) est limitée au traitement des douleurs intenses d'origine cancéreuse en cas d'intolérance ou de résistance à la morphine. Elle ne doit donc pas être utilisée en première intention. Elle se présente sous forme de gélules à 4, 8, 16 et 24 mg. Son efficacité apparaît en 2 h et se maintient 12 h.
4 mg de *Sophidone* LP équivalent à 30 mg de morphine à libération prolongée.

Buprénorphine (Temgesic)

C'est un antagoniste partiel de la morphine qui ne doit donc jamais lui être associé.
Certains la considèrent au niveau d'antalgie comme intermédiaire entre le palier 2 et le palier 3 de l'OMS.
Elle se présente sous forme de glossettes sublinguales à 0,2 mg, actives pendant 8 h en moyenne. Il est cependant préférable de débuter le traitement par une glossette toutes les 12 h chez la personne âgée.
Il existe un effet plafond à partir de 3 mg/j. Nous ne conseillons donc pas l'utilisation du *Temgesic* dans les pathologies douloureuses évolutives. S'il devient nécessaire d'introduire de la morphine (qui, elle, n'a pas d'effet plafond), le relais est compliqué par leur antagonisme : il faut faire une fenêtre thérapeutique pendant laquelle le malade va souffrir.

Prescription des opiacés

Le carnet à souche a disparu et il est désormais possible de prescrire les opiacés sur des ordonnances sécurisées. Il est toujours nécessaire d'établir une prescription en toutes lettres pour une durée de :
- 28 j pour la morphine orale à libération prolongée et le fentanyl transdermique (les patchs usagés doivent être rendus à la pharmacie);
- 14 j pour la morphine orale à action immédiate;
- 7 j pour la morphine injectable.

CO-ANALGÉSIQUES

Selon l'origine de la douleur (inflammatoire, neurogène, spasmodique ou mixte), il est parfois nécessaire d'y recourir en première intention ou en association avec des produits des trois paliers de l'OMS.

Antidépresseurs tricycliques

Ils ont une efficacité prouvée dans les douleurs neurogènes, essentiellement sur leur composante continue et spontanée à type de brûlure.
Leurs effets secondaires et leurs contre-indications limitent souvent leur utilisation en gériatrie. On débutera toujours avec une faible posologie (par exemple : *Anafranil,* 10 mg le soir). L'effet antalgique apparaît en une quinzaine de jours en général.
Une alternative aux antidépresseurs tricycliques pourrait être les antidépresseurs sérotoninergiques : en effet, certains ont décrit une efficacité de la paroxétine.

Antiépileptiques

Ils sont efficaces dans les douleurs neurogènes, surtout sur leur composante paroxystique à type de décharge électrique.
On utilise peu la carbamazépine (*Tegretol*) en gériatrie (effets secondaires), préférant le clonazépam (*Rivotril :* trois à cinq gouttes le soir pour commencer) ou l'acide valproïque (*Depakine,* 20 mg/kg/j) bien qu'il n'y ait pas d'AMM dans ce sens pour ces deux produits.
Récemment, la gabapentine (*Neurontin*) a reçu une AMM pour les algies post-zostériennes. On doit débuter et augmenter très prudemment les doses : 100 mg/j au début puis jusqu'à 600 mg/j le plus souvent. Mais, il est possible d'atteindre 2 400 mg/j, voire plus, si la tolérance est bonne et la fonction rénale conservée. Certains effets secondaires relativement fréquents peuvent être gênants chez la personne âgée, comme la somnolence, les sensations vertigineuses et les troubles de l'équilibre.

Corticoïdes

Ils sont efficaces sur les douleurs inflammatoires d'origine osseuse, mais aussi sur les douleurs par infiltration ou compression d'organe et de tissu (notamment dans les cancers évolués). Ils sont particulièrement utiles dans les douleurs secondaires à des métastases hépatiques ou à une carcinose péritonéale.

Dans le cadre de cancers évolués, ils ont également l'avantage d'être psychostimulants et orexigènes. Mais, il ne faut pas oublier leurs effets gastrotoxiques (cependant moins fréquents qu'avec les AINS « classiques »), confusiogènes et diabétogènes potentiels. Ils favorisent aussi les mycoses buccales, qu'il faut dépister et traiter.

Antispasmodiques

Dans les cas d'occlusion intestinale terminale ou d'obstruction néoplasique des voies urinaires, ils sont souvent un complément utile aux antalgiques classiques et à la corticothérapie (par exemple : *Viscéralgine, Spasfon, Débridat, Ditropan*).

Disphosphonates (clodronate, pamidronate aredia)

Ils peuvent avoir une action antalgique sur les métastases osseuses et diminuer la fréquence des complications fracturaires. Le recours à la voie intraveineuse est nécessaire pendant quelques jours pour saturer rapidement leurs récepteurs et accélérer l'action antalgique.

Myorelaxants

Ils peuvent être utiles dans les douleurs par rétraction tendineuse et contre l'hypertonie observées lors de la fin de vie de certains malades, comme par exemple dans la maladie d'Alzheimer ou les hémiplégies séquellaires. Le diazépam (*Valium*) a l'avantage d'exister en gouttes pouvant être administrées par voie sublinguale. Les benzodiazépines permettent également de diminuer l'anxiété et les troubles du sommeil qui accompagnent souvent les maladies graves et la douleur.

ANESTHÉSIQUES LOCAUX

L'*EMLA* peut être indiquée dans la prévention des douleurs induites par un soin d'ulcère. Certains l'utilisent également sur des zones allodyniques, dans le cadre d'algie post-zostérienne.

Elle doit être appliquée en couche épaisse, sous un pansement occlusif type *Tegaderm*, au minimum 1 h avant le soin douloureux.

Des préparations magistrales à base de capsaïcine (0,025 % à 0,075 %) sont parfois utilisées dans le cadre de douleurs neurogènes rebelles. L'effet thérapeutique est retardé (deux à quatre semaines), et ce traitement est parfois mal toléré car il est responsable d'une irritation locale avec sensations de brûlure (les mains doivent d'ailleurs être soigneusement lavées après application).

On peut citer le *Disalgyl* qui est une crème contenant un peu de capsaïcine et qui est commercialisée pour les douleurs tendineuses et musculaires.

CONCLUSION

L'utilisation des antalgiques en gériatrie nécessite de tenir compte des modifications du métabolisme des médicaments et des effets indésirables potentiels que l'on peut observer chez la personne âgée. Mais le grand âge ne constitue pas en lui-même un facteur limitant au traitement de la douleur et, notamment, à l'utilisation des morphiniques.

Aux thérapeutiques médicamenteuses décrites dans ce chapitre, il ne faut pas oublier d'associer d'éventuels traitements non médicamenteux (physiothérapie, acupuncture, etc.) et le soutien psychologique nécessaire à la bonne prise en charge de la douleur chronique.

Pour en savoir plus...

ANDEM. Recommandations pour la prise en charge de la douleur du cancer chez l'adulte en médecine ambulatoire, 1995.

ANONYME. Fentanyl en dispositif transdermique, une alternative à la morphine. *Prescrire* 1998; **18** : 331-4.

ANONYME. Hydromorphone, pas mieux que la morphine *per os*. *Prescrire* 2000; **206** : 327-9.

ANONYME. Mieux soigner les malades en fin de vie : traiter la douleur. *Prescrire* 1997; **17** (174) : 431-9.

ASHBY M.A., MARTIN P., A-JACKSON K. Opioid substitution to reduce adverse effects in cancer pain management. *MJA* 1999; **68** : 71.

BOUHASSIRA D., ATTAL N. Les neuropathies périphériques douloureuses. In : L. Brasseur, M. Chauvin, G. Guilsand, ed. *Douleurs, bases fondamentales, pharmacologie, douleurs aiguës, douleurs chroniques, thérapeutique.* Paris : Maloine, 1997.

CAPET C., BENTOT C., DRUESNE L., CHASSAGNE P., DOUCET J. Les effets indésirables des anti-inflammatoires non stéroïdiens (AINS) chez le sujet âgé. *Rev Gériatr* 2000; **5** : 379-84.

COOLS H.J.M., BERKHOUT A.M.M., DE BOCK G.H. Subcutaneaous morphine infusion by syringe driver for terminally ill patients. *Age Ageing* 1996; **25** : 206-8.

COSSMANN M., KOHNEN C., LANGFORD R., MC CARTNEY C. Tolérance et sécurité d'emploi du tramadol. *Drugs* 1997; **53** (2) : 50-62.

ESTEVE M. Pharmacologie des morphiniques : voie orale et transdermique. *Med Ther* 1995; **1** : 659-71.

EXPERT WORKING GROUP OF THE RESEARCH NETWORK OF THE EUROPEAN ASSOCIATION FOR PALLIATIVE CARE. Morphine and alternative opioids in cancer pain : the EAPC recommandations. *B J Cancer* 2001; **84** (5) : 587-93.

GLOTH M.-F. Pain management in older adults : prevention and treatment. *JAGS* 2001; **49** : 188-99.

GONTHIER R. La morphine en gériatrie. *Rev Gériatr* 1997; **22** : 543-9.

HOLLIDAY S.M., PLOSKER G.L. Paroxetine, a review of its pharmacology, therapeutic use in depression and therapeutic potential in diabetic neuropathy. *Drugs Aging* 1993; **3** (3) : 278-99.

LASSAUNIÈRE J.M. Troubles cognitifs chez un patient cancéreux sous morphine. *Rev Praticien-Méd Gén* 1997; **11** : 17-9.

LAUDRIN H., GIVELET L., DRUNAT O., BELMIN J. L'utilisation de la morphine chez le sujet âgé. *Rev Génér Gérontol* 1999; **56** : 23-8.

LEFEBVRE-CHAPIRO S., TRIVALLE S., LEGRAIN S., FETEANU D., SEBAG-LANOË R. Particularités de la douleur et de sa prise en charge chez les personnes âgées. *Presse Méd* 2000 : 333-9.

MARIE D'AVIGNEAU J., TENAILLEAU V. Les médicaments injectables par voie sous-cutanée chez les patients en fin de vie. *Rev Gériatr* 1994; **19** : 167-72.

MCQUAY H.J., TRAMER M., NYE B.A., CARROLL D., WIFFEN P.J., MOORE R.A. A systematic review of antidepressants in neuropathic pain. *Pain* 1996; **68** : 217-27.

MURAT I. L'EMLA anesthésie la peau sans effraction cutanée. *Med Ther* 1995; **1** (6) : 313-7.

PATERSON A.H.G., POWLES T.J., KANIS J. A et coll. Double-blind controlled trial of oral clodronate in patients with bone metastases from breast cancer. *J Clin Oncol* 1993; **11** : 59-65.

PETROGNANI A., GOMAS J.-M. « Point clinique » avant la morphine : que doit-on vérifier avant de débuter les morphiniques chez le sujet âgé ? *Rev Gériatr* 2000; **25** : 421-2.

PIGNET V., ALLAZ A.-F., DESMEULES J. et coll. Rôle des benzodiazépines dans le traitement de la douleur. *Med Hyg* 1995; **53 :** 888-9.

POPP B., PORTENOY R.K. Management of chronic pain in the elderly : pharmacology of opioids and other analgesic drugs. In : *Pain in the elderly.* Seattle : IASP Press, 1996 : 21-34.

ROWBOTHAM M., HARDEN N., STACEY B. et coll. Gabapentin for the treatment of postherpetic neuralgia. A randomized controlled trial. *JAMA* 1998; **280** (21) : 1837-42.

SEBAG-LANOË R, LEFEBVRE-CHAPIRO S. La douleur chez les malades âgés en fin de vie. *Douleurs* 2001; **2** : 65-71.

SINDRUP S.H., GRODU M.E., GRAM F., BECK-NIELSEN H. Concentration-response relationship in paroxetine treatment of diabetic neuropathy symptoms : a patient-blinded dose-escalation study. *Ther Drug Monit* 1991; 5 : 508-14.

19 Apport de la médecine physique et de réadaptation dans la prise en charge du patient âgé douloureux

P. Ribinik, B. Barrois

« Le médecin de médecine physique et de réadaptation est le spécialiste qui a pour rôle de coordonner et d'assurer la mise en application de toutes les mesures visant à prévenir ou réduire au minimum inévitable les conséquences fonctionnelles, physiques, psychologiques, sociales et économiques des déficiences et incapacités ». Cette définition européenne de la spécialité en montre bien la dimension : il s'agit d'une médecine globaliste et non d'une médecine d'organe, qui se donne des moyens médicaux en vue d'objectifs sociaux.

La déficience provoque une incapacité qui génère le handicap. La douleur aiguë ou chronique peut interférer avec tous les stades évolutifs engendrant un surhandicap. Le médecin de médecine physique et de réadaptation met à la disposition du patient, dans le cadre d'un projet thérapeutique qu'il coordonne, les moyens nécessaires pour traiter, entre autres, la douleur afin qu'il puisse conserver ou récupérer ses possibilités fonctionnelles, et donc sa place dans la société.

La prise en charge associe aux traitements médicamenteux des traitements physiques (kinésithérapie, ergothérapie, appareillage, adaptation de l'environnement) et permet :

- de lutter contre la douleur et contre les troubles trophiques;
- de lever ou prévenir les contractures musculaires, les attitudes vicieuses et les limitations articulaires qui en découlent, ces phénomènes étant à l'origine ou la conséquence de douleurs;
- d'entretenir ou récupérer la fonction et prévenir la réapparition des troubles.

Le fait de rendre le patient acteur de son traitement est un bénéfice non négligeable.
La prise en charge s'effectue de différentes façons selon les possibilités de déplacement du patient. Sur prescription médicale, elle est réalisable au domicile, au cabinet du kinésithérapeute, en externat ou en hôpital de jour pour l'ergothérapie et pour fabriquer l'appareillage.

KINÉSITHÉRAPIE

La kinésithérapie est passive ou active. Elle s'effectue sans, puis, contre résistances (charges, pesanteur, etc.). Elle est segmentaire ou globale, réalisée à sec ou en balnéothérapie si l'état général le permet. Elle inclut également les techniques variées de massage, de physiothérapie (chaud, froid, électrothérapie). Elle vise à supprimer la douleur quand elle existe et à rétablir le mouvement dans sa finalité fonctionnelle (synergie, harmonie des préhensions, de la marche, etc.).

Massages

La séance de kinésithérapie débute le plus souvent par des massages. Les techniques sont nombreuses et on peut les associer au cours d'une séance. On utilise essentiellement des manœuvres à visée antalgique et/ou favorisant le retour veineux et/ou luttant contre l'œdème. Il convient de les adapter à l'état local et au contexte général du patient, et d'utiliser des manœuvres lentes et régulières plutôt sédatives.
Des postures déclives peuvent être réalisées au décours du massage, en complément, pour lutter contre les troubles trophiques. Des bandes ou des bas de contention sont également utiles.

Physiothérapie

Elle comprend des techniques qui emploient les moyens physiques pour traiter. Elle est utilisée à visée antalgique et pour lutter contre les troubles trophiques.
Le *froid*, en application locale de 15 à 20 min, a un effet antalgique et anti-inflammatoire. Il pénètre de quelques millimètres dans la peau mais il faut se méfier des brûlures réactionnelles. On peut utiliser : glaçons, *coldpack*, bombe réfrigérante ou eau glacée.

La *chaleur*, en application de 20 à 30 min, a un effet vasodilatateur, décontracturant et antalgique. On utilise en application locale le rayonnement infrarouge, la parafango, la paraffine étant réservée aux petites articulations. Les petits moyens tels que sèche-cheveux, serviette chauffée, cataplasmes chauds sont faciles d'emploi et également efficaces.

Plus globale, la *balnéothérapie*, réalisée dans une eau entre 33 et 36 ° en l'absence de contre-indications, a un effet vasodilatateur, décontracturant et antalgique mais il faut tenir compte de son effet asthéniant.

Les *ultrasons*, en application locale de 15 min, ont un effet antalgique et anti-inflammatoire local, fibrinolytique et cicatrisant. Ils ont une capacité particulière à pénétrer de quelques millimètres les tissus tendineux, fibreux et périostés.

Ils sont contre-indiqués en regard de plaques d'athérome, de zone fracturée ou d'apport osseux, de zone cancéreuse ou de lésion musculaire fraîche. Ils sont particulièrement indiqués en cas de tendinopathie, d'arthralgie, de névrome d'amputation.

L'*électrothérapie*, en application locale de 20 min, a des effets variés selon le type utilisé.

- Les ionisations ont pour principe la pénétration par voie transcutanée d'ions issus de produits antalgiques, anti-inflammatoires ou fibrolytiques.
- Les courants de basse fréquence de 50 à 100 Hz activent le *gate control* et sont utilisés pour les douleurs aiguës récentes localisées. Ceux de 1 à 5 Hz entraînent une stimulation endorphinique applicable aux douleurs chroniques musculo-squelettiques ou neurologiques.
- Les courants de moyenne fréquence de 1 000 à 10 000 Hz ont une bonne action antalgique.
- Les ondes radar sont indiquées dans les contractures musculaires.
- L'électrostimulation transcutanée (TENS) est utilisée à visée antalgique, et l'électromyostimulation associe effet antalgique et effet trophique.

Mobilisations

Elles participent à la lutte contre la limitation articulaire et les rétractions douloureuses. À titre préventif, la mobilisation est au mieux quotidienne passive, et si possible active aidée et active.

Pour récupérer une amplitude articulaire, on utilise des postures discontinues associées à toutes les techniques de mobilisation. La verticalisation et la déambulation avec ou sans aides de marche complètent le travail.

Balnéothérapie

Elle est difficile à mettre en œuvre chez la personne âgée mais est bénéfique car elle associe aux propriétés antalgiques et myorelaxantes de la chaleur celles de la poussée hydrostatique, qui diminue les contraintes de la pesanteur et favorise le mouvement actif. Elle est contre-indiquée si l'état cardiaque est instable, si l'état général est altéré, s'il existe des lésions cutanées et en cas de démence.

APPAREILLAGE

Les orthèses, les aides de marche et les aides à la marche sont utilisées à visée antalgique et/ou fonctionnelles, à titre temporaire ou définitif. Elles doivent être adaptées à la personne, faciles à installer et faciles d'entretien.

Orthèses

Les orthèses sont des dispositifs que l'on achète en pharmacie ou bien qui sont réalisés sur moulage par un appareilleur ou un ergothérapeute sur prescription médicale, ou par un médecin. Les matériaux faciles à utiliser sont des tissus renforcés ou des thermoformables. Il existe une grande variété d'orthèses statiques ou dynamiques, adaptables aux différentes situations.

Orthèses d'immobilisation

Les orthèses d'immobilisation ont pour objectif le repos articulaire. Il peut s'agir :

- d'une *orthèse de protection,* qui évite la mise en tension d'une structure (lombostat, genouillère, orthèse segmentaire de doigt);
- d'une *orthèse de repos,* qui prévient les déformations ou leur aggravation et les rétractions, et décharge l'articulation de toute contrainte tout en l'immobilisant. Ce type d'orthèse est

utilisée dans les rhumatismes inflammatoires, dans les paralysies au niveau des mains et des membres inférieurs;
- d'une *orthèse de posture* destinée à gagner un secteur articulaire en maintenant dans une position préalablement corrigée une ou des articulations (genouillère d'extension, corset anticyphose);
- d'une *orthèse de localisation,* qui reporte les contraintes sur une articulation de voisinage (orthèse à effet de décharge compartimentale au genou).

Orthèses de restriction d'amplitude articulaire

Les orthèses de restriction d'amplitude articulaire autorisent la mobilité dans un secteur articulaire déterminé. Il peut s'agir :
- d'une *orthèse de protection,* qui protège une ou des articulations (attelle antirécurvatum, genouillère articulée);
- d'une *orthèse de localisation,* qui fixe une articulation en position de fonction permettant aux articulations sous-jacentes d'utiliser leur amplitude optimale (orthèse fixant les métacarpophalangiennes en flexion, ce qui permet la mobilité active des interphalangiennes en extension; orthèse fixant le poignet en position de fonction, ce qui permet une prise digitopalmaire efficace).

Orthèses dynamiques

Les orthèses dynamiques ont un rôle essentiellement fonctionnel que ce soit des *orthèses de correction* ou des *orthèses d'assistance ou de suppléance.*

Pose, utilisation et entretien de l'orthèse

L'apprentissage de la pose de l'orthèse, de son utilisation et de son entretien se fait lors de séance(s) de kinésithérapie ou d'ergothérapie (au domicile, au cabinet du praticien, à l'hôpital en externat ou lors d'une journée d'hôpital de jour, en rééducation). Il convient d'évaluer régulièrement l'adaptation de l'orthèse aux besoins du patient et de la modifier ou de la supprimer si nécessaire.

Aides de marche

Les aides de marche sont des dispositifs loués ou achetés sur prescription médicale. Elles sont indiquées en cas de douleurs d'appui aiguës ou chroniques, ou s'il existe une instabilité à la marche.

On distingue des *aides mobiles labiles* (cannes axillaires, cannes anglaises, cannes adaptées à la polyarthrite, cannes simples) et des *aides mobiles stables* (déambulateur, cannes multipodes).
Un apprentissage est réalisé lors de séance(s) de kinésithérapie. Quelques séances suffisent pour maîtriser leur utilisation, apprendre à se relever en cas de chute, apprendre à passer un obstacle.
Il ne faut pas hésiter à passer des aides labiles aux aides stables.

Aides à la marche

Les *orthèses plantaires* réalisées sur moulage et confectionnées avec des matériaux très souples participent au traitement de la douleur et à la marche des patients rhumatisants. Elles permettent une meilleure répartition des charges en compensant des troubles statiques. Elles concernent surtout l'avant-pied, siège de déformations (hallux valgus, griffes d'orteils) et de métatarsalgies.
Chez le patient diabétique, l'orthèse joue un rôle dans la prévention des maux perforants plantaires en compensant les troubles statiques induits par la neuropathie. En cas de lésion constituée, sa mise en décharge avec une orthèse est possible si elle n'est pas trop étendue.
Les *orthoplasties* réalisées en élastomère de silicone sont utilisées à visée protectrice pour pallier des déformations irréductibles des orteils qui sont douloureuses par conflit avec les chaussures.
Les *chaussures orthopédiques* réalisées sur mesure sont aujourd'hui plus légères et plus esthétiques. Elles sont nécessaires pour habiller un pied très déformé et douloureux. Elles doivent permettre de restaurer une déambulation tout en déchargeant les zones douloureuses.
Les aides à la marche sont réalisées sur prescription médicale et remboursées, avec entente préalable, en fonction du degré d'exonération du patient et selon le tarif interministériel des prestations sanitaires.

ERGOTHÉRAPIE

Technique de rééducation, l'ergothérapie a pour objectif de maintenir ou de récupérer un maximum d'autonomie dans l'environnement quotidien en utilisant des mises en situation d'activité.

Elle prend une part active dans la lutte contre la douleur par :

- l'apprentissage de l'économie articulaire et le développement des compensations (protection du rachis, protection des articulations opérées des membres inférieurs, etc.);
- la confection des orthèses (orthèses de mains en particulier);
- l'adaptation d'aides techniques quotidiennes (chausse-pieds long, peigne à long manche, enfile-bas, adaptation de couverts, des vêtements, de stylos, de brosse à dents, de robinets d'eau, etc.);
- l'adaptation de l'environnement où vit le patient. Cela peut être simple, ne concernant que la disposition du mobilier, ou plus complexe (installation de barres d'appui, de siège de bain) et souvent onéreux si des travaux d'aménagement sont nécessaires.

CONCLUSION

Le patient douloureux bénéficie dans le cadre d'un projet thérapeutique de l'apport de la médecine physique et de réadaptation. Complémentaire des autres spécialités, la médecine physique et de réadaptation a une mission très spécifique : la prise en charge de la personne handicapée, temporairement ou définitivement. Elle a dans cette mission largement bénéficié des technologies nouvelles et est amenée à se développer pour répondre à une demande constante d'amélioration de la qualité de vie dans laquelle s'inscrit la lutte contre la douleur.

Les professionnels de santé ne connaissent pas encore suffisamment les bienfaits antalgiques de certaines techniques, qui sont sous-utilisées; alors qu'en complémentarité avec les traitements médicamenteux, elles pourraient permettre une plus grande efficacité antalgique.

Pour en savoir plus...

BOISSINOT P., DELRIEU D. *L'appareillage en pratique quotidienne.* Laboratoires Ciba-Geigy, 1996, 80 p.

CHANTRAINE A., GOBELET C., ZILTENER J.L. Électrologie et applications. In : Kinésithérapie-Médecine physique-Réadaptation, 26-145-A10. *Encycl Méd Chir.* Paris : Elsevier, 1998, 22 p.

HELD J.P., DIZIEN O. *Traité de médecine physique et de réadaptation*. Paris : Flammarion Médecine-Sciences, 1998, 860 p.

PRÉVINAIRE J.G., ed. Douleur neurologique et rééducation. Paris : Frison-Roche, 1998, 142 p.

RABOURDIN J.P., RIBEYRE J.P., HÉRISSON C.H., SIMON L. (sous la direction de) Rééducation en gériatrie. In : *Problèmes en médecine de rééducation*. Paris : Masson, 1989, 442 p.

SENGLER J., PERRIN S., FERMEAUX M.-C. Aides à la locomotion. In : Kinésithérapie-Rééducation fonctionnelle, 26-170-B-10. *Encycl Méd Chir*. Paris : Éditions Techniques, 1992, 16 p.

20 Thérapies non médicamenteuses à visée antalgique chez le sujet âgé

J.-F. Doubrère, F. Boureau

POURQUOI LES UTILISER ?

Il est assez fréquent que les patients âgés posent le problème d'une difficulté d'utilisation des antalgiques adéquats du fait de contre-indications ou d'interactions médicamenteuses. Ce contexte conduit parfois à rester en dessous des possibilités de soulagement optimal pour ces patients. On doit chercher au maximum à éviter les accidents iatrogènes médicamenteux, qui sont plus fréquents dans cette catégorie d'âge. Mais, si la sécurité doit primer dans les décisions thérapeutiques, l'efficacité ne doit pas en pâtir.

Il est alors logique de miser sur la complémentarité et l'effet de synergie additive des thérapies antalgiques médicamenteuses et des thérapies cognitives ou comportementales.

Il n'est d'ailleurs jamais souhaitable de traiter les problèmes douloureux par la seule chimiothérapie, d'autant que les affections douloureuses chez la personne âgée sont souvent durables, voire chroniques. Il n'est pas non plus souhaitable que le patient ne dépende, pour son soulagement, que d'un médicament : l'adjonction d'autres thérapies peut permettre – si cela s'avère possible – de diminuer les antalgiques en minimisant ainsi les effets secondaires, voire de les interrompre. Un patient ayant appris à développer d'autres stratégies de soulagement que la stratégie médicamenteuse pure se sent plus autonome, moins angoissé et moins dépourvu par rapport à l'accès douloureux.

LESQUELLES?

Accompagnement de la prescription

On peut considérer que les conseils qui accompagnent la prescription des antalgiques sont déjà une autre forme de thérapie. Il s'agit d'expliquer comment doivent être utilisés ces médicaments : à horaires et intervalles fixes le plus souvent, ce qui implique, dans l'idéal, de prendre un médicament à un moment où l'on ne souffre pas. Il s'agit d'une modification conséquente des habitudes et des croyances, qui implique de véritables stratégies de persuasion.

Un antalgique doit être pris aux doses suffisantes pour être efficace, ni plus ni moins, et le thérapeute constate parfois, dans le suivi, des comportements irrationnels vis-à-vis des prises médicamenteuses.

« La peur de s'habituer » sous-entend la crainte de ne plus disposer de remèdes efficaces en cas d'accentuation de la douleur. Elle doit faire l'objet d'une véritable éducation du patient.

« La peur de s'intoxiquer », l'attribution indue aux antalgiques d'effets secondaires sont autant d'idées erronées à corriger de façon préventive.

Les personnes âgées devraient tout particulièrement bénéficier de ces directives et explications; elles sont en effet entourées de très – souvent trop – nombreux conseils émanant de proches. L'insuffisance d'explications est une des causes de la non-observance des prescriptions.

Dans tous les domaines de l'information aux malades, l'obligation de moyens qui est maintenant requise des soignants a amené à mieux approfondir les techniques de communication entre soignants et soignés, de même que les supports de l'information donnée.

Les personnes âgées posent un problème supplémentaire qui est l'existence fréquente de déficits sensoriels altérant les capacités visuelles ou auditives, ou de déficits cognitifs au premier rang desquels les troubles mnésiques.

Techniques de communication

Il s'agit de pallier les déficits sensoriels en faisant appel à la répétition, à la variété des supports utilisés (visuels – avec une typographie aisément lisible – et auditifs) pour informer. Une fois l'information donnée, il faut s'assurer de ce qui en a été perçu et compris en demandant au patient de le reformuler dans ses propres termes : on favorise ainsi l'appropriation des données par le patient. Assez souvent on constatera que l'information n'est pas « passée », fait qui explique que certains malades se plaignent qu'on ne leur a rien expliqué. Il est alors indiqué de répéter le message, éventuellement, par un autre intervenant à la tonalité vocale différente. On fera encore une fois reformuler, jusqu'à un résultat satisfaisant. Il est clair qu'il faut toujours avoir une évaluation assez précise des performances cognitives du patient. Mais, il faut savoir qu'une diminution modérée des performances ne dispense pas des processus que nous venons de décrire car ces patients sont accessibles à une information adaptée.

Approche cognitive

Elle vise à apporter au patient une *représentation la plus rassurante possible* de sa douleur. Il faut pour cela avoir recueilli au cours de l'entretien les données suffisantes pour cerner les arrières-pensées du patient concernant sa maladie et son aspect douloureux. Il y a des appréhensions concernant la cause, le futur, l'éventuelle perte d'autonomie menaçante à un âge avancé, et cette conviction qu'une douleur durable et rebelle cache « une vilaine maladie ». Cette démarche est appelée « reconceptualisation ». L'entourage des patients doit être étroitement associé à cette nouvelle formulation du problème de santé, et on doit l'encourager – comme le patient – à poser toutes les questions qui lui font problème. On cherche à donner l'information sous une forme qui va permettre l'utilisation de comportements adaptatifs. La notion de douleurs musculaires est largement employée car elle permet de mieux faire comprendre les interrelations entre le corps, les postures et le psychisme. Elle est une base logique pour comprendre le rôle de la relaxation et la nécessité de reprendre des activités pour éviter le déconditionnement musculaire.

Les thérapies cognitives visent aussi à doter le patient de *stratégies pour « faire face »* à la douleur, qui évitent le renforcement de la souffrance par des pensées négatives. Il faut pour cela faire préciser au patient quelles sont les pensées qui lui viennent lorsque la douleur reprend :

« Cette douleur ne partira jamais ! »

ou « Cela ne va durer qu'un peu, après je serai tranquille. »

« Je n'ai vraiment pas de chance! »
ou « J'ai déjà connu pire ».
« Cette douleur, je ne l'aurais pas si... »
ou « C'est ma faute si j'ai cette douleur, je n'aurais pas dû... »

Ces pensées conditionnent parfois des comportements et l'ensemble est compris, dans la littérature anglo-saxonne, comme des *coping strategies*. Plusieurs études ont analysé ces stratégies en fonction des différentes classes d'âge. L'« expérience de la vie » ne concorde pas chez les patients âgés avec des stratégies plus adaptées au meilleur contrôle de la douleur. Il est donc nécessaire de bien conseiller ces patients et de ne pas les croire mieux armés que d'autres du fait de l'âge.

L'objectif thérapeutique sera d'amener le patient à développer des « pensées positives » en réponse au problème de santé douloureux :

« Je sais que ma douleur n'est pas un signe de maladie grave »
« Je peux m'entraîner à contrôler l'intensité de ce que je ressens »
« La douleur n'est pas un ennemi agressif, je peux l'apprivoiser »
« J'ai déjà fait l'expérience qu'après la douleur vient le soulagement »

Ces stratégies doivent bien entendu être adaptées aux valeurs et aux croyances du patient.

D'autres techniques font appel à l'imagerie mentale : il s'agit alors de transformer la sensation douloureuse en une sensation proche mais source de plaisir : la douleur-brûlure sera « réétiquetée » comme une sensation de chaleur sur la peau occasionnée par le sable chaud. On peut aussi proposer la transformation imaginative du contexte dans lequel survient la douleur.

Il faut prendre en compte le fait qu'il s'agit souvent de la première expérience d'ordre psychothérapeutique de cette personne âgée. Cela conduit à proposer des interventions de groupe qui favorisent l'acceptation de soi, la relation avec autrui, le support mutuel et permettent de dépasser plus facilement certaines résistances de la personne âgée vis-à-vis de l'intervention psychologique. Elles évitent aussi le risque de comportement passif au cours des entretiens individuels.

Les thérapies cognitives sont bien adaptées aux traitements ambulatoires car elles traitent des situations concrètes que le patient vit dans son quotidien. L'entourage du patient bénéficie tout autant de ces stratégies cognitives : elles lui permettent de se sentir moins démuni lors des plaintes douloureuses, « de savoir quoi dire ».

Toute intervention de ce type demande au thérapeute de s'adapter à la grande diversité des trajectoires individuelles rencontrées dans cette tranche d'âge.

Le « contrat thérapeutique » portant sur les objectifs est ainsi très dépendant des loisirs, des habitudes, des capacités fonctionnelles indépendantes du problème douloureux, de l'environnement, du niveau culturel : cette variété demande au thérapeute une grande ouverture.

Approche comportementale

Elle vise à modifier les comportements du patient dans la mesure où certains de ceux-ci ont pu être analysés comme étant des facteurs d'entretien de la douleur. Il s'agit de comportements verbaux et moteurs. Ils doivent être observés avec impartialité par le thérapeute, et l'entourage doit le plus souvent être mis à contribution pour que l'analyse inclue tous les champs relationnels du malade.

Certaines attitudes, réactionnelles à la douleur, favorisent l'envahissement de l'individu par la douleur.

Il peut s'agir des propres comportements du patient mais aussi de ceux de son entourage. L'observation des interactions interpersonnelles implique de voir, très tôt dans la prise en charge, le patient en compagnie de ses proches et, dans toute la mesure du possible, de tout « intervenant significatif » dans sa vie quotidienne. On risque sinon de « faire l'impasse » sur des secteurs de vie auxquels le mauvais contrôle de la douleur n'est pas étranger.

L'objectif de la thérapie est d'abord de faire prendre conscience au patient de ses comportements et de leur survenue devenue quasi-réflexe dans les moments douloureux. On peut parler du « piège » que la douleur persistante tend au patient. La coopération du patient est indispensable à l'efficacité de cette méthode d'analyse comportementale.

Il s'agit ensuite de favoriser les comportements « incompatibles » avec la douleur et d'éteindre progressivement les autres.

Parmi les comportements à contrecarrer : attendre sans rien faire, s'en prendre aux autres, se contracter, s'agiter de façon désordonnée à la recherche d'un soulagement dans l'urgence.

Parmi les comportements à développer : se distraire, amener les proches à parler d'autre chose que de la douleur, respirer profondément et rechercher un état de détente générale.

Plusieurs méthodes d'apprentissage et d'appropriation par le patient empruntant au registre des thérapies comportementales doivent être assimilées par le thérapeute. Aucune modification ne pourra être soudaine ni rapide. Les objectifs de changement dans les comportements sont progressifs : les tâches données au patient sont graduées dans leur difficulté. Exemple : « J'ai mal au dos en position assise prolongée; j'en suis arrivé à ne plus m'asseoir à table du tout et je prends mes repas seul, allongé sur le lit. » L'objectif de changement sera de commencer par prendre le premier plat à table. Une fois cette étape devenue « facile », on peut passer à l'étape supérieure : rester jusqu'au plat suivant, etc.

Une raison majeure de cette stratégie est de placer le patient au maximum en situation de succès, ce qui le motive pour atteindre l'étape suivante. Un autre objectif poursuivi est de faire cesser la séquence activité/douleur. Cette association vécue par le patient non averti, qui va au-delà de son niveau de tolérance à la douleur, conduit souvent à une sorte de désespoir se traduisant par l'arrêt total des activités. Il faut arriver à dissocier la douleur de ce qui est activités quotidiennes ou distractives : apprendre à fractionner les activités, en s'arrêtant juste avant le niveau d'apparition de la douleur, en marquant alors un temps de repos avant la reprise. Ainsi, progressivement, la durée et l'effort compris dans chaque séquence pourront aller en augmentant.

Parmi les méthodes utilisées pour rendre le patient le moins passif possible vis-à-vis du traitement, il y a la résolution de problèmes. Une fois bien décomposées et analysées quelques situations dans lesquelles la douleur est un facteur limitant pour le patient, celui-ci va être encouragé à trouver « à froid », avec le thérapeute, une façon de contourner la douleur. Ces problèmes peuvent être proposés par le patient ou par le médecin une fois qu'il a repéré dans l'entretien et le suivi des situations de blocage répétitives. La façon dont le patient aura pu mettre en œuvre ces stratégies « à chaud » sera évaluée conjointement lors d'une consultation.

Relaxation

L'apprentissage de la relaxation s'inscrit dans ce programme thérapeutique en introduisant également la notion de contrôle du stress, aussi bien facteur causal que facteur d'aggravation de la douleur.

L'entraînement à la relaxation, puis au contrôle du stress et de la douleur, se déroule par étapes progressives. La régularité dans les exercices prescrits est un facteur majeur de réussite.

Marche à suivre

D'abord, faire une séance quotidienne (15-20 min), dans une pièce calme, sans être dérangé. S'installer confortablement sur un lit, allongé sur le dos. Si des pensées, des images viennent vous distraire, ne pas s'inquiéter, continuer tranquillement la relaxation. Tous les exercices doivent être faits calmement, sans vouloir trop bien faire. On conserve une attitude passive. On laisse la relaxation se dérouler à son propre rythme. Pour éviter l'endormissement, garder les yeux ouverts, réduire la durée de chaque session ou pratiquer à différents moments de la journée où la fatigue est moindre.

Il faudra varier les conditions d'entraînement de la relaxation : allongé, assis, debout; dans la vie courante, faire des pauses relaxation.

L'utilisation de la relaxation en situation de stress et en situation de douleur vient ensuite, avec la cassette audio remise au patient, puis sans la cassette lorsque l'apprentissage est à son niveau supérieur.

Il faut débuter cette dernière étape en choisissant un stress minime, une situation facile à contrôler. On progresse en se plaçant dans des situations de difficulté croissante.

Il faut insister dès le début sur le fait que la relaxation est une méthode utilisable dans toute situation « ambulatoire » et n'est pas seulement une façon de mieux se détendre avant le sommeil. S'entraîner à une relaxation brève est une bonne façon de pouvoir s'en servir rapidement en situation : arrêter tout, prendre une inspiration profonde, penser au mot « relaxer », expirer et laisser les sensations descendre le long des muscles de haut en bas du corps, garder cet état de relaxation pendant 10 à 15 secondes avant de reprendre son activité. Augmenter progressivement le nombre de ces mini-relax dans la journée.

L'introduction de la relaxation dans le programme thérapeutique est fondée sur les interrelations entre la douleur, le stress, la crispation musculaire et les contractures qui entretiennent la douleur. Il s'agit donc de déconditionner l'organisme de sa réponse réflexe à la douleur, qui est la tension musculaire, et de créer une autre réponse somatique aux situations mentalement stressantes. La relaxation a aussi pour effet de réduire les postures adoptées en réaction à la douleur et responsables de nouvelles tensions.

L'engagement du patient dans cet apprentissage sera d'autant plus entier qu'on aura détaillé avec lui les facteurs d'aggravation ou de déclenchement de la douleur ainsi que la façon dont il réagit « dans son corps » lors d'un accès douloureux.
Une autre approche est la *relaxation musculaire progressive*. Elle consiste en mouvements successifs de contraction/décontraction de groupes musculaires sujets à des contractures douloureuses.
Le *biofeedback* est une méthode qui permet au sujet d'apprendre un autocontrôle sur le niveau de tension musculaire, parfois sur d'autres variables comme la thermorégulation cutanée. Cet apprentissage se fait par l'intermédiaire d'un appareil affichant une valeur numérique et graduée de la tension musculaire à partir d'électrodes de surface disposées sur les groupes musculaires des zones douloureuses. Cette technique est d'un apprentissage aisé si le patient est encadré par un soignant averti.

ÉVALUATION ET SUIVI

D'une manière générale, un suivi très structuré est assuré pour évaluer le processus de changement. D'où l'importance d'un « contrat thérapeutique » initial comportant des objectifs gradués et un niveau de gain à partir duquel le patient pourra se dire satisfait. Il faut transmettre aux patients âgés ces éléments d'évaluation qui ne leur sont pas familiers et qui excluent les résultats en termes de « tout ou rien ». Cette gradation dans les objectifs permet d'encourager les patients dès les premiers progrès. Ultérieurement, il faut souvent recommander au patient de continuer à utiliser ces méthodes pour consolider les résultats. Cette attitude active est plus difficile à maintenir que les prises médicamenteuses. Elle contribue à éviter les rechutes et donne plus de chances de contrôler la situation en cas d'accès douloureux intense et imprévu : l'organisme qui a entretenu ses capacités défensives et entraîné ses stratégies d'adaptation risque moins le désespoir et les comportements inadaptés tels que les surdosages médicamenteux.
Les méthodes de traitement non médicamenteuses doivent être évaluées de manière aussi rigoureuses que les autres. Un agenda tenu par le patient sera souvent utile lors des consultations de suivi pour évaluer la mise en pratique de ces méthodes, les aménagements à leur apporter et pour apprendre à évaluer les

changements qu'elles apportent : intensité de la douleur, consommations médicamenteuses (rythme et quantités), réactions de l'entourage, investissements dans d'autres activités, sentiment de *self-control*, etc.

SONT-ELLES EFFICACES ?

Plusieurs études ont pu démontrer l'efficacité des thérapies cognitives et comportementales intégrées à un programme thérapeutique plurimodal, dans le cas de personnes âgées douloureuses. Mais, cette affirmation est relativement récente et donc encore peu mise en pratique.
Ces programmes sont appliqués dans les centres d'évaluation et de traitement de la douleur ou *pain clinics* anglo-saxons qui, progressivement, ont inclus des patients âgés, voire très âgés. La seule véritable limite liée à l'âge est en fait l'atteinte des processus cognitifs, dont le diagnostic est indispensable avant d'entreprendre le traitement. Cependant, l'existence d'une détérioration intellectuelle ou de troubles mnésiques plus que minimes ne doivent pas trop facilement conduire à l'abandon pur et simple de ces thérapies non médicamenteuses mais impliquent des modalités d'intervention adaptées.
Tout ou partie de ces méthodes peuvent être utilisées, notamment pour les patients institutionnalisés, souvent plus détériorés. Mais cela implique un programme de formation sérieux pour l'ensemble des soignants y intervenant. Une difficulté au niveau institutionnel est d'amener une équipe à bien savoir recourir à deux attitudes complémentaires : porter attention à la douleur et encourager chez le patient toutes les attitudes l'aidant à mieux gérer sa douleur sans qu'il se sente incompris ou non reconnu.

Pour en savoir plus...

KEEFE F.J., CALDWELL D.S., WILLIAMS D.A., GIL K.M. et coll. Pain coping skills training in the management of osteoarthritic knee pain : a comparative study. *Behav Ther* 1990; **21** : 49-62.

FERRELL B.R., RHINER M., FERRELL B.A. Development and implementation of a pain education program. *Cancer* 1993; **72** : 3426-32.

GRAFFAM S., JOHNSON A. A comparison of two relaxation strategies for the relief of pain and distress. *J Pain Symptom Manag* 1987; **2** : 229-31.

FERRELL B.R., FERRELL B.A., ed. *Pain in the elderly*. Seattle : IASP Press, 1996.

GIBSON S., HELME R D. Cognitive factors and the experience of pain and suffering in older persons. *Pain* 2000; **85** (3) : 375-83.

21 Possibilités thérapeutiques : « prévention des douleurs induites »

E. Malaquin-Pavan,
C. Neves

Devant l'obligation de réaliser un soin potentiellement douloureux ou redouté comme tel par la personne âgée, nous avons plusieurs axes à notre disposition pour supprimer « l'évitable », c'est-à-dire *prévenir* tout ce qui peut l'être, avec une attention particulière pour l'avant, le pendant et l'après du geste/soin. Bien évidemment, cette prévention s'articule avec le recours à une couverture anticipée médicamenteuse et/ou non médicamenteuse (points traités dans les autres chapitres).

Il ne s'agit pas de nous centrer sur les handicaps ou la dépendance de la personne âgée; c'est en recherchant comment soutenir ses propres capacités d'adaptation que nous pouvons augmenter son seuil de tolérance à la douleur. Encore trop souvent considérées comme « du détail », les habiletés professionnelles que requiert cette prévention s'inscrivent dans la ténacité et dans un perpétuel recommencement. Cette qualité d'approche nous amène à une plus juste compréhension de cette exigence de soin : celle d'un soin particulier qui ne peut se dispenser de manière optimale qu'en se donnant l'opportunité, en équipe, d'organiser différemment le travail de chacun.

Bien évidemment, le projet d'équipe ou de service est garant de cette dynamique de valeurs partagées (« c'est çà la manière de dispenser les soins dans notre service »). C'est à travers lui que chacun se sentira plus légitime dans son exercice, y compris sous l'angle d'une revalorisation identitaire (sortir de l'image encore trop souvent négative de n'être « qu'un soignant de gériatrie »).

De plus, la formation tient aussi un rôle pilier. Plusieurs thèmes peuvent contribuer à améliorer la prise en charge des douleurs induites, notamment les enjeux de la communication (verbale et non verbale), la compréhension des comportements liés aux troubles démentiels, la responsabilité professionnelle, l'ergonomie et la révision régulière de la bonne utilisation des matériels mis à disposition. Accepter le principe d'un regard extérieur (sous forme de compagnonnage, de supervision, de catamnèse) enrichit incontestablement la pratique interdisciplinaire.

PRÉVENIR AVANT LE GESTE/SOIN

Quelques grands repères peuvent nous aider dans la prise en charge anticipée de ce risque douloureux. En fait, il s'agit de mettre en œuvre des moyens qui permettent d'entourer le soin afin de limiter l'anxiété, voire de supprimer l'appréhension ou la douleur inhérente.

- *Écouter* ce que dit le patient par rapport à son vécu antérieur, la représentation qu'il se fait de cet examen/soin, mais aussi ce qu'en disent sa famille et les autres professionnels.
- *Observer* les comportements, les attitudes, les réactions lors de l'entretien, le degré de congruence entre ce qui est dit par le patient et ce qu'il nous montre. Comment s'est-il approprié jusque-là les différents moyens de soulagement proposés? Comment accepte-t-il la modification ponctuelle ou chronique de son mode de vie?

En nous basant sur les connaissances que nous avons déjà sur ce patient, avons-nous besoin d'un *recueil complémentaire de données* pour mieux cerner ce qu'il connaît de cet examen, de ce soin? De quelles informations dispose-t-il déjà? À partir de là, quelles sont les informations à lui fournir? Que veut-il savoir : des détails sur le geste, le matériel, l'organisation du soin, sa durée, le moment, ce que l'on en espère? (En gardant présent à l'esprit que trop d'informations peut nuire autant que pas assez.) Quoi, comment et quand lui dire : la veille ou peu de temps avant le soin? (En lien avec ses capacités de mémorisation, d'anticipation.) Quelles sont les sources de difficultés pour que ce patient puisse s'ajuster au mieux devant ce soin à vivre : manque de force? De motivation? De connaissances? De ressources? Quel degré émotionnel sous-jacent identifions-nous : de l'anxiété, de la peur, de l'impuissance, etc.?

Qu'avons-nous repéré comme mots/informations qui, pour ce patient, augmentent son sentiment de sécurité?

- *Rechercher sa collaboration* en lui donnant le plus de pouvoir de décision possible : en planifiant le soin avec lui (à quel moment cela lui semble le plus propice?); en négociant les modalités du soin avec lui pour son confort, son installation; en lui demandant sa contribution directe anticipée ou celle de son entourage; en analysant avec lui le déroulement du soin, y compris en lui expliquant les sensations « normales » auxquelles il peut s'attendre : ce qu'il va voir, ce qu'il va peut-être entendre (par exemple, extraction dentaire), ce qu'il peut sentir, ressentir (« lors de l'injection du produit, cela chauffe un peu... »); en recherchant le positionnement antalgique qui sera à privilégier avant, pendant et après le soin; etc.
- *Autre élément à rechercher :* quelle place avons-nous donné aux observations des proches et aux stratégies qu'ils utilisent pour soutenir la personne âgée dans la recherche de soulagement? Quand et sur quels critères faire participer ou non le proche au soin? Si oui, comment garantir la programmation d'un temps d'échange incontournable avec lui après le soin?
- *Organiser de manière anticipée le soin/geste :* regarder quels soins il faut regrouper, fractionner autrement, s'autoriser à différer (soit parce que nous jugeons que ce n'est pas adapté à l'état du patient, soit parce que les conditions matérielles ou humaines ne sont pas adéquates); repérer l'endroit du corps le plus adapté pour recevoir le geste technique (notamment lors des poses de stomie, d'injection, de perfusion); regrouper le matériel; planifier le soin pour disposer du temps nécessaire à sa bonne réalisation; recourir si besoin à l'aide d'un collègue; prévenir pour éviter d'être dérangé durant le soin; se préparer mentalement au déroulement du soin; prévoir l'installation adéquate (celle du patient, la nôtre), y compris dans les aménagements de la chambre (coussin, place du chariot, hauteur du lit, etc.) ou sur la vigilance à avoir quand le soin se déroule dans une chambre à deux lits, sur sa répercussion pour ce patient, pour le voisin.

C'est aussi savoir passer la main quand on est encore peu sûr de son propre geste, aller chercher de l'aide. C'est l'occasion de construire la collaboration entre les différents professionnels, notamment avec les professionnels de la rééducation : mettre en commun nos connaissances, s'accorder sur les moyens à utiliser ou à inventer (attelle, coussin, boudin, etc.) permet d'analyser les gestes et d'oser (ré) apprendre ensemble une manière de mobiliser

en douceur, de manière active ou passive. C'est déterminer avec précision qui fait quoi quand on travaille à deux, trois ou plus, augmenter ainsi la fluidité de notre binôme, la synchronisation de nos gestes respectifs et éviter de se questionner tout haut devant le patient. C'est aussi saisir l'instant présent pour se donner ce jour-là une organisation différente : « Aujourd'hui, on peut, on fait. »
L'avantage de travailler en binôme (infirmière/aide-soignant ou tout autre professionnel – kinésithérapeute, interne, senior, etc.) n'est plus à démontrer, il est à s'approprier. En effet, être à deux privilégie la proximité, l'accompagnement de la parole par des gestes qui sécurisent. Cela permet de mieux cerner le vécu unique du patient et d'évaluer, de manière plus fine, à la fois les attitudes et comportements du patient et la technique de soin utilisée.

PRÉVENIR PENDANT LE GESTE/SOIN

Côté confort soignant

Rester vigilant à notre propre confort (installation, matériel, etc.), à l'enchaînement des gestes du soin lui-même. Il n'est pas inutile de revoir régulièrement les consignes ergonomiques pour protéger à la fois notre capital physique et renforcer la fluidité de nos gestes par gain de confort pour nous-mêmes.

Côté confort patient

- Repérer la manière optimale d'entrer en contact.
- Rendre l'environnement le moins agressif possible (bruit, luminosité, température, odeur, etc.) et s'autoriser à être créatif pour contourner certaines contraintes matérielles (par exemple, chiffonner la serviette de toilette à usage unique entre nos deux mains avant de la poser sur le corps pour qu'elle soit moins rugueuse; recouvrir notre doigt d'un gant humidifié avant de l'introduire dans la bouche pour ne pas risquer de blesser accidentellement les muqueuses fragilisées avec nos ongles, même courts; frotter quelques secondes contre la paume de la main le stéthoscope pour éviter de surprendre par un contact « glacé », etc.).
- Satisfaire les besoins fondamentaux du moment avant de démarrer, d'installer pour le soin (donner à boire si soif ou sécheresse buccale, inviter à uriner, desserrer les vêtements, etc.).

- Utiliser le binôme pour qu'un soignant soit plus centré sur le contact, la détente et l'autre sur la technicité du geste en lui-même.
- Mobiliser quelques minutes de manière passive avant un étirement ou un retournement le muscle laissé au repos. Inviter, quand c'est possible, le patient à regarder vers l'endroit où il doit être tourné pour faciliter la rotation naturelle du corps.
- Prendre contre soi, au plus près du corps du patient et du nôtre, pour éviter toute traction ou geste maladroit lors du retournement (sécurité, confiance, respect des postures ergonomiques). À l'inverse, pour certains patients qui présentent une hypersensibilité au contact, empoigner le drap à quatre ou huit mains en roulant le bord dans les mains et en utilisant le drap comme un hamac pour relever ou retourner.
- Utiliser, lorsque ce matériel existe, les draps de translation qui favorisent le glissement du lit au chariot-douche ou du brancard à la table de radio.
- Être vigilant à l'enchaînement des gestes du soin lui-même. Soigner la progression des mains quand on doit changer les prises.
- Commenter sans excès le déroulement du soin, favoriser l'expression de la crainte du soin, de l'anxiété et évaluer au fur et à mesure le vécu du soin. – Être vigilant à notre débit verbal, au ton et à l'amplitude de voix utilisés quand nous demandons quelque chose au patient ou l'informons. Parler exclusivement de ce qui se passe et savoir interrompre toute conversation dont l'objet ne serait pas en rapport avec ce patient.
- Utiliser l'écoute active et les ressources de la communication verbale et non verbale (silence, reformulation, paroles, toucher enveloppant, respect de la distance intime, etc.) tout au long du soin.
- Inviter le patient à respirer amplement, à pousser de gros soupirs ou à bloquer sa respiration si nécessaire. Y associer si besoin la relaxation, la sophrologie, le toucher-massage, etc.
- Évaluer au fur et à mesure le vécu du soin (auto-évaluation verbale ou hétéro-évaluation[1] comportementale si patient non communicant).

1. DOLOPLUS ou ECPA. *Cf.* chapitres 14 et 15.

- Détourner l'attention sur une image, un souvenir agréable, une confidence.
- S'autoriser à faire des temps de pause si besoin durant le soin tout en restant vigilant à ne pas trop rallonger le temps total de celui-ci (fatigue supplémentaire).
- Faire le compromis entre le bon sens et les connaissances scientifiques livresques.
- Savoir arrêter le soin si celui-ci se révèle trop inconfortable ou douloureux.
- Repérer la manière optimale de préparer la fin du soin (paroles, regards échangés, mains en contact retirées progressivement, pression d'épaule, etc.).
- Terminer le soin par quelque chose qui soit moins agressif ou invasif (respiration accompagnée, toucher, massage de détente du visage et/ou des mains, crème appliquée sur le visage, musique, etc.).

PRÉVENIR APRÈS LE GESTE/SOIN

Recueillir/aider le patient à verbaliser son vécu du soin

- L'installer dans une position confortable.
- Ménager un temps de récupération avant l'enchaînement d'autres soins ou activités.
- Lui donner dès que possible l'information concernant les résultats du soin.
- Transmettre ce qui a favorisé le bon déroulement du soin ou, au contraire, ce qui a déclenché de la douleur.

Pour l'équipe, c'est se réunir pour mettre en commun les observations, analyser les gestes, postures, etc. pris par le patient et/ou utilisés par chacun d'entre nous (ce qui soulage, augmente, etc.). C'est ainsi cibler les moyens de confort à réutiliser pour optimiser collectivement le soin (transmettre, démontrer, critiquer). C'est confronter les perceptions parfois divergentes et accepter ainsi que le comportement du patient soit différent d'un moment à l'autre de la journée, d'une équipe, voire d'une personne à l'autre. C'est en quelque sorte s'offrir une valeur ajoutée plutôt que de rentrer dans une polémique nourrie de décodages ou de compréhensions multiples.

C'est aussi faire remonter nos contraintes et difficultés matérielles pour favoriser une amélioration des conditions de travail.

QUELLES LIMITES?

Oui, il y a bien toute une différence entre « faire un acte » et « faire un soin », la subtilité n'étant ni sémantique ni simplement éthique. C'est bien un droit de la personne âgée que les soignants ont la responsabilité de mettre en œuvre pour prévenir autant que possible toute source de douleur iatrogène. Pourtant, malgré notre attention, notre organisation, notre manière de faire et d'être, il reste des situations où nous serons impuissants à maîtriser davantage la douleur induite :

- rappelons-nous que ce qui s'est bien passé pour un patient ne sera pas forcément reproductible pour un autre, voire pour ce même patient, à un moment différent de la journée ou de la prise en charge;
- la nécessité d'urgence nous oblige parfois à recourir à certains gestes invasifs avant que la couverture antalgique ait pu faire son effet (exemple : gaz du sang dont le résultat doit être interprété dans un laps de temps inférieur à 1 h 15), ou sans maîtriser le geste; cette limite, nous apprenons à la dépasser au fil de l'exercice, en recherchant le relais, le compagnonnage dans l'équipe : c'est entre autres situations ici que le travail d'équipe prend toute sa valeur ajoutée!;
- les connaissances, les compétences et la capacité de remise en cause de chaque professionnel de l'équipe avec qui nous collaborons font parfois partie du défi, il y a bel et bien là tout un champ à explorer pour construire l'interdisciplinarité au service du patient (et non pas en fonction de la personnalité de tel ou tel professionnel). Il n'est pas si simple d'oser interrompre un collègue dans son action parce que nous voyons que ce n'est ni le bon lieu, ni le bon moment, ni même la bonne manière de préparer ou de pratiquer le soin pour cette personne âgée-là. Il nous faut ici apprendre l'art de la négociation, mais aussi savoir où déposer cette charge émotionnelle (lieu et/ou personne-ressource) pour mieux rebondir, pour soi et en équipe pour la prochaine fois;
- enfin, il nous appartient aussi de ne pas confondre information, négociation, adaptation optimale du soin avec une soumission inconditionnelle aux exigences d'un patient ou une temporisation répétée qui diffère sans rien règler. Savoir dire non, savoir poser nos propres limites, poser le contrat et s'y tenir sont aussi des axes à faire vivre au quotidien.

Restons prudents quant à notre capacité à mesurer notre efficacité à lutter contre la douleur, ce d'autant plus lorsque la *personne dépendante non communicante* n'a pas tous les moyens de *témoigner elle-même* de ses souffrances. Là encore, analyser notre pratique d'équipe, y compris sous l'angle d'un partenariat créatif avec cette personne dépendante reconnue « capable de nous apprendre à la soigner à moindre mal », redonne alors de la valeur et du sens à nos actes interdisciplinaires individuels et collectifs.

Entrer dans cette dynamique individuelle et d'équipe, c'est pour chacun d'entre nous, accepter au quotidien :

- de se laisser surprendre par la personne âgée, surtout si elle est atteinte de démence;
- de se laisser questionner par différentes logiques de soins, pour sortir du piège de l'expérience et de la connaissance qui peuvent nous enfermer dans des certitudes installées au fil des années d'exercice;
- de ne pas être seul pour vivre les situations de soins où notre engagement professionnel est mis à mal.

Il est bien évidemment ici question de temps, non plus dans le sens exclusif de « manque de temps » mais bien plutôt de temps volontairement consenti, à chaque fois que c'est humainement possible, pour diminuer tout risque surajouté de douleur.

Pour en savoir plus...

PERSONNE M. Le corps du malade âgé – pathologies de la vieillesse et relation de soins. Toulouse : Privat, 1994.

LHUILLERY D., SARAUX A., GOURMAS J., LAUDET J. La douleur en gériatrie : intérêt de l'approche psychomotrice. *Douleurs*; **3** : 125-9.

22 Impact d'une action de formation en soins ambulatoires sur la prise en charge de la douleur chronique chez la personne âgée vivant à domicile

Unions régionales des médecins libéraux d'Alsace, du Limousin et des Pays de la Loire*

Les Unions d'Alsace, du Limousin et des Pays-de-la-Loire ont établi le 28 novembre 1997 un partenariat avec la direction générale de la Santé. Il s'est concrétisé par une convention concernant la prise en charge de la douleur chronique chez la personne âgée vivant à domicile. L'intention générale de ce travail mené en commun est d'optimiser la prise en charge de la douleur chronique en aidant les professionnels de santé à mieux la reconnaître, mieux l'évaluer et mieux la traiter dans une approche globale de la personne et de son environnement.

Cet important dossier s'est organisé en plusieurs étapes :

- élaboration par les Unions d'un cahier des charges de la formation-action;
- rédaction d'un protocole d'étude d'une action de formation;

---

* **URML Alsace :** Anne de Blauwe, directrice; Francis Hebting, masseur kinésithérapeute; Véronique Ketterlin, infirmière; Dr Alain Lion, président

URML Limousin : Dr Chaubier, médecin généraliste; Dr Michel Jacquet, président; Jackie Lhomme, infirmière; Dr Alain Vergnenègre, professeur de santé publique, pneumologue au CHU de Limoges.

URML Pays de la Loire : Dr Patrick Brezac, président; Dr Michel Landais, médecin généraliste; Laurence Levasseur, consultante; Dr Alain Plotegher, médecin généraliste gériatre.

- formation de 168 professionnels de santé (40 % de médecins, 30 % d'infirmières, 30 % de kinésithérapeutes) à la prise en charge en soins ambulatoires de la douleur chronique;
- évaluation de l'impact de cette formation.

Il s'agit dans un premier temps de former des formateurs experts issus des trois disciplines. Ils seront amenés à dispenser à leur tour cette formation aux professionnels libéraux de toutes les régions. Au terme de cette phase préparatoire, les trois Unions mettront à la disposition des associations de formation médicale continue une valise pédagogique, sous réserve du respect d'un cahier des charges :

- utilisation du livret pédagogique;
- intervention des formateurs experts;
- acceptation d'une évaluation sur la modification des pratiques et des comportements.

PROTOCOLE D'ÉTUDE DE FORMATION

Préalablement à la rédaction de ce protocole, un état de l'existant a été dressé en Alsace, durant l'été 1999, en partenariat avec l'échelon régional du service médical de l'Assurance maladie. Les résultats de cette enquête de pratique ont fait l'objet d'une publication au sein de la *Revue du praticien* n° 473 parue en octobre 1999. Ces documents sont à disposition à l'Union.

Ce protocole a servi de base et de corps de référence à la formation des groupes de professionnels (*cf. infra*, page 297). Il a permis :

- d'apporter une définition de la douleur et de la douleur chronique (*cf.* encadré);
- de présenter les méthodes et outils pédagogiques;
- de valider une très importante bibliographie;
- de prévoir et d'inclure une évaluation d'emblée dans le cahier des charges (*cf. supra*).

« Douleur chronique », définition...

« La douleur est une expérience sensorielle et émotionnelle désagréable, liée à une lésion tissulaire existante ou potentielle ou décrite en termes évoquant une telle lésion, évoluant depuis trois à six mois et/ou susceptible d'affecter de façon péjorative le comportement ou le bien-être du patient. Est considérée comme douleur chronique, celle qui résiste à un traitement étiologique ou étio-pathologique, perdant son caractère utile de signal d'alarme d'une maladie aiguë, devenant une entité à part entière avec sa sémiologie propre, nécessitant une approche clinique et un traitement spécifiques. Cette définition sera appliquée au sujet âgé de plus de 70 ans, vivant en tout lieu lui permettant de bénéficier d'une prise en charge par les professionnels de santé, intervenant dans le cadre de leur activité libérale. »

FORMATION

Au total, trois séminaires ont formé *168 professionnels de santé* à la prise en charge de la douleur en médecine ambulatoire. Cette action s'est déroulée dans une dynamique de coopération entre médecins, kinésithérapeutes, infirmières, et dans un esprit communautaire et d'interdisciplinarité propice au maintien à domicile. Les professionnels de santé ont été recrutés au sein d'une région rurale et semi-rurale (Limousin) et urbaine (Alsace).

- Une première formation nationale test a été dispensée aux futurs experts de la formation en décembre 1999, à Paris.
- Une formation de 48 h a été dispensée en avril 2000, à Paris, toutes régions confondues. *Celle-ci fait l'objet de l'évaluation présentée ci-dessous.*
- Une dernière session a été organisée dans chaque région en décembre 2000.

Thèmes de la formation

- *Définition* de la douleur, de la douleur chronique et des mécanismes physiopathologiques, *étiologie* de ces douleurs chroniques.
- Prise en compte d'une approche commune par la *sémantique* permettant de caractériser les modifications psychologiques et les différents modes d'extériorisation de ces manifestations algiques.
- *Outils d'évaluation de la douleur* utilisés suivant que le sujet est communicant ou non. Les Unions régionales ont retenu : le questionnaire douleur Saint-Antoine (QDSA), l'échelle visuelle analogique (EVA), l'échelle comportementale de la douleur chez la personne âgée (ECPA).
- Mise à niveau sur les *différentes thérapeutiques médicamenteuses* de la douleur, avec les paliers (Organisation mondiale de la santé[OMS]), complétée par la présentation de stratégies thérapeutiques.
- *Thérapeutiques non médicamenteuses* (kinésithérapiques et infirmières).

- Synthèse des *différentes stratégies utilisables.*
- Rôle de la *coordination* entre les professionnels de santé.

ÉVALUATION DE L'IMPACT DE LA FORMATION

Afin de pouvoir évaluer la pertinence de la formation, une étude a été menée par les professionnels de santé, auxquels il a été demandé de suivre des patients âgés, souffrant de douleurs chroniques, selon des critères d'inclusion extrêmement précis et validés.
Un mois avant la seconde formation, les *33* professionnels de santé du groupe bénéficiant de cette formation ont inclus *121* patients répondant aux critères du protocole sur les deux régions. *Il s'agit du groupe préformé ou « groupe A ».* Les patients ont été vus à J0 et J28.
Après la formation, ces *mêmes* professionnels de santé, *22* exploitables, devaient recruter les patients pendant trois mois, ce qui a représenté *147* patients. Il s'agit du *groupe postformé ou « groupe P ».* Les patients ont été revus à J0, J2, J7, J28.
Parallèlement, un groupe contrôle de *44* professionnels a inclus sur la même période de trois mois le même nombre de patients, soit *272*. Ce groupe sert à vérifier qu'il n'y a pas eu, en termes de connaissance, de variation temporelle entre la période de préformation et la période postformation. Il s'agit du *groupe contrôle ou groupe C.* Les patients ont été vus à J0 et J28.
Après l'étude, ces professionnels de santé ont été eux-mêmes formés en région (3e formation).
L'analyse principale de l'étude porte sur la comparaison des groupes A et P.
L'objectif principal de ce travail était d'améliorer en termes de résultat sur les patients la prise en charge de la douleur chronique chez les personnes âgées à domicile, grâce à une amélioration des connaissances et des pratiques.

Améliorer, en termes de résultat sur les patients, la prise en charge de la douleur chronique chez les personnes âgées à domicile

Les patients inclus étaient des sujets âgés de plus de 70 ans, présentant une douleur chronique selon la définition (*cf.* encadré), vivant en tout lieu permettant de bénéficier d'une prise en charge par des professionnels de santé dans le cadre de leur exercice libéral, ayant une espérance de vie supérieure à un mois, et assurés sociaux bénéficiant d'une couverture prenant en charge les traitements institués.

L'impact de la formation en termes de résultat (niveau IV[2] d'une formation médicale continue) est rarement utilisé en France. Par rapport aux objectifs initiaux, la majorité des critères montre une signification entre les groupes préformés et postformés : *nombre total de thérapeutiques, nombre total de médicaments et nombre de jours jusqu'à la sédation de la douleur.* En revanche, l'*efficacité jugée par les professionnels de santé et le nombre de thérapeutiques non médicamenteuses ne sont pas significatives. Les variations de l'EVA, de l'ECPA et du QDSA, quant à elles, montrent qu'il existe une amélioration de la prise en charge chez ces patients.*

Les sorties d'étude et les non-respects du protocole ont été exclus de l'analyse.

Thérapeutiques

Tableau 22.I Nombre total de thérapeutiques médicamenteuses et non médicamenteuses

	Groupe A 118	Groupe P 144
Nombre total de thérapeutiques médicamenteuses et non médicamenteuses	2,43	2,74

Tableau 22.II Nombre total de thérapeutiques non médicamenteuses

	Groupe A 56	Groupe P 64
Nombre total de thérapeutiques non médicamenteuses	1,14	0,98

2. Niveau IV : amélioration de l'état de santé de la population (rapport publié en 1995 par l'ANDEM rappelant les quatre stades d'évaluation d'une action de formation médicale continue).

Tableau 22.III Commentaires

Groupe A préformé (121)	Groupe P postformé (147)
• Le groupe A a prescrit 1,89 molécules médicamenteuses. • 73 % des patients ont été revus à J28, et le traitement a été modifié chez 23 % d'entre eux. À ce moment, dans 59 % des cas, une thérapeutique non médicamenteuse a été adjointe. • Il est constaté que le choix de l'antalgique est influencé par l'intensité de la douleur du patient. Peu de médecins utilisent des anticonvulsivants (2,5 %) ou des morphiniques (10 %). • Globalement, Les techniques non médicamenteuses ne sont utilisées que dans 30 % des cas. Il s'agit essentiellement de kinésithérapie.	• Le groupe P a prescrit 2,29 molécules médicamenteuses. • Pour le groupe postformé, 68 % des patients ont été revus à J2, 90 % à J7 et 98 % à J28. Trente-deux pour cent de ceux qui ont été revus à J2 ont vu leur traitement modifié, 36 % de ceux revus à J7 ont eu une modification thérapeutique et 22 % de ceux revus à J28 ont également eu une modification. • On ne note pas dans ce groupe d'augmentation importante des thérapeutiques non médicamenteuses. Ceci est peut être en relation avec une meilleure prise en charge médicamenteuse du fait d'un recours facilité à des paliers d'antalgiques plus élevés.

Pour le groupe P, Il est à noter que chaque région comprenait un médecin coordonnateur qui devait valider ou non le bon suivi du protocole médicamenteux et non médicamenteux présenté lors de la formation.

Sédation de la douleur

Tableau 22.IV Nombre de jours jusqu'à la sédation de la douleur

	Groupe A 86	Groupe P 125
Nombre de jours jusqu'à la sédation de la douleur	15,48 +/-9,36	12,42 +/-7,70

Efficacité

Tableau 22.V Efficacité jugée par les professionnels de santé (en %)

Efficacité	Groupe A 117	Groupe P 146
Bonne	36 %	50 %
Modérée	48 %	37 %
Médiocre	12 %	10 %
Mauvaise	4 %	3 %

Variations de l'EVA, de l'ECPA et du QDSA – Groupe postformé

Les schémas suivants montrent l'évolution des patients pris en charge à J0, J2, J7 et J28.

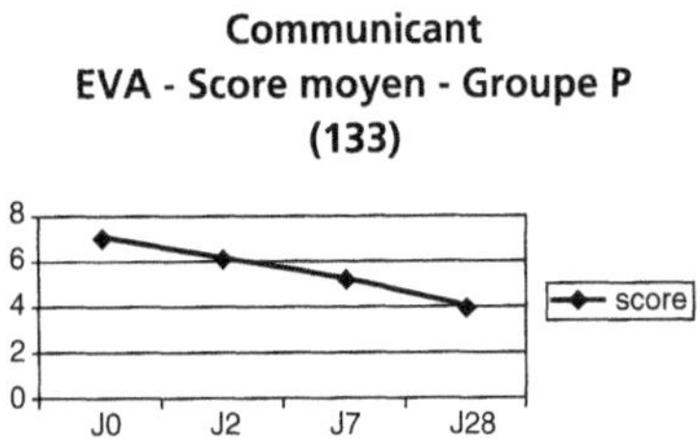

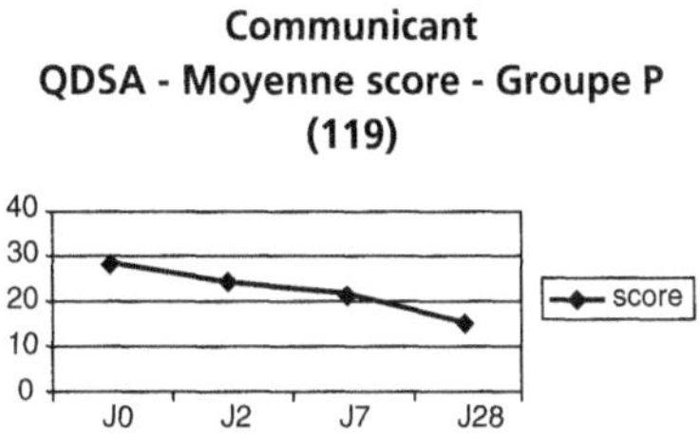

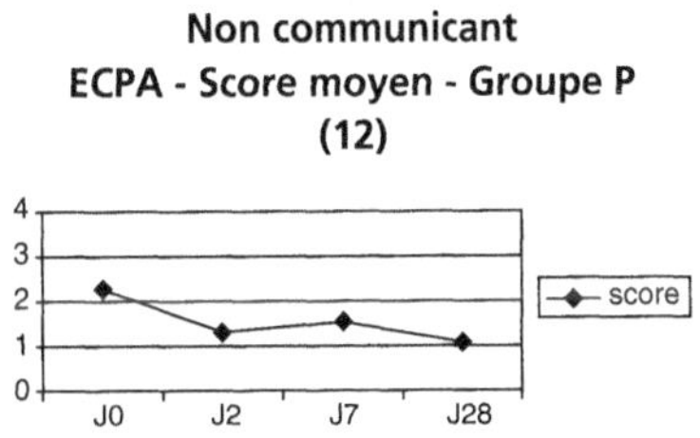

On constate une amélioration des scores de l'EVA de façon significative ainsi que pour le QDSA. Il n'y a pas de différence pour l'ECPA, mais les effectifs sont faibles.

Les objectifs secondaires comprenaient l'amélioration des connaissances techniques des professionnels de santé quant à l'identification de la douleur et de la prise en charge.

Améliorer les connaissances techniques et les pratiques

Les professionnels de santé ont répondu à un *questionnaire de connaissance et de pratique*. Ce questionnaire a été complété par les formés d'avant (A) et d'après (P) la formation ainsi que par le groupe contrôle (C). Ce questionnaire permettant de tester le niveau II[3] d'une action de formation médicale continue comportait

3. Niveau II : amélioration des connaissances théoriques (rapport publié en 1995 par l'ANDEM rappelant les quatre stades d'évaluation d'une action de formation médicale continue).

14 questions sur la douleur. Son objectif était de savoir comment le professionnel évaluait cette douleur et quelle stratégie il utilisait. Un score a été réalisé pour les trois groupes.

Tableau 22.VI Score obtenu au questionnaire de connaissance et de pratique

Groupe A Avant la formation	Groupe C Contrôle	Groupe P Après la formation
Score moyen : 6,94/14	Score moyen : 6,84/14	Score moyen : 8,27/14

On constate une différence très significative entre A et P. Il existe une amélioration du score global permettant de considérer que l'impact immédiat de la formation a été atteint.

On note également une *meilleure description de la douleur.* Les professionnels savent mieux caractériser leurs patients. Il n'y a pratiquement plus de « ne sait pas ».

Tableau 22.VII Répartition des patients par type de douleur (en %)

Douleur	Groupe A 121	Groupe P 147
Nociceptive	55 %	81 %
Neurogène	13 %	15 %
Nociceptive + neurogène	17 %	1 %
NSP	15 %	3 %
Type de patient		
Communicant	83 %	92 %
Non communicant	7 %	8 %
Ne sait pas	10 %	

Utilisation des méthodes adaptées d'évaluation de la douleur

Il est intéressant de savoir comment les professionnels procèdent pour connaître la douleur de leurs patients, et selon quelle méthode avant (A) et après la formation (P).

Tableau 22.VIII Mode d'évaluation de la douleur (réponses multiples)

Interrogatoire 100 =	Groupe A 121
Malade	39 %
Famille	1 %
Malade et famille	11 %
Malade et critères psychocomportementaux	23 %
Famille et critères psychocomportementaux	20 %
Tous les critères	6 %
Support pour évaluer cette douleur 100 % =	91 %
Aucun	59 %
Dossier médical	17 %
Méthode spécifique d'évaluation	23 %
Dossier + méthode	1 %

Le plus souvent, l'évaluation de la douleur se basait sur l'interrogatoire des familles ou du patient, dans les autres cas, l'analyse des troubles psycho-comportementaux était prise en compte par le professionnel de santé; une évaluation par des outils spécifiques a été réalisée dans 41 % des cas (dossier médical et/ou méthode spécifique d'évaluation).

Après la formation (P), les évaluations ont été demandées à J0, J2, J7 et J28. Des grilles d'évaluation, présentées durant la formation et mises à disposition des professionnels de santé, devaient être remplies à chaque visite.

Tableau 22.IX Support pour évaluer la douleur

Type de support	Groupe P 147
QDSA *Base 135*	81 %
EVA *Base 135*	90 %
ECPA (patients non communicants : 12)	100 %

L'utilisation des outils a été bien comprise et bien acceptée par le groupe de professionnels de santé et a sans doute permis une meilleure évaluation des résultats ainsi qu'une meilleure prise en charge.

Coordination des professionnels de santé

Tableau 22.X Coordination

100 % =	Groupe A 121	Groupe P 147
Oui	67 %	56 %
Non	24 %	43 %
NSP	9 %	1 %
Si oui,	(81)	(83)
coordination orale	42 %	54 %
coordination physique	2 %	5 %
coordination orale et physique	56 %	41 %

Dans le groupe des préformés, une coordination a été décrite dans 2/3 des cas. Elle était alors caractérisée par le professionnel comme orale et physique dans un cas sur deux. La formation a consisté notamment à définir ce qu'est réellement une coordination entre professionnels de santé vis-à-vis du malade. C'est ainsi que l'on se rend compte que dans *le groupe des postformés, l'existence d'une réelle coordination est deux fois moins fréquente.* Cela est probablement dû au fait que les professionnels de santé ont réellement pris conscience au cours de la formation de ce qu'était une vraie coordination et que celle qu'ils décrivaient avant la formation ne correspondait pas aux critères retenus.

CONCLUSION

L'utilisation d'outils adaptés, le respect de protocoles thérapeutiques ont permis une réduction du nombre de jours jusqu'à sédation de la douleur et du nombre de thérapeutiques utilisées. Ce travail a également permis d'insister sur la prise en charge multidisciplinaire de ces patients et, notamment, sur la nécessité d'une coordination entre les différents intervenants (médecins, infirmières, kinésithérapeutes).

Il a montré qu'une telle action est possible et a des conséquences positives en termes de résultats chez le patient.

Le jugement subjectif par les participants a été très favorable quant à la formation.

Compte tenu de la qualité de cette formation, il sera procédé à une large information à destination des associations de formation médicale continue afin qu'elles sollicitent l'Union régionale dans le but d'obtenir la « valise pédagogique » permettant l'organisation et la déclinaison des actions de formation dans la région. Les professionnels de santé sauront ainsi mieux identifier et mieux évaluer cette douleur. Ils appréhenderont mieux les techniques non médicamenteuses et médicamenteuses, notamment à travers l'utilisation des différents paliers de l'OMS. Le recours à la morphine sera ainsi mieux appréhendé et dédramatisé.
Outre ces objectifs primaires, il en existe un secondaire : la mise en place d'une réelle coordination entre les différents intervenants.

23 Cas cliniques gériatriques

J.-M. Gomas

UNE DOULEUR NEUROPATHIQUE PRÉVISIBLE

Madame R. est une robuste guadeloupéenne de passage en métropole chez ses enfants.

Soixante-dix ans, diabétique insulino-dépendante depuis huit ans – après dix ans de traitement oral –, c'est une vieille routière du système médical…

Elle vous demande votre avis pour ses douleurs « d'arthrose des genoux » : courant le long de la jambe, surtout à gauche, cette lourdeur la gêne pour marcher, pèse sur son genou; surtout, il y a des paroxysmes le soir et la nuit, où elle est réveillée par des élancements dans le mollet et l'avant-pied.

L'entretien vous apprend en fait qu'elle a des sensations bizarres de chaud-froid, de picotements sur le mollet qui descendent vers la cheville. Les douleurs ne sont pas seulement reliées aux mouvements.

Cliniquement, les pouls sont présents mais la sensibilité superficielle au pique-touche est perturbée. Il y a une raideur du genou, un signe du rabot des deux côtés. La patiente se plaint aussi de douleurs de la charnière. L'amplitude des mouvements est réduite mais l'interprétation est difficile dans ce contexte de surpoids et de modeste performance.

Sa fille a pris un rendez-vous auprès d'un rhumatologue huit jours après.

Le diagnostic semble donc bien sûr une arthrose mais surtout, au premier plan, une neuropathie diabétique non étiquetée car la patiente n'a jamais eu de traitement adapté, ni d'évocation de ce diagnostic.

Un traitement par *Rivotril* est débuté à petites doses en augmentant, tous les cinq jours pour que la patiente se repère facilement sur le calendrier, jusqu'à un plateau prudent de 10 gouttes. Le bilan rhumatologique prévu est respecté car, effectivement, des composantes nociceptives sont intriquées.

Trois semaines plus tard, lettre du rhumatologue qui affirme que les douleurs sont arthrosiques, qui suspecte un canal étroit, prévoit des infiltrations, rajoute un anti-inflammatoire non stéroïdien (AINS) et demande oralement à la malade l'arrêt du *Rivotril* « inutile » !

En attendant l'hospitalisation pour les infiltrations, la patiente poursuit le *Rivotril* sur la demande expresse du généraliste, et s'en trouve nettement améliorée : les douleurs diurnes et nocturnes à type de brûlure ont pratiquement disparu; elle est ravie de pouvoir mieux dormir. Mais, les douleurs lombaires sont toujours présentes, la marche est toujours gênée par les douleurs des genoux qui semblent s'être aggravées depuis que les douleurs de jambes et de mollets se sont atténuées.

La vie à domicile pendant ce séjour parisien reste facilitée par les filles, très présentes pour toute la logistique car la patiente bouge peu en dehors de l'appartement.

Après les infiltrations, le tableau s'améliore encore mais la patiente décrit très bien que les douleurs soulagées ne sont pas les mêmes : ses lombaires sont plus confortables mais les genoux restent limitant pour la marche.

Dans la troisième lettre du rhumatologue, celui-ci reconnaîtra enfin « qu'il y a aussi une part neuropathique au tableau » et que le *Rivotril* « peut être poursuivi » (sic!).

Quelques points sont à noter dans ce cas. Il s'agit de :

- la méconnaissance par tous les praticiens, pendant des mois, de la neuropathie diabétique pourtant clinique (et prévisible dans ce contexte);
- l'efficacité du *Rivotril*;
- l'« extinction » relative de la douleur nociceptive rhumatologique par la neuropathie distale qui était au premier plan;
- la réticence du rhumatologue à reconnaître un diagnostic dans l'interdisciplinarité.

DES DOULEURS ARTHROSIQUES SURPRENANTES CHEZ UN AMPUTÉ

Monsieur D., 81 ans, vieillard tonique, revanchard, volubile, méticuleux, nerveux, vous consulte pour des lésions majeures de luxation de hanche post-traumatique et amputation basse de cuisse après un accident. Depuis 35 ans, il vit donc en déambulant avec une prothèse de jambe qui actuellement déclenche des douleurs du moignon à la pression.

La consultation est impressionnante : il vous est difficile de finir une phrase car le patient renchérit, coupe la parole, est certain de connaître parfaitement son corps (ce qui est certes respectable...) mais en ayant intégré au fil du temps des explications plus ou moins farfelues sur ses mécanismes douloureux!

À l'examen, les douleurs du moignon n'ont aucun caractère neuropathique mais bien nociceptif de pression sur les parties molles; la cicatrice est indolore, stabilisée et sans dysesthésies. Il n'y a pas d'infection locale. Il n'y a donc pas de douleurs du membre fantôme.

Ces douleurs du moignon sont intriquées avec des douleurs sévères de la coxo-fémorale lors de tous les mouvements, de l'emprunt des escaliers, etc. Tous les antalgiques de palier 2 ont été essayés sans efficacité réelle. La chirurgie prothétique a été récusée il y a six mois.

En décubitus le soir, rapidement, les douleurs disparaissent et il dort avec l'aide d'un *Temesta*.

Vous lui dites que vous croyez ces douleurs mais que l'essentiel n'est pas le moignon mais bien la douleur rhumatologique de hanche. Cette modification d'approche le trouble beaucoup car sa vie est centrée sur son moignon depuis 35 ans, objet, à juste titre, de toute son attention.

Au total, il s'agit d'un tableau inhabituel chez un amputé, les douleurs de nociception étant majeures et isolées! Mais, ces explications ne passent pas chez ce malade qui mélange depuis 35 ans toutes les informations sur les amputés. On lui a répété « X » fois sans bien analyser les choses que « c'est normal, c'est son moignon! ». C'était peut-être le cas il y a 20 ans, mais pas ce jour.

Et quand vous lui parlez de morphine à petites doses pour calmer sa hanche et la pression de la prothèse, ce sont des protestations véhémentes ! Son épouse ronchonne, bougonne : « Docteur, de la morphine, mais c'est bien trop fort ! »

Avec ténacité pourtant (mais trop rapidement ?), il est prescrit de la morphine à libération immédiate (*Sevredol*), avec un laxatif et un antiémétique.

Au contrôle téléphonique prévu ensemble deux jours après, le bilan est éloquent : il n'en a pris qu'une fois, a ressenti tous les effets secondaires de la terre et de la notice pourtant désamorcée par les explications... D'ailleurs, « Il était contre la morphine ! ». Certes, mais fallait-il accepter n'importe quelle explication et stratégie comme c'était le cas auparavant ? Fallait-il surseoir en espérant le faire cheminer sur la réalité de sa hanche ?

Le patient ne reviendra jamais en consultation...

Conclusion

Les réticences envers les morphiniques sont parfois lentes à évoluer, et le patient peut quitter la consultation avant un bon résultat.

Le psychisme des malades les rend parfois sourds à d'autres explications que celles qu'ils ont rationalisées depuis très longtemps, parfois même avec la complicité involontaire de praticiens.

C'était pourtant une excellente indication de la morphine à libération immédiate : douleurs positionnelles sévères de nociception pratiquement pures !

DES DOULEURS CANCÉREUSES

Monsieur A., 78 ans, vit avec sa femme au domicile, autonome et lucide sur sa maladie : il est porteur de métastases osseuses d'un cancer de la prostate qui infiltre également la paroi vésicale au dernier bilan urologique. Il est sous hormonothérapie mensuelle avec un bon résultat oncologique et fonctionnel depuis six mois car l'état général s'est amélioré, et les douleurs débutantes sont contrôlées par un antalgique de palier 2 quatre fois par jour.

Son traitement comporte en outre un IEC et un vasodilatateur.

Mais, depuis cinq jours, les douleurs rachidiennes sont devenues très vives, insomniantes, mal calmées par huit prises par jour d'antalgique de palier 2. L'examen ne retrouve pas de signes neurologiques de souffrance médullaire, les épineuses dorsales

basses sont hyperalgiques à la pression, ce qui correspond aux lésions connues sur l'imagerie. Il n'y a pas d'autres causes déclenchantes, en particulier pas de chute ni de traumatisme.
L'EVA est à 7 lors de votre examen, fiable chez ce malade qui peut s'auto-évaluer.
L'appréciation globale de cette situation est : évolution sous traitement bien conduit d'un cancer de prostate avec évolution locorégionale et généralisée. Douleurs de nociception osseuses justifiant une adaptation antalgique immédiate, simultanément à la reprise du traitement cancérologique : contact avec le référent pour discuter du traitement médical et organiser la radiothérapie antalgique.

Thérapeutique

Le palier 2 est devenu insuffisant : le palier 3 est donc justifié puisqu'il s'agit de douleurs de nociception certaines.
La composante inflammatoire des lésions osseuses impose les corticoïdes à titre co-antalgique : de l'ordre de 1 mg/k/j (*Medrol* 32 × 2 par exemple) ou même *Medrol* 100 en traitement d'attaque pendant cinq jours, puis paliers pendant huit jours vers 40 mg/j suivant la réponse antalgique.
Il ne faut pas oublier les laxatifs, dès le premier jour et tant que dure le traitement morphinique, ainsi que les anti-émétiques durant la première semaine de ce traitement.
On discutera la protection gastrique des corticoïdes suivant les antécédents et les signes fonctionnels.

Organisation du suivi

Il faut prévoir le contact avec le cancérologue, la date de la radiothérapie, les transmissions aux collègues éventuels concernés, la date de la réévaluation des douleurs (sous 48 h maximum), les indications écrites de l'adaptation des antalgiques, le soutien familial, la date de la prochaine visite, etc.

DES DOULEURS CHEZ UNE PATIENTE DÉFICITAIRE

Madame C. est atteinte de maladie d'Alzheimer et suivie depuis trois ans. Elle bénéficie d'une prise en charge par *Aricept* qui a modestement stabilisé les performances à domicile. Le mari est très présent, une aide à domicile vient tous les jours, les petits-enfants passent surtout le week-end.

Souvent, la communication est contrariée par des épisodes d'agitation, d'agressivité; le mari se fait traiter de tous les noms d'oiseaux mais tient vaillamment, tout inondé de sa tendresse après 53 ans de mariage, et solidement aidé par des gouttes d'*Haloperidol* ajustées aux cris!

Madame C. se plaint quasiment à chaque visite de sa douleur du poignet et des genoux, même si elle quitte peu son fauteuil roulant. L'évaluation est compliquée car finalement variable à chaque visite : parfois la gêne est modeste, parfois Madame C. n'a pu tenir ses couverts à table (où elle est conduite dans sa chaise roulante à chaque repas).

Les deux poignets sont froids, non gonflés, mais sensibles aux mouvements passifs. La radiographie datant de quelques mois montre des lésions dégénératives banales, sans fractures évidentes.

Quant aux genoux, vous remarquez d'emblée la discordance : ils ne servent quasiment pas, sont au repos, mais sont mobilisés passivement tous les jours et sont vécus comme très invalidants. Tout se passe comme si cette plainte des genoux était en fait une plainte « de ne plus marcher ».

Le mari lui aussi est agacé par ces plaintes; il est demandeur d'un traitement qui les fasse disparaître.

Le palier 2 apportera un soulagement, lui aussi fluctuant : au gré des angoisses et des révoltes, des préoccupations, Madame C. pourra manipuler ses couverts à table, jusqu'à ce qu'elle soit emportée en quelques jours par un accident vasculaire cérébral.

LES DOULEURS D'UN GRAND VIEILLARD ALITÉ

Monsieur D., 84 ans, est atteint de la maladie de Parkinson et alité depuis six mois.

Son entourage est assez bien organisé, après de longs efforts pour adapter la prise en charge entre :

- la femme de ménage qui fait partie de la famille et dont on ne peut se séparer;
- l'épouse bien fatiguée mais acharnée à rester fidèle au service de son mari;

- l'équipe d'aide à domicile de l'association locale qui gère avec régularité la logistique au quotidien;
- l'équipe d'infirmières qui passe tous les jours, le matin, pour les pansements d'escarres, l'évaluation des symptômes et le soutien global.

En fait les douleurs sont de deux ordres :
- diffuses articulaires, dues à la raideur, aux positions pas toujours idéales malgré le calage par des oreillers;
- et lors du pansement d'escarre, source de plaintes et d'inconfort.

Sa femme est sensible bien sûr à ces douleurs et a toujours été présente lors des pansements...
L'arrivée d'un généraliste référent douleur chamboule un peu l'équilibre de ce microcosme mal habitué aux cris tous les matins. Il est d'abord demandé, à tous, des transmissions sur le cahier habituellement délaissé jusque-là car il n'était pas lu. Ainsi, l'avis de chacun est demandé, par écrit et par téléphone, pour rassembler en trois jours le plus d'éléments sur la chronologie des douleurs. Tous s'accordent pour évaluer intense la douleur des pansements, au moins 8 sur l'échelle numérique simple proposée à tous en hétéro-évaluation.
Quant aux douleurs des autres régions du corps, elles sont surtout diurnes car la nuit est calme. Fluctuantes, dépendantes des humeurs du jour et des positions, ces douleurs prédominent aux hanches et aux genoux.
Un seul traitement est instauré avec un palier 2 avant le pansement d'escarres et répété à intervalles réguliers dans la journée.
En quelques jours, les douleurs s'améliorent mais le pansement d'escarres reste pénible. On en profite pour redéfinir les stratégies, diminuer la durée de la position latérale inconfortable.
Une tentative de 5 mg de morphine avant le pansement n'est pas couronnée de succès : Monsieur D. est confus, agressif, et l'aide à domicile remarque que les fausses routes sont bien plus fréquentes après la prémédication; le patient se plaint d'avoir la tête « embrouillée »; à tel point que l'on revient au palier 2, même pour le pansement.

■ POINTS IMPORTANTS

- Évaluation en équipe pour bien repérer la chronologie des douleurs et s'assurer de la bonne compréhension de chacun des acteurs.
- Faire ré-évaluer l'évolution par ces mêmes soignants.
- Faire la part des bénéfices obtenus lors de tout traitement antalgique.
- Accepter que le traitement antalgique soit imparfait dans des contextes complexes (ceci nécessitant alors des explications avec la famille et tous les soignants afin que la culpabilité de cette imperfection soit régulée).

Pour en savoir plus...

GOMAS J.M. *Soigner à domicile des malades en fin de vie*. Paris : Cerf, 1993.

24 Prise en charge de la douleur dans les structures d'évaluation et de traitement de la douleur

A. Serrie

La prise en charge d'une douleur chronique est un acte médical parmi les plus difficiles, et ceci est particulièrement vrai chez les patients âgés. Pourtant, le médecin est confronté de façon quotidienne à ce problème. Avant d'envisager une prise en charge thérapeutique, il est bien évidemment nécessaire de réaliser un bilan précis qui va non seulement contribuer au diagnostic, mais aussi orienter dans le choix d'une thérapeutique. On comprend d'emblée que si la prise en charge d'une douleur chronique est un acte médical comme un autre, le contact médecin-malade doit ici être particulièrement privilégié et demande la meilleure collaboration possible entre les deux partenaires.

Le bilan complet de ces patients âgés exige une grande quantité d'informations cliniques. Certaines sont évidentes et apparaissent dans les antécédents ou dès l'inspection; d'autres devront être recherchées avec acharnement.

En pratique, le déroulement de cette enquête comporte :

- un interrogatoire qui a pour but de retracer l'histoire de la douleur, le déroulement des explorations antérieures, le résumé des traitements proposés;
- un examen clinique. Il est le plus souvent neurologique et musculo-squelettique. Il a pour objectif de déterminer si cette douleur est aiguë ou chronique, s'il s'agit d'une douleur de désafférentation ou d'une douleur par excès de nociception, si celle-ci est en rapport avec une lésion maligne ou s'il s'agit d'une douleur chronique bénigne, la stratégie thérapeutique à proposer étant, bien entendu, très différente;

- l'évaluation de la douleur : il est bien évidemment nécessaire d'estimer de façon précise et quantitative la douleur. Cette évaluation est indispensable pour apprécier le résultat du traitement proposé et assurer le suivi thérapeutique. Or, il faudrait pouvoir disposer de méthodes objectives, identiques à toutes celles que le médecin a à sa disposition, pour mesurer un phénomène complexe, multidimensionnel et qui, par définition, est subjectif. De façon paradoxale, il n'y a pas d'examen complémentaire radiologique ou de marqueur biologique qui soit spécifique de la douleur ou d'une douleur précise. Chez le patient âgé, cette évaluation présente des particularités qu'il est nécessaire de maîtriser afin de ne « pas passer » à côté de la douleur, qui est trop souvent méconnue, sous-estimée, voire ignorée, dans cette population;
- des examens complémentaires : exploration fonctionnelle du système nerveux ou autres.

Cette démarche ne doit pas être systématique; elle doit être adaptée en fonction du bon sens. Lorsque la pathologie en cause dans la douleur est évidente, comme dans le cas d'un zona, d'une névralgie faciale ou d'une lésion cancéreuse, la première consultation devra être moins lourde et orientée sur l'étiologie.

RÔLE ET FONCTIONS D'UNE STRUCTURE DE PRISE EN CHARGE DE LA DOULEUR

La création de ces structures répond à plusieurs objectifs :

- assurer une approche pluridisciplinaire pour appréhender les diverses composantes du syndrome douloureux chronique et proposer une combinaison des techniques pharmacologiques, physiques, psychologiques et chirurgicales;
- décider d'une thérapie adaptée après bilan complet comprenant la réévaluation du diagnostic initial;
- obtenir du malade sa confiance, sa coopération avec l'équipe soignante, son adhésion au traitement et, en cas d'insuccès partiel ou total, lui apprendre à vivre avec sa douleur;
- prendre en compte l'environnement familial, culturel et social du patient;
- pratiquer régulièrement une évaluation rétrospective du travail accompli par l'équipe; participer à la recherche et à l'enseignement.

MALADES EXAMINÉS

Dans la plupart des structures, les douleurs des sujets âgés les plus représentées sont les douleurs rhumatologiques (lombaires ou autres), les douleurs neurologiques en rapport avec une désafférentation (amputation, section de nerf, zona), les douleurs cancéreuses et les céphalées. Le « recrutement » de ces patients est fonction du lieu géographique d'implantation, des spécialités représentées et de l'orientation générale de la structure. Pour la plupart, cette consultation est le dernier recours, elle est l'aboutissement d'un long chemin de consultation spécialisée en consultation spécialisée entrecoupé, pour certains, de plusieurs périodes d'hospitalisation.

CONSULTATION INITIALE

Le malade doit systématiquement être adressé par son médecin traitant ou par un service de gériatrie. En effet, il est capital de pouvoir disposer d'éléments cliniques et paracliniques servant d'éléments de base et de comparaison, ce qui exclut le recrutement direct. Le rôle de ce type de consultation n'est pas de se substituer au médecin traitant ou de multiplier les consultations spécialisées existantes.

Rendez-vous

Ce premier contact avec le patient est primordial. Le courrier du médecin traitant ou du service de gérontologie est absolument nécessaire, les rapports avec les équipes qui prennent en charge les patients âgés doivent être privilégiés et il n'est pas rare qu'une conversation téléphonique puisse donner de précieux renseignements. Les rendez-vous sont organisés avec des horaires personnalisés. Les délais entre le courrier du médecin traitant ou du service de gériatrie et la première consultation peuvent être très variables. En effet, un patient présentant une céphalée de tension, évoluant depuis une dizaine d'année, pourra être reçu quelques semaines à un mois après sa demande de rendez-vous. En revanche, un patient souffrant de douleurs en rapport avec un processus cancéreux ou présentant une névralgie faciale rebelle au traitement classique sera reçu dans les 24 à 48 h.

D'une façon générale, les consultations sont personnalisées, et le médecin consultant deviendra le coordonnateur du dossier médical.

Entretien initial

Cet entretien initial est primordial : de lui, vont dépendre en grande partie l'observance du traitement, la confiance du patient et la qualité des résultats obtenus. Beaucoup de patients sont découragés, aigris ou pessimistes ; ils ont consulté un grand nombre de médecins, ont été hospitalisés à plusieurs reprises et ont réalisé un véritable « shopping » médical en ce qui concerne les explorations complémentaires. Il n'est pas rare, qu'à l'issue de cette quête d'un diagnostic – que le malade veut le plus souvent organique – et d'un traitement soient prononcées des phrases lourdes de conséquences telles que « Votre douleur est dans votre tête » ; « Je ne peux plus rien faire pour vous ».

Tout ceci renforce l'importance de ce premier entretien, ce d'autant que, très souvent, le médecin traitant a convaincu son patient que le spécialiste de la douleur qu'il va voir a en sa possession les traitements qui vont le soulager, et qu'après cette « dernière » tentative, il n'y a plus rien.

Cet entretien va comporter plusieurs phases d'investigation qu'il faut systématiquement respecter : l'histoire de la douleur (le mode de début, la localisation, le type, l'intensité, la durée et la périodicité), les antécédents, l'évolution, les conséquences psychologiques, psychosociales, et l'enquête thérapeutique.

Interrogatoire

D'une façon générale, l'interrogatoire des malades souffrant de douleurs chroniques demande beaucoup de temps, et ceci spécialement lorsqu'il s'agit d'hommes et femmes âgés. Décrire sa douleur n'est pas chose facile. Le douloureux chronique âgé est, en général, fatigué, irritable, coléreux, impatient ou méfiant ; il sait qu'il a un temps limité qui lui est consacré et, souvent, il a répertorié les éléments qu'il juge importants afin de n'en oublier aucun. Pour certains, tout ceci peut se traduire par une exagération de ce qu'ils ressentent étant donné l'opportunité qu'ils ont d'exprimer leur douleur, alors que pour d'autres le désir de tout dire fera perdre l'essentiel dans un luxe de détails inutiles ou se traduira par un excès de timidité limitant l'expression.

Le médecin doit placer son malade dans un climat de confiance où celui-ci se sentira à l'aise.

Il faut laisser le patient décrire son histoire avec les mots qui lui sont propres, même si toute douleur dans un membre inférieur devient une sciatique et toute céphalée une migraine. L'écoute permettra d'avoir une première estimation de l'importance des conséquences et de l'intensité de cette douleur. De plus, il faudra saisir les quelques éléments du discours qui conduiront au diagnostic. Pendant ce récit, le médecin a la possibilité d'apprécier l'attitude, le comportement et les réactions émotionnelles de son patient. Le ton de la voix, les expressions du visage, le retard ou les hésitations mis à répondre aux questions sont autant d'éléments qui permettent d'appréhender le caractère, la personnalité ou l'état émotionnel du malade âgé.

Souvent, il est nécessaire de reprendre un interrogatoire directif, à l'aide d'une *check list* qui permet de ne rien oublier. Cette façon de procéder permet d'être bien entendu systématique et de rechercher des informations jugées importantes chez tous les malades.

C'est ainsi que l'on précisera les éléments ci-après.

Histoire de la douleur

Mode de début

Il faut connaître le mode de début ainsi que les circonstances d'apparition de cette douleur : progressif ou brutal, secondaire à un traumatisme, une intervention chirurgicale ou une immobilisation prolongée. On recherchera les facteurs émotionnels, les modifications de vie sociale, familiale, contemporains du début de la douleur.

Évolution

La douleur peut s'être améliorée, stabilisée ou aggravée. Son siège, ses irradiations, la façon dont elle est ressentie ont pu se modifier. Des facteurs intercurrents, qu'ils soient sociaux, familiaux ou thérapeutiques, souvent importants dans la population âgée, ont pu interférer : ils peuvent égarer ou amplifier la plainte douloureuse. Les traitements antérieurement proposés ont pu apporter une amélioration longue ou transitoire, leurs effets peuvent persister ou n'avoir jamais eu de traduction. Les facteurs favorisant ou déclenchant les accès douloureux seront notés, de même que ceux qui soulagent et ceux qui n'ont aucun effet sur la douleur.

Localisation

Si, dans la plupart des cas, la localisation de la douleur est une notion simple à obtenir, elle peut devenir très difficile à préciser chez les patients âgés, et ce d'autant que les douleurs intéressant les structures somatiques profondes ou les viscères peuvent donner naissance à des douleurs référées. Il est préférable de localiser la douleur lorsque le patient présente une crise car, très souvent, le siège et l'étendue de la douleur deviennent moins précis quand celle-ci a cessé. Les douleurs peuvent s'accompagner de manifestations du système sympathique qui entraînent une hyperalgésie ou une hyperesthésie pouvant modifier le siège ou les irradiations.

On distingue :

- *les douleurs localisées.* Elles ne présentent pas d'irradiation et restent localisées, par définition, au site d'origine. Elles peuvent s'accompagner de manifestations de dysfonctionnement du système sympathique qui restent également localisées. Par exemple, il s'agit des douleurs retrouvées dans les bursites, les tendinites ou les arthrites. Elles sont fréquentes chez le sujet âgé;
- *les douleurs projetées.* Ce sont les douleurs qui sont transmises le long du trajet d'un nerf avec une localisation intéressant un dermatome ou une région périphérique qui dépend du siège de la lésion. Le message nociceptif prend naissance quelque part sur le trajet des voies sensitives périphériques ou centrales. Elles sont ressenties comme étant radiculaires ou bien comme provenant du champ périphérique correspondant. Les radiculopathies des douleurs post-zostériennes, la névralgie du trijumeau ou la méralgie paresthésique sont des douleurs projetées;
- *les douleurs référées.* Ces douleurs sont référées d'une région profonde ou d'un viscère à un champ périphérique éloigné de l'organe qui souffre et qui, *a priori*, ne semble avoir aucun rapport avec lui. L'examen clinique ne retrouve pas d'hyperalgésie ou d'hyperesthésie; l'étude des réflexes ne montre pas d'anomalie; il n'y a pas de spasme musculaire, ni de troubles moteurs ou d'atrophie. Les douleurs référées sont, par exemple, les douleurs de l'épaule dans les affections hépato-

biliaires ou la douleur siégeant dans le territoire du cubital de l'insuffisance coronarienne;

- *les douleurs en rapport avec une participation du système sympathique.* Ces douleurs ne se présentent pas selon un trajet radiculaire; elles s'accompagnent d'hyperalgésie, d'hyperesthésie, de manifestations vaso-motrices et de troubles trophiques. Ce sont les douleurs de causalgie ou des dystrophies sympathiques réflexes; elles sont peu fréquentes chez le sujet âgé;
- *les douleurs « psychogènes ».* Leurs sièges et leurs irradiations n'ont pas de support organique. L'examen neurologique est normal ou discordant. Ces douleurs, qui sont en rapport avec des désordres psychologiques ou psychiatriques, sont erratiques ou localisées sur des territoires non radiculaires ou qui n'ont pas de rapport anatomique.

Aspect qualitatif

Le caractère superficiel ou profond sera apprécié. Les douleurs en rapport avec une lésion superficielle sont généralement bien localisées et ressenties soit comme des fourmillements, des piqûres ou une brûlure; une douleur viscérale est profonde, diffuse et mal localisée.

Durée et mode évolutif

Ces informations ne sont, en général, pas évidentes à obtenir chez le patient âgé. La douleur peut être permanente, intermittente, pulsatile ou se présenter avec des paroxysmes de durée variable entrecoupés de périodes de rémission partielle ou complète plus ou moins longues. Il est important de connaître le mode de début d'un accès douloureux, sa durée, sa périodicité, son rythme et la façon dont il décroît. Ce peut être une douleur brève, fulgurante à type d'éclair, de décharge électrique comme dans la névralgie faciale; une douleur pulsatile, rythmique comme dans la céphalée d'allure migraineuse; une douleur plus sourde, d'intensité progressivement croissante qui diminue lentement pour réapparaître comme dans les pathologies intestinales et coliques.

Antécédents pathologiques

Le passé médical du patient, en général chargé, ainsi que son état de santé antérieur à la douleur chronique sont importants, car ils donnent un aperçu de l'objectif potentiel à atteindre. En effet, un patient ayant une histoire entrecoupée de périodes d'hospitalisation, d'interventions, de cures ou d'affections chroniques n'aura pas, dans la plupart des cas, la même possibilité de récupération que celui qui était en excellent état général quand a débuté la douleur chronique qui l'a amené à consulter.

Enquête thérapeutique

Elle doit s'attacher à rassembler l'ensemble des traitements proposés qu'ils soient médicamenteux, physiques, psychologiques, psychiatriques, chirurgicaux ou parallèles. Leur nombre renseigne sur la recherche d'organicité mais aussi sur l'importance du syndrome douloureux. Ils donnent une orientation sur la thérapeutique à proposer. Il est inutile de prescrire un médicament qui a fait la preuve de son inefficacité, à condition de s'être assuré que ce traitement a été suivi régulièrement et à une posologie convenable. Il est important de connaître la durée et la voie d'administration de ces traitements. Certains ont valeur de test diagnostique : la carbamazépine dans la névralgie faciale ou le tartrate d'ergotamine dans la crise de céphalée d'allure migraineuse.

Examen clinique

Il n'est pas nécessaire d'insister sur l'importance que revêt ce moment capital de la consultation. L'examen clinique ne devra jamais être éludé ou raccourci en raison du diagnostic établi qui a motivé la consultation initiale. Il doit être complet, puis orienté en fonction des données de l'interrogatoire. Il comprend principalement quatre étapes qui ne seront pas détaillées ici :
- un examen général;
- un examen de la région douloureuse;
- un examen neurologique;
- un examen musculo-squelettique.

Examens complémentaires

Il faudra reprendre les examens complémentaires au moindre doute : un changement d'allure dans l'évolution de la douleur, l'apparition à l'examen clinique d'un signe déficitaire qui n'existait pas auparavant, une récidive de la symptomatologie douloureuse après une période d'accalmie secondaire à un traitement bien conduit, une altération inexpliquée de l'état général.

Au terme de cette première consultation

La notion de chronicité doit être établie. Toute douleur d'apparition récente est considérée comme symptomatique et doit, évidemment, faire rechercher sa cause afin de la traiter, tout en sachant qu'un douloureux chronique peut présenter une manifestation algique symptomatique qui ne doit pas égarer.

Le mécanisme physiopathologique doit être précisé; il s'agit d'une notion qui va engager la prise en charge thérapeutique. Que ce soit une douleur par désafférentation ou une douleur entraînée par un excès de nociception, les conséquences thérapeutiques sont différentes. Là encore, la volonté de classification doit être tempérée par l'existence de nombreuses douleurs intermédiaires ou mixtes tenant à la fois aux deux processus physiopathologiques.

Le diagnostic doit être réévalué :

- l'interrogatoire et l'examen clinique sont irremplaçables, tous les éléments du dossier seront soigneusement examinés;
- des examens complémentaires seront éventuellement proposés sans tomber dans une escalade inutile d'investigations;
- il faudra affirmer l'organicité ou l'inorganicité de la douleur.

Très souvent, la nature organique de la douleur est évidente que ce soit sur des éléments cliniques à type d'éruption, sur les données de l'examen neurologique qui témoignent d'un dysfonctionnement du système nerveux ou encore sur l'anamnèse, les antécédents chirurgicaux ou de chimiothérapie d'une lésion cancéreuse par exemple.

Le consultant devra dépister la composante psychosomatique ou le caractère fonctionnel de la douleur sur la négativité de l'examen clinique, la discordance de la symptomatologie proposée par le malade, l'incohérence de la séméiologie, les revendications existantes. Tout en sachant que cette distinction ne peut être qu'artificielle et qu'en matière de douleur chronique, la plupart des affections organiques sont associées à des répercussions psychologiques, que la plainte douloureuse peut être modifiée par l'anxiété, l'angoisse ou par des facteurs ethniques et culturels.

À côté de ces données somatiques, il faudra apprécier le retentissement comportemental, dépister les douleurs psychogènes, évaluer. L'analyse psychique ou les tests tendant à cerner la structure psychique du patient ne permettent pas toujours de trancher de façon nette. Il faudra faire la part de ce qui revient à la douleur et à la dépression :

- s'agit-il d'une plainte douloureuse, d'une dépression faisant partie du tableau endogène ?
- ou s'agit-il d'une dépression réactionnelle face à une douleur chronique ?

Il faudra tenir compte des rapports du patient avec sa famille ou son entourage (contexte familial, visites des enfants et petits-enfants, absence de visites, isolement qui reste très fréquent quand le patient est en institution) qui peuvent avoir un rôle de filtre ou d'amplificateur.

Les traitements reçus doivent être réévalués, qu'il s'agisse de prescriptions médicamenteuses ou de gestes techniques.

Sur le plan pratique, la majorité des structures (consultation, unités et centres) ne reçoivent pas plus de deux à trois nouveaux malades par consultation. Le temps moyen est de 45 minutes à une heure. En général, la prise en charge des patients âgés demande plus de temps. Dans certaines structures, les consultations peuvent être assurées par plusieurs spécialistes réunis ensemble ; la confrontation du patient douloureux âgé à ce « jury » médical n'est pas souhaitable. Si les consultations spécialisées successives réalisées par un seul médecin facilitent la programmation des examens complémentaires et des rendez-vous, cette formule a pour avantage de privilégier la relation médecin-malade. Après plusieurs avis, le patient reverra le médecin de la consultation initiale, qui est le coordonnateur du dossier clinique et qui le suit au cours des consultations suivantes. Il est le responsable du traitement et des observations post-thérapeutiques. L'équipe de spécialistes met en commun son expérience et élabore un protocole thérapeutique mais c'est le médecin consulté la première fois qui coordonne les recherches nécessaires au diagnostic et qui prescrit le traitement. Ces réunions pluridisciplinaires peuvent être systématiques en début de fonctionnement et s'espacer peu à peu pour n'intéresser que les cas difficiles.

Pour en savoir plus...

ANAES. Évaluation et suivi de la douleur chronique chez l'adulte en médecine ambulatoire, 1999.

ASHBURN G.M., STAATS P.S. Management of chronic pain. *Lancet* 1999; **29** : 1865-9.

BARKIN R.L., LUBENOW T.R., BRUEL S., HUSFELDT B., IVANKOVITCH O., BARKIN S.J. Management of chronic pain, Part I. *Dis Mon* 1996; 7 : 389-454.

BARKIN R.L., LUBENOW T.R., BRUEL S., HUSFELDT B., IVANKOVITCH O., BARKIN S.J. Management of chronic pain, Part II. *Dis Mon* 1996; **8** : 457-507.

BONICA J.J. Medical evaluation of the patient with pain. *Manag Pain* 1990; **1** : 563-79.

BONICA J.J. Organization and function of a pain clinic. *Adv Neurol* 1974; **4** : 433-43.

BONICA J.J. *The management of pain*. Philadelphia : Lea & Febiger, 1953.

BONICA J.J., BLACK R.G. The management of a pain clinic. In : M. Swerdlow, ed. *Relief of Intractable Pain*. Amsterdam, New York : Excerpta Medica, 1974 : 116-29.

BOUREAU F., DOUBRÈRE J.F., GAY C., MAI LU U. Les consultations de la douleur : organisation, intérêt. *Rev Méd* 1981; **33** : 2075-7.

COHEN M.J., CAMPBELL J.N. Pain treatment centers at a crossroad : a practical and conceptual reappraisal. *Progress in pain research and management*, Vol. 7. Seattle : IASP Press, 1996.

GRACELY R.H., DUBNER R. Pain assessment in humans – a reply to hall. *Pain* 1981; **11** : 109-20.

KERAVEL Y. et coll. Le traitement des douleurs chroniques : intérêt d'une unité multidisciplinaire d'orientation thérapeutique. *Nouv Presse Med* 1981; **31** : 2555-7.

La douleur chronique : les structures spécialisées dans son traitement. Ministère des Affaires sociales et de la Solidarité. *Bulletin Officiel* 1991; **3 bis**.

LAZORTHES Y. Les structures de soins ou « centres anti-douleur » et les unités de soins palliatifs. In : *Les douleurs rebelles. Évaluation et stratégie thérapeutique*. Paris : Maloine, 1993, 141-52.

MELZACK R., TOGERSON W.S. On the Language of pain. *Anesthesiology* 1971; **34** : 50-9.

SERRIE A. Évaluation d'une douleur chronique. In : A. Serrie, C. Thurel. *La douleur en pratique quotidienne*. Paris : Arnette, 1994 : 47-62.

SERRIE A. Organisation de la prise en charge de la douleur. In : A. Serrie, C. Thurel. *La douleur en pratique : diagnostic et traitements*, Rueil-Malmaison : Arnette, 2001.

SWERDLOW M. The pain clinic. *Br F Clin Pract* 1972; **26** : 403.

www.ingramcontent.com/pod-product-compliance
Lightning Source LLC
Chambersburg PA
CBHW070759121126
54723CB00047B/942
* 9 7 8 2 2 9 4 0 0 7 9 6 5 *